Christiane Heinicke

LEBEN AUF DEM
MARS

Mein Jahr in einer
außerirdischen
Wohngemeinschaft

Besuchen Sie uns im Internet:
www.knaur.de

Originalausgabe März 2017
© 2017 Knaur Verlag
Ein Imprint der Verlagsgruppe
Droemer Knaur GmbH & Co. KG, München
Redaktion: Regina Carstensen, München
Covergestaltung: ZERO Werbeagentur, München
Coverabbildung: Cyprien Verseux; FinePic®, München / shutterstock
Satz: Adobe InDesign im Verlag
Druck und Bindung: CPI books GmbH, Leck
ISBN 978-3-426-21414-5

2   4   5   3   1

Für die anderen drei Unbezwingbaren,
ohne die das Leben auf dem Mars
nur halb so schön gewesen wäre

INHALT

Kleiner Ausflug 9

1 Der Weg ins Habitat. 11
2 Die Tür ist zu 39
3 September. Ankommen und Kennenlernen 57
4 Oktober. Eingewöhnen. 79
5 November. Viele Gründe zum Feiern 96
6 Dezember. Ruhe vor dem Sturm 121
7 Januar. Die erste Krise 139
8 Februar. Abkühlung 157
9 März. Flucht 177
10 April. Tiefe Spaltung 194
11 Mai. Abgleiten 215
12 Juni. Die Wende 236
13 Juli. Opfer und Verzicht. 253
14 August. Endspurt 270
15 Rückkehr auf die Erde 287

Dank 299
Bildnachweis. 303

KLEINER AUSFLUG

Jeder meiner Schritte wirbelt eine kleine Staubfahne auf, und als ich an mir heruntersehe, hat sich eine dünne braune Schicht auf die Beine meines Anzugs gelegt. Es ist ungewöhnlich trocken heute. Kurz halte ich inne, um wieder zu Atem zu kommen und nach dem besten Weg über das tückische Lavagestein Ausschau zu halten. In meinen Ohren surrt der Ventilator, der mich im Anzug mit Luft versorgt. Er überdeckt jedes andere Geräusch, das es hier draußen noch geben könnte. Den Wind, der leicht an meinem Anzug zupft, die Steine, die vielleicht bei jedem meiner Schritte unter mir knirschen – nichts davon kann ich hören. Stattdessen knistert mein Funkgerät, als sich Carmel keuchend umdreht.

Wortlos betrachten wir die karge Landschaft vor uns. Zu unseren Füßen liegt ein weites, sanft geschwungenes Tal, das auf der anderen Seite gemächlich in einen der größten Berge der Welt übergeht. Seine Flanken werden links und rechts von kleinen Wölkchen geziert, der Rest ist trockenes, vegetationsloses Gestein.

Während die Sonne auf uns herabbrennt, genehmige ich mir ein paar Schlucke Wasser aus meinem Trinkrucksack. Ich bin müde und erschöpft, durstig und verschwitzt. Aber unser Ausflug über den simulierten Mars ist großartig.

Eine halbe Stunde lang haben wir uns über scharfkantige, lose Gesteinsbrocken gequält, um im Westen ein goldenes Band aus glattem Lavagestein zu erreichen, das Zugang zu einer Vielzahl von Höhlen bietet, eine faszinierender als die andere. Wir haben Steine vorgefunden, die in allen Farben des Regenbogens schillerten, und Steine, die einst flüssig durch die Luft geschleudert worden waren und erst beim Auftreffen erstarrten. Anschließend robbten wir durch zwei verwinkelte kleine Höhlen. Einmal fiel der Funkkontakt aus, ein anderes Mal meine Luftversorgung. Alles Probleme, die wir auf unserem Ausflug hatten lösen können.

Von unserer Position aus können wir unser Zuhause, das Mars-Habitat, zwar nicht sehen, aber mittlerweile kennen wir uns so gut aus, dass wir unseren Weg auch bei Nacht und Nebel finden könnten. Wir stehen inmitten eines Feldes aus ruppigem, rotem Gestein. Von hier liegen nur noch einige Hundert Meter mit einem gemächlichen Anstieg vor uns.

Im Habitat werden die anderen uns erwarten. Heute Morgen war ich noch froh gewesen, der mit einem Tarnnetz überzogenen weißen Kuppel für einige Stunden entfliehen zu können, jetzt sehne ich mich danach, den Schweiß von mir abzuspülen, wieder bei der Crew zu sein.

Noch ein letzter Blick über die Weite unter uns, dann kündigen wir per Funk unsere Rückkehr an. Schritt für Schritt steigen wir den Pfad hinauf, der uns aus dem Wirrwarr aus Gräben und zerklüfteten Hügeln herausführen wird.

1
DER WEG INS HABITAT

Eigentlich wollte ich in die Arktis. Dort sollte eine einjährige Marssimulation mit all dem damit verbundenen kargen Leben stattfinden. Ich hatte mich für diese Expedition beworben, weil ich die Vorstellung sehr abenteuerlich fand, mit fünf anderen Menschen allein in einer kleinen Station am nördlichen Ende der Welt zu leben. Nur mit einem Raumanzug bekleidet hätten wir dann nach draußen gehen dürfen. Das war schon befremdlich, aber eben auch faszinierend, und je länger ich mich mit dem Projekt beschäftigte, umso mehr wollte ich dabei sein.

Überraschend war es dann aber doch irgendwie, als ich im Auswahlprozess immer weiter nach vorne rückte – und schließlich sogar zu einer zweiwöchigen Testsimulation in die USA eingeladen wurde, nach Utah, in ein Wüstengebiet. Die Bedingungen waren gewöhnungsbedürftig, aber die anderen Teilnehmer und ich passten uns schnell an und verbrachten letztlich eine aufregende Zeit miteinander.

Mit zwei Kollegen aus dieser Crew blieb ich auch nach Ende der Simulation befreundet – mit Carmel Johnston, einer US-amerikanischen Bodenkundlerin, und Cyprien Verseux, einem französischen Astrobiologen. Carmel war dunkelblond, mit einem offenen Gesicht, Single, und Mitte zwanzig. Sie war im ländlichen Montana aufgewachsen, umgeben von Gletschern und Bergen. Als wir uns unmittelbar vor der Simulation in Utah das erste Mal trafen, brauchte ich sie nicht lange zu überreden, in einen nahe gelegenen Naturpark zu fahren; unbedingt wollte ich mir dort die Berge anschauen. Ihr Auto war ein alter Pick-up mit einer für Amerikaner unüblichen manuellen Gangschaltung. Überhaupt: Carmel hatte sicher schon mit Maschinen hantiert, als sie noch in der Wiege lag, darauf wäre ich jede Wette eingegangen. Sie packte auch gern mit an, wenn jemand Hilfe brauchte, sei es beim Handwerken, beim Kochen mit gefriergetrockneten Nahrungsmitteln oder bei geologischer Feldarbeit.

Cyprien, anderthalb Jahre jünger als Carmel und wie sie unverheiratet, war groß und dunkelhaarig, Doktorand in Rom, und ihm musste man den Zaunpfahl regelrecht um die Ohren hauen, damit er etwas mitbekam. Hatte man es jedoch geschafft, seine Aufmerksamkeit auf sich zu lenken, musste man ihn nur noch ein einziges Mal bitten. Er war der Jüngste in der Crew, und manchmal schien er seine Professionalität beweisen zu müssen, dann wirkte er so, als hätte er einen Besenstiel verschluckt. Aber das täuschte. Er kannte keine Scheu, schon gar nicht, wenn es darum ging, neben einem irrsinnig steilen Abgrund einen schmalen Pfad entlangzugehen. Nur wenn es um seine persönlichen Interessen ging, war er manchmal zu nett und nahm eigene Nachteile in Kauf, statt sein Gegenüber zurechtzuweisen.

Cyprien war es auch, der mich ein halbes Jahr später auf HI-SEAS aufmerksam machte: einer einjährigen Marssimulation in einer Station auf Hawaii, es sollte dort die vierte und längste Mission sein. Monate zuvor hatte ich schon davon gehört, da dachte ich noch, dass Hawaii im Vergleich zur Arktis wohl ziemlich langweilig sein müsse. Inzwischen hatte es jedoch deutliche Anzeichen gegeben, dass die Simulation in der Arktis wegen massiver organisatorischer Probleme nicht stattfinden würde.

Würde ich bei HI-SEAS eine Chance haben? Ich war neunundzwanzig und rechnete nicht ernsthaft damit. Als

Postdoktorandin und Physikerin forschte ich gerade in Finnland über Meereis, das beim Auftreffen auf Hindernisse wie Hafenmauern oder Schiffe zerbricht; zuvor war ich mehrfach auf Gletschern unterwegs gewesen. Keins von beidem findet man auf einem Berg auf Hawaii. Ich liebe Schnee und Eis, deshalb hatte ich auch in die Arktis gewollt. Immerhin hatte ich durch meine Vorliebe für entlegene Winkel eine Menge Erfahrung damit, von der Außenwelt abgeschnitten und auf mich allein gestellt zu sein. Letztlich überzeugte mich Cyprien, eine Bewerbung einzureichen. Und gemeinsam überredeten wir Carmel, sich ebenfalls zu bewerben, die genau wie ich in Utah gelandet war, weil ihr eigentliches Ziel die Arktis gewesen war. Hätten wir beide jemals zusammen Darts gespielt, bei unserer Treffsicherheit wären die Pfeile wahrscheinlich in der Wand hinter uns eingeschlagen.

Nicht einmal eine Woche, nachdem ich meine Bewerbung abgeschickt hatte, erhielt ich die Aufforderung, einige Fragebögen auszufüllen, und die Einladung zu einem Skype-Interview. Diese Schnelligkeit überraschte mich und bestätigte mir, mit meiner Bewerbung die richtige Entscheidung getroffen zu haben.

In den Online-Fragebögen wurde ich auf meine kognitive Leistungsfähigkeit hin getestet und auf meine Persönlichkeit. Die Rechen- und Logikaufgaben unter Zeitdruck machten mir richtig Spaß, und am Ende hatte ich sogar noch etwas Zeit übrig. Nur zwei Tage später hatte ich die Einladung zur letzten Stufe des Auswahlverfahrens in meinem E-Mail-Postfach.

Ende Juni 2015 flog ich von Helsinki aus erneut in die Vereinigten Staaten, diesmal nach Wyoming, an den Rand der Rocky Mountains. Dort traf ich Cyprien wieder, mit dem ich gleich am nächsten Morgen auf einen kleinen Berg hinter unserem Hotel stieg, um mich an die Höhenluft und die neue Zeitzone zu gewöhnen. Ich war finnisches Klima gewohnt und hatte deshalb trotz des kräftigen Winds mit der Hitze zu kämpfen – aber die Aussicht auf die Gebirgskette um den Grand Teton, der mit 4199 Metern den Teton Range dominiert, war jede Mühe wert. In dieser Gegend sollten wir also die nächsten Tage verbringen.

Am nächsten Tag fuhren wir beide zu dem kleinen Ort Driggs, in dem wir auf die anderen Eingeladenen trafen und von wo aus unsere Trekkingtour starten sollte – das letzte Hindernis zwischen uns und einer Teilnahme an der Marsmission. Unterwegs sammelten wir Oscar Mathews auf, einen der insgesamt acht Finalisten. Er war Amerikaner mit spanischen Wurzeln, ein gut aussehender Mittdreißiger, dunkelhaarig und mit warmen braunen Augen. Oscar wurde später auch Mars One genannt, denn er war bei dem gleichnamigen Projekt einer der letzten von einhundert Kandidaten und redete von nichts anderem mehr.

Mars One ist eine private Initiative, ursprünglich hatte sie sich zum Ziel gesetzt, ab dem Jahr 2024 eine Kolonie auf dem Mars zu errichten. Obwohl die Kolonisten nicht zur Erde zurückkehren würden, hatten sich Hunderttausende Menschen um die Teilnahme beworben. Ohne Rückreise sollte der Flug nur etwa ein Zehntel der Reise kosten. Finanzieren wollte man das Ganze über Sponsoren aus der Welt der Medien, wahrscheinlich waren deshalb, vom Militärpiloten Oscar und einigen anderen Ausnahmen abgesehen, die meisten der einhundert ausgewählten Kandidaten Journalisten und Künstler. Für mich war sofort klar, dass ich um dieses Projekt stets einen großen Bogen machen würde.

Doch Oscar sah das anders, und während der Autofahrt durch die Berge unterhielt er sich angeregt mit Cyprien über die natürlich vollkommen realistische Machbarkeit von Mars One. Zwei volle Stunden lang. Ich hatte zu dem Gespräch nicht viel beizutragen und zweifelte deswegen einmal wieder an meiner eigenen Qualifikation für eine Marssimulation. Mein Spezialgebiet war die Physik, nicht Luft- und Raumfahrttechnik. Mit Zahlen und Fakten über den Mars, wie sie die beiden sich jetzt um die Ohren schlugen, konnte ich nicht dienen. Gähnend sah ich aus dem Fenster und betrachtete geradezu trotzig die vorbeiziehenden Berge. Und hoffte, dass die anderen Finalisten interessanter wären.

Ich dachte auch daran, was die Veranstalter dieses Trekking-Ausflugs in den Rockies erreichen wollten. Die Tour hatte insgesamt zwei Ziele. Zum einen sollte sich die zukünftige Crew kennenlernen und das erste kleine Abenteuer zusammen bestehen. Da aber insgesamt acht Finalisten dabei waren und nur sechs an der Simulation teilnehmen sollten, würden wir auch entscheiden müssen, welche zwei nicht zum Rest der Crew passten. Im Moment passte ich ganz offensichtlich nicht zu dem Duo Cyprien und Oscar.

Als wir in Driggs ankamen, wurde ich vorerst von Oscar erlöst, denn schon bald trudelten nach und nach die anderen ein. Da waren zuerst Sheyna Gifford, eine selbstbewusste Mittdreißigerin mit angenehm tiefer, geradezu einlullender Stimme, einem hübschen Gesicht und dunklen Haaren und dichten Augenbrauen unter einer hohen Stirn. Sie hatte im letzten Jahr geheiratet und Medizin, dann Journalismus studiert. Auf Sheyna folgte Andrzej (sprich: Än-dschej) Stewart, ein großer, ungelenker Teddybär mit dem Aufmerksamkeitsbedürfnis eines kleinen Kindes. Er war Anfang dreißig, ebenfalls verheiratet, ein Luft- und Raumfahrtingenieur mit blauen Augen und schon schütter werdendem blondem Haar und dafür umso dichterem Körperhaar. Beide kannten sich von einer zweiwöchigen Simulation einer Mission zu einem Asteroiden, die den Namen HERA trug, und schwelgten den Rest des Tages in Erinnerungen und alten Witzen.

Im Hintergrund drückte sich Debi-Lee Wilkinson an die Wand. Sie war unglaublich schüchtern, im Gegensatz zu den anderen verzichtete sie dankend auf jegliche Aufmerksamkeit. Debi-Lee war mit Mitte fünfzig mit Abstand die Älteste, hatte jahrelang in Alaska gelebt und war mehrmals in der Antarktis gewesen. Sie hatte etwas struppiges, grau-blondes Haar und sah immer ein wenig traurig, nahezu geknickt aus. Sie stellte sich kurz vor und flüchtete dann hastig wieder aus dem Mittelpunkt, in den sie sich gedrängt fühlte. Danach folgte der dreißigjährige Tristan Bassingthwaighte, zu der Zeit noch Masterstudent der Architektur an der University of Hawaii, später sollte er mit seiner Promotion zu Weltraumarchitektur beginnen. Er behauptete zwar, schüchtern zu sein, da er das aber mit einer souveränen, tiefen Radiostimme sagte, glaubte ihm niemand nur ein Wort. Er war, zusammen mit Oscar, von den Männern der kleinste, dunkelhaarig, etwas pummelig, und hatte verschmitzt dreinschauende, hellbraune Augen. Wie Carmel stammte er aus Montana. Er war für diese Trekking-Tour aber extra aus China angereist, wo er gerade den Auslandsteil seines Studiums absolvierte – und anders als seine Schüchternheit bekundete er die Abneigung gegenüber seinem Gastland sehr überzeugend.

Zuletzt tauchte Carmel auf, sie hatte bis zum letzten Moment im Glacier National Park ein paar Hundert Meilen weiter nördlich gearbeitet, wo sie den Sommer über an wissenschaftlichen Feldstudien teilnahm. Als ich ihre Stimme hörte und sofort die Treppe herunterstürzte, um sie stürmisch zu umarmen, gab Oscar endlich einen Satz von sich, der nicht die Worte »Mars One« enthielt: Er kenne hier niemanden, gestand er beinahe traurig. Brummstimme Tristan patschte ihm tröstend auf den Rücken und erklärte, dass für ihn ebenfalls alle fremd seien. Im Unterton schwang deutlich die Frage mit, ob ihm das womöglich zum Nachteil gereichen würde. Wir alle waren jedoch unsicher, wie wir auf den Rest der Gruppe wirken würden und welche Chancen wir hätten, ins Team aufgenommen zu werden.

Am Morgen darauf bekamen wir einen Vorgeschmack auf die nächsten Tage: Unsere Wanderung sollten wir nämlich nicht allein unternehmen, sondern unter Anleitung und Beobachtung zweier Lehrer der National Outdoor Leadership School (NOLS), Ryland und Becca. Ryland war ein kleiner, drahtiger Fünfziger mit unglaublich wachen, hellblauen Augen, den nichts aus der Ruhe brachte. Becca dagegen war eine kräftige, dunkelblonde Endzwanzigerin mit einem sicheren Gespür für Schwachstellen, die ohne sie unserer Aufmerksamkeit entgangen wären. Aufgabe der beiden war es, uns Techniken zur Konfliktbewältigung beizubringen und unsere Persönlichkeit einzuschätzen. Im Augenblick zeigten sie uns jedoch erst einmal, wie man einen Wanderrucksack packt. Sie teilten uns zudem in zwei Zeltgruppen ein, jedes Team sollte für das eigene Zelt und das Kochgeschirr verantwortlich sein. Mein Zelt sollte ich mit Oscar, Tristan und Sheyna teilen.

Unsere Essensvorräte erhielten wir von Ryland. Ich fand, dass zu wenig Schokolade eingeplant war, und stockte aus meinem persönlichen Vorrat auf; zum Glück hatte ich genug davon in meinem Koffer. Als Ausgleich zum Schokoladenmangel erhielten wir eine abnorme Menge an Butter und Erdnussbutter zugeteilt, was ich mit einem Achselzucken abtat: Der Klischee-Amerikaner isst eben viel Erdnussbutter, so wie der Klischee-Deutsche viel Bier trinkt. Die Unmengen an Erdnussbutter sollten im Laufe der Wanderung jedoch selbst für meine amerikanischen Begleiter zu schwer werden, sie verschwanden eines Morgens nach dem Frühstück unter mysteriösen Umständen aus ihrem Behälter.

Am Anfang schleppten wir aber sämtliche Essensvorräte, ohne zu murren, über Trekking-Wege durch die Rocky Mountains. Ich war etwas enttäuscht, denn ich hatte erwartet, dass wir in völliger Wildnis unterwegs sein würden, aber vielleicht war das bei einer sechstägigen Tour auch zu viel verlangt. Auf jeden Fall erleichterte der Trampelpfad den steilen Anstieg ungemein.

Becca ging fröhlich voran, und meine Kameraden und ich folgten stöhnend. Der Aufstieg begann auf über zweitausend Metern, und keiner von uns war an diese Höhe akklimatisiert. Weil keiner sich schon so früh eine Blöße geben wollte, schwitzten und keuchten wir alle verbissen vor uns hin, bis Ryland, der unsere Gruppe abschloss, Becca zur Erleichterung aller aufforderte, langsamer zu gehen.

Trotzdem fielen die Leute hinter mir – ich befand mich in der Mitte – immer weiter zurück. Mein Vordermann und ich reduzierten unser Schritttempo, trotzdem hörten wir an den Stimmen, dass die kleine Gruppe sich noch weiter entfernte. Gerade als wir überlegten, ob wir die vordere Hälfte alarmieren sollten, stießen wir auf die Vorausgegangenen und warteten mit ihnen gemeinsam.

Und warteten. Und warteten. Ich wuchtete meinen schweren Rucksack vom Rücken und holte etwas von meiner Schokolade heraus. Aus Langeweile lieferte ich mir ein nicht ganz ernst gemeintes Wortgefecht mit Cyprien, in dem wir uns gegenseitig erklärten, warum unser jeweiliger Akzent im Englischen einfach lachhaft klingt, gefolgt von einer kleinen Rangelei, bei der ich wohl nur deshalb eine Chance hatte, weil wir beide wussten, dass ich im Grunde keine Chance gegen ihn hatte. Carmel gesellte sich zu uns, und wir schwelgten in alten Zeiten, bis Tristan und Oscar aufschlossen.

Irgendwann tauchten auch Debi-Lee, die sichtbar Mühe hatte, einen Schritt vor den anderen zu setzen, und Ryland auf. Als sie uns endlich erreichten, schauten wir alle stirnrunzelnd auf die Karte und gelangten zu der Einsicht, dass wir bei unserem Tempo den geplanten Zeltplatz unmöglich vor Einbruch der Dunkelheit erreichen konnten. Debi-Lee hatte ihre körperliche Fitness offensichtlich überschätzt, sie gefährdete gerade unsere Wanderung. Am liebsten hätte ich sie in diesem Moment zurückgeschickt, fand mich dann aber selbst nicht gerade teamfähig. Vielleicht hatte sie Qualitäten, von denen ich noch keine Ahnung hatte.

Nach dieser Verschnaufpause setzte sich unsere Prozession wieder in Gang, und eine halbe Stunde später gelangten wir auf eine Wiese, die ausreichend Platz für unsere Zelte bot. Auf der einen Seite war sie vom – viel zu nahen – Wanderpfad begrenzt und auf der anderen von Wasser.

Ryland und Becca zeigten uns, wie man die Zelte aufbaute, und errichteten dann ihr eigenes in sicherer Entfernung von uns. Es folgte ein kurzer Vortrag darüber, wie und wo man in der Wildnis am besten sein Geschäft verrichtet. Anschließend holten wir frisches Wasser aus dem Gebirgsbach, und kurz darauf gab es etwas zu essen. Ich hatte meiner Zeltgruppe gleich zu Beginn klargemacht, wie es um meine Kochkünste bestellt war, bot aber an, überall sonst zu helfen. Von da an bestand meine Hauptaufgabe darin, unser Zelt auf- und am nächsten Morgen wieder abzubauen. Sheyna kümmerte sich meist um unsere Mahlzeiten, Oscar und Tristan packten an, wo Unterstützung gebraucht wurde. Und auch ich half dann doch beim Essen mit: Selten hatten wir Reste übrig.

Nach dem Abendessen sah die Welt wieder rosiger aus. Möglicherweise mussten wir nach weniger als der halben Strecke umkehren, um rechtzeitig aus den Bergen zurück zu sein. So würden wir zwar den schöneren Teil der Tour verpassen, aber letztlich ging es bei unserem Ausflug darum, uns gegenseitig kennenzulernen und erste Herausforderungen gemeinsam zu meistern.

Und die nächste ließ nicht lange auf sich warten: Am nächsten Morgen, ich befand mich noch im Halbschlaf, eröffneten uns Ryland und Becca, dass wir fortan in Zweierteams die gesamte Gruppe je einen Tag lang zu führen hätten. Außerdem gäbe es morgens und abends eine Vor- sowie eine Nachbesprechung des Tages. Auf der noch taufrischen Wiese redeten wir also über Führungsstile und versuchten, Charaktereigenschaften in vorgegebene Kategorien einzuordnen, während um uns herum fremdartige Pflanzen standen und faszinierende Steine um Aufmerksamkeit bettelten. Ryland kam mir vor wie ein alter Kauz, der ein paar Halbwüchsigen einen guten Rat mitgeben wollte, Becca wie seine junge, hübsche Handlangerin, die eigentlich zu schlau für solche Beratungsspiele war. Mit anderen Worten: Es wurde Zeit, dass wir uns auf den Weg machten, damit meine Morgenmuffligkeit sich verflüchtigen konnte.

Als sich Andrzej und Oscar freiwillig für die erste Führungsschicht meldeten, unterdrückte ich gerade ein Gähnen. Fragend sah ich Carmel an, dann wedelte ich mit dem Zeigefinger zwischen ihr und mir hin und her. Sie nickte, und damit war verabredet, dass wir an einem der nächsten Tage die Führung übernehmen würden. Schließlich hievten wir die Rucksäcke auf unsere Rücken, warteten kurz auf jemanden, der seine Schuhe noch nicht gewechselt hatte, und marschierten dann los.

Zu meiner Überraschung legte Debi-Lee an diesem Tag ein überaus vernünftiges Tempo vor. Seitdem der steile Anstieg gemeistert war und es mehr oder weniger ebenerdig vorwärtsging, konnte sie problemlos mit uns Schritt halten. Vielleicht lag das aber auch daran, dass ihre Zeltgruppe den größten Teil ihres Rucksacks übernommen hatte. Egal. Auf jeden Fall sah es wieder so aus, als würden wir doch die volle Strecke zurücklegen können.

Bei der Nachbesprechung am Abend war ich viel besser gelaunt als am Morgen. Wir redeten über die Vorfälle des Tages, die mir meist nicht mal aufgefallen waren, aber jetzt, bei näherem Nachdenken … Doch, da war etwas, das man besser machen könnte. Ich erklärte Oscar, der jahrelang bei der U.S. Air Force gedient hatte, dass er einen Wissenschaftler mit den Worten »Ich bin heute Anführer, und ich befehle das so« bestimmt nicht zur Mitarbeit motiviert. Es ging um irgendeine Kleinigkeit, die er mit Carmel diskutiert hatte, und ich hatte den unglücklichen Kommentar von Oscar eigentlich fast schon vergessen. Doch jetzt war ich froh, meine Meinung äußern zu können, denn bislang war ich von seinem Verhandlungsstil nicht genervt und konnte ihn freundlich darauf hinweisen. Genauso freundlich und ohne Vorwurf wiesen die anderen darauf hin, dass Andrzej den ganzen Tag nur hinter Oscar hergetrottet sei, sich kaum selbst eingebracht habe.

Am folgenden Morgen landete nach dem Frühstück ein ungewöhnlich großer Anteil des Kochgeschirrs in meinem Rucksack. An den beiden vorangegangenen Tagen hatte ich schon nahezu das Limit erreicht, was ich tragen konnte; jetzt glaubte ich, darüber zu sein. Dennoch hatte ich nicht vor, mir eine Blöße zu geben. Das sollte sich aber als Fehler herausstellen: Meine Füße begannen zu schmerzen, und selbst die lange Mittagspause brachte keine Besserung. Weit konnte ich mit dem übergewichtigen Rucksack nicht mehr gehen. Am frühen Nachmittag zog ich die Reißleine. Oscar war der Erste, der mir zu Hilfe kam, während einer kurzen Rast übernahm er ein paar Kilos. Hilfe bekam ich aber auch von Carmel, Cyprien und Sheyna. Bald war mein Rucksack halb leer, und ich vermochte den Tagesmarsch ohne weitere Probleme zu beenden. Ich fühlte mich als Versagerin, doch wusste ich, dass ich das Richtige getan hatte: noch einen Kilometer mehr mit dem schweren Rucksack, und ich hätte zum nächsten Zeltplatz getragen werden müssen.

Zu diesem Zeitpunkt hieß Cyprien übrigens nicht mehr Cyprien. Ständig trug er einen Cowboyhut, den er sich gleich nach seiner Ankunft in den Rockies gekauft hatte, und damit sah er für Tristan aus wie der Westernheld Dusty Rivers. Weil Dusty zudem einfacher auszusprechen war als Cyprien, hieß Cyprien von da an Dusty. Tristan wiederum hatte sich mit seiner Begeisterung für Murmeltiere den Spitznamen Marmot eingefangen, so die englische Bezeichnung der kleinen kuscheligen Nager. Er war von diesen Tierchen so angetan, dass er sie gelegentlich in Gestik und Mimik nachahmte, sehr zur Freude seiner menschlichen Begleiter. Zum Glück hielt sich die Imitation aber in Grenzen: Anders als seine pelzigen Freunde nagte er nicht an den Griffen unserer Wanderstöcke.

Tags darauf sollten Carmel und ich die Gruppe anführen, aber es war auch unser freier Tag. Wir hatten die Wahl zwischen Ausruhen im Umkreis der Zelte oder Aufsteigen zu einem nahe gelegenen Gipfel mit toller Aussicht. Wir beide versuchten, die restliche Gruppe für die Bergtour zu begeistern, und anfangs sah es auch so aus, als würde es uns gelingen. Doch Andrzej entschied nach kurzem Zögern, lieber bei Sheyna zu bleiben, die von Anfang an dagegen gewesen war, und Oscar und Tristan hatten den Berg nur in Erwägung gezogen, weil sie nicht allein zurückbleiben wollten. Für Debi-Lee war das Bergsteigen ohnehin nicht infrage gekommen. Die fünf wollten im Lager bleiben und unter Sheynas Anleitung Yoga machen.

Cyprien fragten wir gar nicht erst, weil wir auch so wussten, dass er dabei sein würde. Aufsicht war beim Yoga nicht notwendig, und so zogen Carmel, Cyprien und ich zusammen mit Ryland und Becca los. Der Aufstieg war anstrengend und anspruchsvoll, die Aussicht großartig, und beim Abstieg schlitterten wir über ein kleines Schneefeld, was einen Heidenspaß machte. Viel zu führen gab es an dem Tag für Carmel und mich nicht, aber dafür auch keine Beschwerden.

Abends schenkte Oscar dann Cyprien einen eifersüchtigen Blick, nachdem Letzterer mich auch noch beim Wasserholen begleitet hatte. Andrzej, der sich tagsüber Sonnencreme in die Augen gerieben hatte und nun mit verbundenen Augen dalag, wurde von Sheyna erst gefüttert und dann – die Gunst der Stunde nutzend – gekitzelt. Sheyna war so angetan von ihren Nudeln und der selbst gemachten Pastasoße, dass sie gar nicht bemerkte, dass ich ihr nur fürs Kochen dankte, ohne das Spaghetti-Gericht selbst zu loben. Sehnsüchtig schaute ich dabei zum Campingkocher von Carmels Zeltgruppe, von dem es herrlich appetitanregend nach Tomatensoße duftete. Carmel wiederum bettelte Ryland an, draußen schlafen zu dürfen, da einer ihrer Zeltmitbewohner auf der Suche nach einer bequemen Position die erste Nachthälfte unentwegt im Schlafsack raschelte, nur um in der zweiten einen halben Regenwald abzuholzen.

Debi-Lee und Tristan führten uns am vorletzten Tag unentschlossen an etlichen wunderschönen Zeltplätzen vorbei, bis wir an einer kleinen Baumgruppe hielten, die die letzte Haltemöglichkeit vor dem Abstieg darstellte und inmitten eines Mückenterritoriums lag. Ich schmierte mich mit Insektenabwehr ein und zog Regenjacke und Regenhose an, um den Mücken keine Angriffsfläche zu bieten. Trotzdem bekam ich ein paar Stiche ab. Auf irgendetwas reagierte ich allergisch, sodass mein Gesicht leicht anschwoll und Sheyna verdutzt innehielt bei ihrem Tun, um zu fragen, ob es mir gut gehe.

Das tat es. Erst recht, als uns Ryland zur Feier des Tages erlaubte, ein Lagerfeuer zu machen. Nur durften wir – wie schon während der gesamten Tour – keine Spuren hinterlassen. Das ließen wir uns nicht zweimal sagen, und ich fing an, trockenes Gras zum Anzünden zu sammeln. Als ich zu unserer auserkorenen Feuerstelle zurückkehrte, hatte Carmel längst ein kleines Feuer entfacht, und mir blieb nichts weiter übrig, als meinen Fund achselzuckend in die Flammen zu werfen.

Einträchtig saßen wir um das knackende Holz, die Unterhaltung tröpfelte träge vor sich hin. Wir waren erschöpft. Andrzej erzählte von seiner Asteroidenmission HERA. Während Sheyna an seinen Lippen hing, starrten wir anderen nur wohlig in die wärmenden, flackernden

Flammen. Selbst Oscar lenkte das Thema nur wenige Male auf Mars One.

Nach und nach verabschiedeten sich alle, um zu schlafen, bis nur noch Cyprien und ich übrig blieben. Als auch wir zu den Zelten zurückkehrten, stolperten wir beinahe über Carmel, die trotz der Mücken auch diese Nacht lieber im Freien verbringen wollte. Ein kurzer Blick zum Sternenhimmel – und wir fischten unsere Schlafsäcke aus den Zelten und legten uns zu ihr.

Der nächste Morgen kam viel zu früh, und nach einem Frühstück im Morgengrauen balancierten wir einen Pfad ins Tal hinunter, der den Namen Teufelstreppe völlig zu Recht trug. Zurück in der Zivilisation, teilten Ryland und Becca jedem von uns ihre Einschätzung unserer jeweiligen Persönlichkeit mit. An mir hatten sie nichts auszusetzen, außer vielleicht, dass ich zu wenig redete. Anschließend feierten wir das Ende der Tour mit einem zünftigen Mittagessen in einer fettigen Burger-Bude.

Sheyna, Andrzej, Cyprien und ich quetschten uns dann in Carmels dreisitzigen Pick-up. Sie fuhr uns zu dem Ort auf der anderen Seite der Berge, von dem aus wir abfliegen würden. Cyprien und ich redeten anschließend noch ein wenig mit ihr auf dem Parkplatz, bis Carmel sich auf die lange Fahrt nach Hause machte. Bevor sie abfuhr, erklärte sie mit Nachdruck, dass sie auf keinen Fall Kommandantin sein wolle – wir hatten über die anstehende Bewertung der anderen Kandidaten gesprochen, bei der wir auch angeben sollten, wen wir uns in dieser Position vorstellen könnten. Wir verabredeten uns zum Skypen ein paar Tage später.

Vorher redete ich jedoch mit der Studienleiterin, der US-Amerikanerin Kim Binsted, einer hübschen Forscherin an der University of Hawaii von Anfang vierzig mit kastanienbraunen Haaren bis knapp über die Ohren, die neben HI-SEAS an künstlicher Intelligenz und dem Zusammenspiel zwischen Menschen und Computern forscht. Es sollte bei dem Gespräch um die Projekte gehen, mit denen ich mich während der Mission beschäftigen wollte – sollte ich zur Crew gehören. Die Zeit drängte, deshalb wollten wir sie so früh wie möglich besprechen, sogar bevor das endgültige HI-SEAS-Team überhaupt feststand. Doch etwaige Unsicherheiten waren schnell ausgeräumt: Gleich zu Anfang der Unterredung sagte mir Kim, dass ich auf jeden Fall an der Mission teilnehmen würde. Ich freute mich riesig. Jetzt galt es, mein Visum so schnell wie möglich zu beantragen. Die nötigen Unterlagen hatte mir Kim vorsorglich schon vor dem Trekking zugeschickt.

Nur noch gut einen Monat hatte ich Zeit, um meine Wohnung in Helsinki aufzulösen, meinen Arbeitsplatz zu verlassen und mindestens ein Forschungsprojekt zu entwerfen, das ich auf Hawaii durchführen wollte. Ich hatte gehört, dass sich hoch oben auf dem Mauna Loa, einem der größten aktiven Vulkane der Erde, versteckt in Höhlen, Permafrost fand, Boden, der noch von der letzten Eiszeit gefrorenes Wasser enthält. Permafrost gibt es auch auf dem Mars, insofern war er ein ideales Forschungsprojekt für eine Marssimulation. Ich überschlug kurz, dass wir zu Fuß vom Habitat bis zum Permafrost in Gipfelnähe etwa einen halben Tag brauchen würden. Gelegentliche Feldstudien dort wären zwar anstrengend, aber zeitlich machbar.

Doch Kim schüttelte nur den Kopf. Sie beschrieb die Beschaffenheit des Terrains und erklärte, dass ein Aufstieg zum Gipfel vom Habitat aus nicht an einem Tag zu schaffen sei, schon gar nicht in einem Raumanzug. Ich recherchierte hinterher ein wenig über sie und überlegte, wie verlässlich das Urteil einer Nicht-Bergsteigerin war. Dazu hatte ich jedoch keine Ahnung, wie behindernd die Anzüge sein würden, und so entschloss ich mich, nach einem anderen Projekt zu suchen. Rückblickend stellte sich das als richtige Entscheidung heraus.

War das Lavagestein wirklich so trocken und unwegsam, wie Kim es geschildert hatte, wäre es stattdessen vielleicht eine realistische Herausforderung, Wasser daraus zu gewinnen. Zum Mars kann man schließlich nur einen begrenzten Vorrat an Wasser mitnehmen – wenn man den gelegentlich aufstocken könnte, würde das eine große Last von den Schultern der Missionsplaner nehmen. Das Mauna-Loa-Gestein ist dem Marsgestein so ähnlich, dass es von etlichen Laboren für Experimente verwendet wird. Warum also nicht auch für ein Outdoor-Experiment vor Ort?

Die Grundzüge des Wassergewinnungsexperiments waren schnell umrissen: Ich würde ein kleines Konstrukt bauen, das einem Treibhaus nicht ganz unähnlich war. Die Sonne würde das wenige Wasser, das im Boden enthalten ist, verdampfen. An den Wänden meines kleinen Treibhauses sollte das Wasser dann kondensieren, sodass ich es nur noch aufzufangen brauchte. Über die Details der genauen Umsetzung wollte ich mir in der Station den Kopf zerbrechen.

Mein zweites Projekt war die nahezu logische Konsequenz einer Tätigkeit, die ich nicht gerade als Hobby bezeichnen würde, die aber einen wichtigen Teil meines Lebens ausmacht: Ich wollte unser Schlafverhalten aufzeichnen. Schlaf ist nicht nur wichtig, um leistungsfähig zu bleiben – mit einem Astronauten, der seit Monaten nicht mehr richtig geschlafen hat, würde ich persönlich nur ungern in die Rakete steigen, die uns vom Mars zurück zur Erde bringen soll. Schlaf zeigt auch an, wie gestresst wir sind. Jemand, der gerade nicht weiß, was er zuerst erledigen soll, schläft kaum so lange wie jemand, dessen größte Sorge die Frage ist, was er wohl zu Abend essen soll. Als Physikerin hatte ich keine Ahnung, wie man Schlafdaten am besten auswertet. Aber ich war mir sicher, dass andere Wissenschaftler sich alle zehn Finger nach dem Zugang zu systematischen Daten zum Schlafverhalten von sechs Menschen über einen so langen Zeitraum abschlecken würden.

Nachdem Kim mit mir fertig war, sprach sie mit Carmel. Anschließend rief mich Carmel an. Zwar stand die Crew offiziell immer noch nicht fest, dennoch ahnte ich, was die Bodenkundlerin in der Zwischenzeit erfahren hatte: Sie war nicht nur mit im Team, sondern sollte auch Kommandantin werden. Ich wusste nicht so recht, ob ich lachen oder ihr gratulieren sollte, und tat daher beides.

Unmittelbar nach dem Trekking hatten wir uns alle gegenseitig anonym bewertet und zwei Personen ausgeschlossen. Ich hatte mich gegen Debi-Lee und Oscar ausgesprochen, und als Kommandanten hatte ich mir eigentlich keinen der anderen so recht vorstellen können, außer eben Carmel. Sheyna war mir zu gebieterisch erschienen, mit ihr würde ich innerhalb weniger Tage aneinandergeraten. Andrzej hatte kein klares Ziel, er trabte ständig jemandem hinterher. Tristan war zu verträumt, Cyprien zu zerstreut – wobei Letzterer bei wirklich wichtigen Dingen eine bemerkenswerte Disziplin an den Tag legen konnte. Ich selbst konnte mir ein Dasein als Kommandantin zwar vorstellen, befürchtete aber, dass dann ein Großteil meiner Zeit für Papierkram draufgehen würde. Carmel hingegen war bei allen beliebt und schien im Gegenzug auch das Wohl aller im Auge zu haben. Sie wollte zwar nicht Kommandantin sein, aber bestimmt würde sie das Team nicht hängen lassen. Insgesamt war ich mit ihrer Wahl daher sehr zufrieden.

Ihre erste »Amtshandlung« bestand dann darin, Kim davon zu überzeugen, dass Cyprien unbedingt an der Mission teilnehmen sollte. Die Studienleiterin sah das nicht anders, wusste aber auch, dass es mit Cyprien Visaprobleme geben könnte, weil sein letzter langfristiger USA-Aufenthalt laut Bestimmungen noch nicht lange genug zurücklag. Es folgten Tage intensiven E-Mail-Verkehrs zwischen Cyprien und Kim, und Cyprien und der Ausländerabteilung der University of Hawaii, die formal für die Studie verantwortlich war, weiter zwischen Cyprien und der NASA (sie war sein früherer Arbeitgeber), Cyprien und der US-Botschaft sowie Cyprien und mir. Denn zu dem Problem mit seinem letzten Aufenthalt kam, dass er wie ich sein Visum in einem anderen Land als seinem Heimatland beantragen musste. Am Ende sah es so aus, dass Cyprien seinen Passvermerk bekommen würde, und Kim gab die Crewmitglieder mit einer Woche Verspätung am 8. Juli 2015 endlich bekannt – anderthalb Monate vor dem geplanten Missionsbeginn.

Am darauffolgenden Wochenende ging ich zelten. Ich hatte mich in Finnland einer losen Gruppe von Immigranten aus England, Frankreich und der Schweiz angeschlossen, die gelegentlich Touren unternahm. Für die meisten war es eine Möglichkeit, ihrem Familienalltag zu entkommen, für mich war es vor allem eine Abwechslung von meinen Solo-Zeltausflügen.

Wir fuhren mit dem Fahrrad von Helsinki aus nach Westen. Erst kurz zuvor waren wir an meinem Lieblingszeltplatz am Nordufer der Ostsee gewesen, deshalb radelten wir zu meinem zweitliebsten Ort, einem Nationalpark mit viel Wald und einigen kleinen Seen. Es war warm, und so sprang ich direkt neben unserem Zeltplatz in einen der Seen. Die Sonne war gerade untergegangen und der Himmel voller rosafarbener Wolken. Die Oberfläche des Gewässers war so ruhig, dass ich zusehen konnte, wie die Ringe, die meine Bewegungen erzeugten, sich ausbreiteten. Der Ausflug war eher unspektakulär, aber ich sammelte Momente wie diesen, um ein Jahr lang davon zehren zu können.

Meinen Chef an der Aalto University bei Helsinki hatte ich über meine neuen Pläne schon längst informiert, und so ließen wir meinen befristeten Arbeitsvertrag einfach auslaufen. Nach Auflösung meiner Wohnung wollte ich noch einen kurzen Abstecher zu meinen Eltern in Deutschland machen, bevor ich nach Hawaii flog. Am Abend, bevor ich auf die Fähre nach Travemünde fuhr, badete ich noch ein letztes Mal in der Ostsee. Eine Stunde der Ruhe inmitten etlicher Wochen, die voller Hektik und Vorbereitungen waren. Eine Stunde des Abschieds.

Nachdem ich meinem Vermieter den Wohnungsschlüssel übergeben hatte, fuhr ich noch schnell zu einer Apotheke, um Vitamin D zu besorgen. Die Apothekerin konnte sich beim besten Willen nicht vorstellen, warum jemand freiwillig »ein Jahr lang drinnen« sein wollte, kannte sich als Finnin aber mit Sonnenlichtmangel aus und empfahl mir eine Dose mit einem Jahresvorrat an Vitamin D.

In der Zwischenzeit hatte uns Shey, so hatten wir Sheyna schon in den letzten Tagen unserer Trekking-Tour genannt, über die notwendigen Nährstoffergänzungen informiert. Sie sollte unsere zukünftige Crewärztin sein, und sie war der Meinung, Nüsse und Milch seien notwendig sowie für die Psyche täglich fünf Umarmungen, für die sie sich bei Bedarf gern zur Verfügung stellen würde. Vitaminpräparate seien dagegen überflüssig.

Als Stellvertreterin der Kommandantin kümmerte sich Shey weitgehend um das Organisatorische der Mission, da Carmel sich noch bei ihren Feldstudien im Glacier National Park herumtrieb und praktisch ohne Internetzugang war. Bei der Vitamin-D-Frage vertraute ich dann aber doch lieber auf die Erfahrung der finnischen Apothekerin.

Eine Woche später traf ich Cyprien auf dem Flughafen von Kona, Hawaii. Beide hatten wir gerade drei Langstreckenflüge hinter uns gebracht, und ich, noch an den nordischen Sommer mit seinen langen Tagen gewöhnt, wunderte mich gerade schlaftrunken, warum es abends um acht schon stockdunkel war, da sammelte uns Kim auf und fuhr uns zu einer Ranch. Sie drückte uns fürs morgige Frühstück eine frische Ananas in die Hand und ließ uns erst einmal ausschlafen.

Als wir aufwachten, war es mitten am Tag, und ich schlug vor, auf einen Hügel hinterm Haus zu steigen. Gesagt, getan, und Cyprien und ich schlängelten uns zwischen fremdartigen Bäumen hindurch und schlugen uns durch dichtes Gestrüpp. Es ging steil bergauf, außerdem war es brütend heiß. Ich wusste schon bald nicht mehr, ob das, was meine Haut hinunterrann, die Feuchtigkeit aus der Luft war oder mein eigener Schweiß. Ich verfluchte das tropische Hawaii und ließ mich auf einer Lichtung erschöpft ins Gras fallen. Na gut, die Aussicht auf die unter uns liegende Bucht war nicht schlecht, zumindest das, was man durch den Dunst erkennen konnte. Hinter uns befand sich ein kleiner Vulkankegel, der trotz seiner grünen Decke an den eigentlichen Grund unseres Hierseins erinnerte.

Am Abend fuhren wir an den Strand, der entgegen aller Postkartenversprechungen vor allem aus schwarzem Lavagestein bestand. Ich balancierte noch mit schmerzverzerrtem Gesicht mühsam über die rauen Felsen, während Cyprien, der keinen Schmerz zu kennen schien, längst im Wasser war und vor sich hin planschte.

Tags darauf gingen wir abermals baden, diesmal aber an der Nordküste. Begleitet wurden wir von Tristan, der in der Zwischenzeit eingetroffen war. Von oben sah die Bucht traumhaft aus, ein langes, flaches Flussdelta, dazwischen üppiges Grün. Die überwucherten Felswände, die die Bucht umrahmten und die angrenzende Küste säumten, waren gelegentlich unterbrochen von steilen Wasserfällen.

Wir brauchten eine halbe Stunde, bis wir das Flussdelta im Tal erreicht hatten, und mir graute schon vor dem steilen Aufstieg. Beim Durchqueren des Flusses wären wir beinahe weggespült worden, so stark war die Strömung. Tristan und ich hielten uns an den Armen fest und stützten uns gegenseitig, wir kamen uns vor wie zwei betrunkene Neunzigjährige. Cyprien verlor seinen Stolz lieber mit den Füßen über dem Kopf.

Nach diesem kleinen Abenteuer begann der Ernst der Mission. Sheyna und Andrzej stießen zu uns und, mit etwas Verspätung, schließlich auch Carmel. Wir wurden von einem Ort zum nächsten geschleppt und mit Informationen vollgepumpt.

Unsere Mission war die vierte der HI-SEAS-Missionen und die längste. Die allererste Mission hatte vier Monate gedauert und die Frage beantwortet, was besser war: vorgefertigte Astronautennahrung oder mit Gefriergetrocknetem selbst kochen – Letzteres gewann haushoch. Die zweite und dritte Mission, die jeweils vier und acht Monate gedauert hatten, gehörten zusammen mit unserer Mission zu einer groß angelegten Studie, in der es um Gruppendynamik ging und auch um die Frage, wie lang so eine simulierte Mission eigentlich dauern muss, um den größtmöglichen Nutzen daraus zu ziehen. Dazu erfuhren wir, an welchen Experimenten wir teilnehmen würden und was wir jeweils dafür tun mussten. Pete Roma, einer der Wissenschaftler, der gerade in die Rolle unseres Mädchens für alles geschlüpft war, erklärte uns die einzelnen Fragebögen und worauf wir bei jedem Experiment besonders achten sollten. Schon nach dem dritten Projekt hatte ich völlig den Überblick verloren. Das war aber nicht weiter schlimm, da wir die ersten Experimente ohnehin unter Anleitung durchführten. Für Petes Experiment zum Beispiel sollten wir erst eine Speichelprobe abgeben, dann zu dritt am Computer spielen, und hinterher erneut eine Probe abliefern. Pete war vielleicht Mitte dreißig, ein stämmiger US-amerikanischer Psychologe mit italienischen Wurzeln und kurzen, stacheligen, schwarzen Haaren, der eine herzerfrischend pragmatische Sicht auf viele Dinge hatte. Sein Experiment sollte zeigen, ob unser Team bei dem Computerspiel im Laufe der Mission immer besser oder schlechter abschnitt. Im Moment aber lachte er laut, als ich mir bei meiner ersten Speichelprobe auf die Hand sabberte.

Pete sorgte weiterhin dafür, dass jeder Wissenschaftler, für den wir während der Mission Experimente durchführen würden, der aber nicht persönlich vor Ort sein konnte, uns per Skype anrief. Er fuhr uns vom Geologie-Training zum Marshabitat und zurück zur Ranch. Morgens bereitete er uns das Frühstück zu, und wenn wir noch über geologischen Karten brüteten, kochte er unser Abendessen. Wenn etwas nicht funktionierte, kümmerte er sich um eine Lösung. Ich hätte ihn am liebsten mit ins Habitat genommen, aber er ließ sich von der Idee nicht so recht begeistern.

Pete war auch anwesend, als wir die erste Auseinandersetzung mit einem der Wissenschaftler hatten. Wir sollten Pulsmesser um unseren Brustkorb tragen und, des besseren Kontakts wegen, ein wenig Ultraschall-Gel auf unsere Haut auftragen. Ich hatte früher selbst Ultraschall für die Messung von Strömungsgeschwindigkeiten im Labor eingesetzt und dabei Gel verwendet. Aus eigener Erfahrung bezweifelte ich daher, dass wir den ganzen Tag über ein brauchbares Pulssignal aufnehmen würden, sah das aber als ein vorläufig kleines Problem an. Nicht so Shey, die der Ansicht war, dass das Ultraschall-Gel Hautreizungen auslösen könne; sie witterte einen Eingriff in unsere körperliche Unversehrtheit. Das schien mir dann doch etwas übertrieben. Der betreffende Wissenschaftler versuchte zu beschwichtigen, und am Ende einigten wir uns darauf, es mit dem Gel wenigstens einmal zu versuchen.

Wir alle standen unter Stress, trotzdem fand ich Sheys Einwurf unangemessen heftig. Auf der einen Seite war ich natürlich froh, dass sie, die ich insgeheim schon längst Doc Mom getauft hatte, sich so rührend um unsere Sicherheit und Gesundheit kümmerte. Doch auf der anderen Seite hinterließ die Aggressivität, mit der sie das Gel verteufelte, bevor wir es überhaupt ausprobiert hatten, bei mir einen faden Beigeschmack.

Später erkundeten wir das hawaiianische Lavagestein. Hawaii, die Inselkette im Pazifischen Ozean, existiert nur, weil heißes Gestein aus dem Erdinneren sich seinen Weg durch die pazifische Platte gebahnt hatte – fernab jeglicher Plattengrenzen, an denen normalerweise vulkanische Aktivität stattfindet. Über Millionen von Jahren bildete sich nicht nur die Hauptinsel Big Island als Teil der Inselkette, sondern mit ihr auch zwei der größten Berge der Welt. Sowohl der noch aktive Mauna Loa als auch der erloschene Mauna Kea sind größer als der Mount Everest, haben ihren Fuß jedoch viertausend Meter unter dem Meeresspiegel.

An einer Flanke des Mauna Loa befindet sich einer der aktivsten Vulkane der Erde, der Kīlauea. Wir fuhren zu dessen Krater und bestaunten die schwefeligen Dampfschwaden und nachts aus der Ferne die rot glühende Lava in seinem Inneren. Wir liefen über frisches Lavagestein, das sich seit dem letzten Ausbruch vor ein paar Jahren kaum verändert hatte, und über jahrhundertealtes Lavagestein, das schon leicht zu bröckeln anfing und auf dem die ersten zarten Pflänzchen Fuß fassten.

Vor allem aber lernten wir, zwischen zwei Sorten von Lava zu unterscheiden: 'A'ā (sprich: Ah-ah) und Pāhoehoe (sprich: Pa-ho-e-ho-e). 'A'ā -Lava besteht aus Brocken, die mehr oder weniger lose übereinandergestapelt herumliegen. Wenn das Gestein noch jung und kaum verwittert ist, ist es so scharfkantig, dass es durchaus Fetzen aus der Sohle von derben Wanderschuhen reißen kann. Wir hatten daher häufiger gewitzelt, dass der Name 'A'ā von dem Ton stammt, den man von sich gibt, wenn man versucht, barfuß darüber zu laufen. Pāhoehoe erschien uns dagegen beinahe wie eine asphaltierte Straße. Ihre Oberfläche ist meist sehr glatt, wenn auch mit gelegentlichen Falten versehen. Man muss zwar aufpassen, dass man nicht über eine dieser Falten stolpert, aber wenigstens bleibt das Gestein, wo es ist, und rollt nicht unter einem weg, um einem, wenn man fällt, die Schienbeine aufzuschlitzen. Nein, die Gefahr, die von Pāhoehoe ausgeht, ist versteckter, aber dafür umso größer. Doch das sollten wir erst viel später verstehen.

Während des Trainings betrachteten wir hingerissen die vielen wundersamen Gesteinsformationen, die sich gebildet hatten, als die noch heiße, zähflüssige Lava mitten im Fluss langsam erstarrte. Als Strömungsmechanikerin begeistert mich sowieso alles, was strömt oder fließt, Wasser, Honig oder eben auch Lava. Selbst wenn Letztere sich nicht mehr bewegt, weist sie trotzdem charakteristische Muster einer Strömung auf. Zugegeben, von diesen Mustern begeistert waren vor allem die Bodenkundlerin Carmel und ich, die anderen schienen nach nur wenigen Stunden eher gelangweilt.

Nachdem wir aus dem geologischen Wunderland ins erdrückende Grün zurückgekehrt waren, begrüßte uns Koa. Koa war eine Einheimische, die, statt die weißen Eindringlinge zu verwünschen, ihnen lieber beibrachte, wie man sich in ihrer Heimat richtig benimmt. Hawaiianer verteidigen sonst gern mit Herzblut ihr Land gegen die Weißen, nachdem diese jahrhundertelang ihre Heiligtümer entehrt hatten.

Die Studienleitung von HI-SEAS wollte nicht den Fehler der Erbauer der über einem Dutzend Observatorien und Teleskope auf dem Mauna Kea wiederholen, bewusst hatte sie sich entschlossen, das Habitat weder auf einem Gipfel, der auf Hawaii prinzipiell heilig ist, noch auf dem höchsten und damit ebenfalls heiligen Berg zu errichten. Stattdessen wurde es auf halber Höhe des Mauna Loa, dem zweithöchsten Berg, installiert, noch dazu in einer Gegend, in der ohnehin schon kein Stein mehr auf dem anderen liegt: in einem alten Steinbruch.

Koa gab uns Crewmitgliedern also eine kleine Einweisung in die Kultur der Hawaiianer und, für uns unmittel-

bar relevant, in die Bedeutung von aufgeschichteten Stein-
häufchen. Kurz gesagt: Wir sollten von künstlichen Ge-
steinshäufchen die Finger lassen – und natürlich auch
selbst nichts aufschichten. Koa erklärte uns außerdem,
dass die Vulkangöttin Pele sehr sauer werden würde, wenn
man einen ihrer Steine entfernte und mit nach Hause näh-
me. Ich fragte mich in diesem Moment, was wohl bei den
kleinen Steinchen passiert, die man eingeklemmt in der
Schuhsohle nahezu unausweichlich und unbemerkt mit
nach Hause bringt, da verkündete Koa, dass wir gemeinsam um die Gunst der Göttin Pele mit einer Opfergabe
bitten würden. Genau genommen sollten wir nicht wirklich etwas opfern, wir sollten einfach nur unser Essen mit
Pele teilen.

Wir erfuhren auch noch, was wir in die riesigen Blätter
einwickelten, die wir dann später am Kraterrand des
Kīlauea ablegen sollten. Mit den Namen der Speisen konnte ich nichts anfangen, und so weiß ich nur noch, dass alles
sehr bunt und lecker war. Denn während des Einpackens
mussten wir selbstverständlich auch selbst davon essen,
sonst wäre es ja kein Teilen gewesen.

Auf jeden Fall hatten wir es wohl ganz gut gemacht,
denn trotz einiger Vorfälle wie leichte Erdbeben oder kleinere Blessuren behandelte Pele uns in dem folgenden Jahr
sehr zuvorkommend. Sie kam insbesondere nicht auf die
Idee, uns während der Mission mit rot glühender Lava
fortzuspülen.

Nach so viel Geologie und Kultur durften wir endlich in
unser neues Zuhause für die nächsten zwölf Monate. Als
ich unser Habitat zum ersten Mal betrat, war ich erstaunt
und erleichtert, wie groß es wirkte: Der zentrale Gemeinschaftsraum war bis zu fünf Meter hoch. Es war unwahrscheinlich, dass einem hier die Decke auf den Kopf fiel.

Unwillkürlich stellte ich den Vergleich mit der Station in Utah an, wo ich Carmel und Cyprien kennengelernt hatte. Jenes Gebäude wirkte von außen überraschend groß, drinnen fühlten wir uns jedoch schon bald sehr eingeengt. Doch viel Zeit, unsere weiße Kuppel zu betrachten, blieb uns vorerst nicht. Stattdessen lernten wir, wie die verschiedenen Habitat-Systeme funktionierten. Hauptstromversorgung, Back-up-Stromversorgung, Netzwerk, Computer, Wasserpumpen, Toiletten und nicht zuletzt unsere Anzüge.

Die Nacht vor unserem endgültigen Einzug ins Habitat verbrachten wir in einem Hotel direkt am Meer. Am nächsten Morgen, einem Freitag, sprangen fast alle noch einmal in den Pazifik. Während sich Cyprien und Tristan eine Ukulele zulegten und die anderen ein letztes Mal in einem Supermarkt einkaufen gingen, erledigte ich mit Kims Hilfe einige Formalitäten.

Am frühen Nachmittag fuhren wir schließlich zur Station. Ich nahm die karger werdende Landschaft um mich herum kaum wahr. Nervös sah ich der sich nähernden weißen Kuppel entgegen.

2
DIE TÜR IST ZU

Dann ging alles ganz schnell. Wir verabschiedeten uns von Pete, schüttelten noch ein paar anderen Begleitern die Hände, danach stellten wir uns in einer Reihe vor dem Eingang auf. Während Kim jeden von uns umarmte, machten die Umstehenden einige Erinnerungsfotos, und anschließend schritten wir einer nach dem anderen durch die offene Tür. Noch ein kurzes Winken, das Schloss klackte – und wir waren unter uns.

Wir standen im Gemeinschaftsraum und kratzten uns am Kopf. In der Hektik der letzten Tage hatten wir völlig vergessen, etwas für diesen außergewöhnlichen Augenblick vorzubereiten. Die Mehrheit von uns entschied sich für eine kleine Tanzparty, doch niemand hatte wirklich passende Musik dabei. Tristan weigerte sich standhaft, auch nur so zu tun, als würde er tanzen, und nach nur zwei Minuten unkoordinierten Rumgezappels zu einem Song, den ich gleich wieder vergessen hatte, gaben wir es auf, diesem Moment doch noch etwas Würde zu verleihen.

Mit Erstaunen und wohl auch ein wenig ungläubig zählte ich an diesem 28. August immer und immer wieder meine Kameraden. Fünf. Es sollte noch Monate dauern, bis mir diese Zahl als völlig normal erschien, im Moment jedoch wirkte diese Gruppe so … klein. Waren das wirklich alle? Für ein ganzes Jahr?

So richtig konnte ich noch nicht begreifen, was da auf mich zukam, deshalb sah ich mich lieber um: Vom halbkreisförmigen Gemeinschaftsraum sah man rechts in die angrenzende Küche mit ihrem Esstisch und der Arbeitsplatte, die sich gerade hinter einer vorstehenden Wand versteckte. Dahinter lag ein schmaler Raum mit unserer Computer- und Netzwerktechnik auf der einen Seite und der Waschmaschine und dem Trockner auf der anderen. Zu meiner Linken ging es sowohl zum Labor und einem kleinen Bad mit Dusche als auch zur Luftschleuse, die zugleich als Durchgang zum angrenzenden Lagercontainer diente, der außerhalb der Kuppel lag. Die Luftschleuse war von der Habitatkuppel mit einer derben Plane getrennt, die sich mit einem Reißverschluss öffnen ließ. Mein Blick schwenkte nach oben, zu den sieben schmalen blauen Türen, hinter denen die sechs Mannschaftsquartiere und das zweite Badezimmer lagen, darüber die weiße, gewölbte Habitatdecke.

Denn das Habitat war nichts weiter als ein Zelt. Sehr stabil, wegen der geodäsischen Form konnte es locker irdischen Windgeschwindigkeiten von über hundertfünfzig Stundenkilometern standhalten, doch eben ein Zelt. Die Habitatwand bestand aus einer doppelten Lage sehr derber weißer Plane. Die war auf einer Seite mit einem braunen Tarnnetz abgedeckt, das verhindern sollte, dass das leuchtend weiße Habitat von Weitem sichtbar war und Neugierige anlockte.

Hier sollten wir also das nächste Jahr verbringen. Dreihundertfünfundsechzig Tage, zweiundfünfzig Wochen, zwölf Monate. Ich versuchte, mir den Zeitraum vorzustellen und irgendwie zu begreifen, konnte es aber nicht. Meist plane ich nur ein paar Tage im Voraus, wenn ich zum Beispiel für die nächste Woche etwas einkaufen will. Gelegentlich habe ich auch die nächsten Monate im Blick, wie bei einem anstehenden Urlaub. Ein Jahr aber … Diese Zeiteinheit kam mir vor wie eine abstrakte Zahl, die keinerlei Bezug zu mir hatte. Achselzuckend schloss ich mich daher Carmel an, die gerade anfing, Kisten auszupacken.

So absurd es klingt, aber unsere erste Handlung nach der »Landung« auf dem »Mars« war etwas so Banales wie das Öffnen gewöhnlicher irdischer Umzugskisten. Diese Kartons waren vollgestopft mit Nahrungsmitteln und persönlichem Hab und Gut, mit wissenschaftlichen Instrumenten und Computern – und alles verlangte nach einem eigenen Platz im Habitat oder im angrenzenden Lagercontainer. Dazu sollten wir so schnell wie möglich eine Inventarliste erstellen, damit wichtige Gegenstände, die uns fehlten, so bald wie möglich nachgeliefert werden konnten. Ich dachte wieder an die letzten Wochen, in denen wir uns etwas überstürzt von unserem irdischen Leben verabschiedet hatten. So überstürzt, dass ich vergaß, mir für das fußkalte Habitat ein Paar Hausschuhe zu besorgen. Ich kann nur hoffen, dass ein Flug zum Mars längerfristig geplant wird, denn Reisende zum wahren Mars müssten auf alles Vergessene monate-, wenn nicht jahrelang warten. Meine Hausschuhe dagegen bekam ich zusammen mit diversen Lebensmitteln schon wenige Wochen später.

Für die Inventur wurde mir die Werkbank zugeteilt, schon deshalb, weil ich sie wahrscheinlich am häufigsten brauchen würde. Außerdem hatte ich keine Lust, mich durch seitenlange Listen mit exotischen Gewürzen zu quälen, die von den Vorgängercrews zurückgelassen worden waren. Hawaii liegt, kulinarisch gesehen, näher an Asien als an Amerika, und so waren im Vorratsbereich eine Menge fremder Schriftzeichen zu erkennen. Da suchte ich lieber nach der Übersetzung für Inbusschlüssel oder Abwasserrohrverzweigung, das schien mir einfacher.

Bei dieser Inventur kurz nach unserem Einzug entdeckte ich auch einen Weihnachtsbaum – noch vier Monate würde es dauern, bis wir ihn aufstellten. Er war etwa einen halben Meter hoch und bestand aus Plastik. Für einen Moment war ich irritiert, dann erinnerte ich mich an einen Kommentar aus der Trainingswoche: Auf dem Weg in den Weltraum zählt zwar jedes Gramm, aber gerade bei Langzeitmissionen muss man auch Zugeständnisse an die Crewmoral machen. Nachdenklich betrachtete ich den Baum: Wie wohl die letzte Crew ihr Weihnachten hier erlebt hat? Welche Höhen und Tiefen hatten die Mitglieder durchgemacht, als sie zusammen feierten? Deren Mission hatte im Oktober angefangen, sie hatten also gerade zweieinhalb Monate hinter sich. Bestimmt hatten sich Freundschaften entwickelt, aber mit Sicherheit waren auch die ersten Streits nicht ausgeblieben. Ich vermutete, dass in den veröffentlichten Artikeln und Blogposts nur die halbe Wahrheit stand.

Meine Neugierde erwachte, denn ich sollte nun einen exklusiven Einblick in das Innere einer Crew bekommen und aus erster Hand erleben, wie sich die Gruppendynamik von Monat zu Monat entwickeln würde. Der Pessimist in mir ahnte, dass unser Weihnachten nicht nur ein Fest der Freude sein würde, sondern erste Spannungen die Stimmung trüben würden.

Die erste Nacht im Habitat – sie war so erholsam wie jede x-beliebige erste Nacht in einem neuen Bett: Ich schlief unruhig und zu wenig. Jeder von uns hatte ein eigenes Zimmer, und meins lag zwischen Dusty-Cyprien und dem oberen Badezimmer. In diesem stand eine Komposttoilette, und ein Ventilator sorgte brummend und surrend dafür, dass sich der Geruch des Toiletteninhalts nicht im gesamten Habitat ausbreitete. Das gleichmäßige Brummen störte mich nicht, daran gewöhnte ich mich sehr schnell. Doch dann wurde die Tür nebenan aufgerissen, und mit Nachdruck der Kippschalter für die Deckenlampe umgelegt. Peng, die Tür war zu, das Schloss rastete krachend ein. Es klang, als wäre mindestens einer meiner Mitbewohner ein ausgesprochenes Trampeltier. Kurz darauf ertönte die gleiche Geräuschabfolge erneut und hinderte mich am Einschlafen. Beim dritten Mal dämmerte mir langsam, was die Studienleitung gemeint hatte, als es hieß, dass die Schallisolierung zugunsten ein paar Zentimeter mehr Platz für uns weggelassen worden war. Durch die dem Bad gegenüberliegende Wand drang gelegentlich ein dumpfes Poltern: Cyprien schienen auch die Extrazentimeter nicht zu reichen, denn er stieß beim Umdrehen jedes Mal mit dem Ellbogen an die Zimmerwand. Überhaupt hatten alle von uns in den ersten Nächten häufigen Wandkontakt. Unsere Betten standen an der Außenwand, die wegen der Kuppelform des Habitats über dem Bett angeschrägt war. Es wirkte sehr hübsch und ästhetisch, aber bei jedem Umdrehen befürchtete ich, wie Cyprien und alle anderen an die Schräge zu stoßen und die Schlafenden aufzuwecken. Es dauerte daher nur wenige Tage, bis fünf von uns ihre Schlafstatt kurzerhand an eine der beiden Seitenwände gestellt hatten.

Gerade hatten wir begonnen, uns einzuleben, da wurde uns mitgeteilt, dass wir uns auf eine mögliche Evakuierung vorbereiten sollten. Hawaii liegt inmitten des tropischen Pazifiks und damit in einer Gegend, in der Hurrikans ihr Unwesen treiben. In diesem Fall war es Ignacio, der gerade auf Hawaii zuhielt. Während meines Studiums hatte ich mich eine Zeit lang intensiv mit der Entstehung und dem Verlauf von tropischen Stürmen beschäftigt. Daher war ich durchaus daran interessiert, einen Hurrikan einmal hautnah zu erleben. Aber der simulierte Mars schien mir dann doch ein etwas unpassender Ort dafür zu sein, da Hurrikans starken Wind und viel Regen mit sich bringen. Auf dem Mars wäre ein Wind wegen der dünnen Atmosphäre trotz hoher Geschwindigkeiten alles andere als zerstörerisch, und Regen gibt es auf dem trockenen Planeten überhaupt nicht.

Simulierter Mars hin oder her, der Hurrikan jedenfalls war nicht simuliert. Wenn sich abzeichnete, dass sich der Sturm nicht aussitzen ließ, konnten wir entweder in den Lagercontainer evakuieren, der fest mit dem Boden verankert war, oder den Berg verlassen. Ganz gleich, wie wir uns entscheiden würden, jeder sollte schon mal eine Notfalltasche packen und für den Rest der Mission bereithalten. Shey, die nicht nur unsere Crewärztin, sondern auch unsere Sicherheitsbeauftragte war, schickte uns eine Liste mit den Dingen, die in unserer Tasche nicht fehlen durften. Darauf stand auch Wechselwäsche. Meine blieb jedoch nur ein paar Tage im Rucksack: Ich hatte nicht so viel dabei, dass ich sie ungenutzt herumliegen lassen konnte.

Eine zweite Maßnahme musste ebenfalls angegangen werden: Andrzej und Cyprien sollten die Umgebung des Habitats nach herumliegenden Gegenständen absuchen – unser erster Außeneinsatz. Es war neun Uhr morgens, der zweite Tag nach unserem Einzug, wir waren erst seit zweiundvierzig Stunden allein, als sie mit den Vorbereitungen anfingen. In einer Stunde sollte es losgehen.

Cyprien und Andrzej begannen damit, ihre neuen und gelb glänzenden Anzüge, modifizierte Gefahrenstoffanzüge, einsatzfähig zu machen. Sie befestigten gerade aufgeladene Akkus an innen angebrachten Halterungen und testeten die Ventilatoren, die sie gleich mit Luft versorgen sollten. Sie füllten ihre Trinkrucksäcke mit frischem Wasser auf, schließlich befestigten sie noch ihre Headsets mit Kopfbändern. Wir anderen halfen ihnen dabei, alles zusammenzusuchen, lachten über die idiotisch aussehenden weißen Stirnbänder.

Erst zum Schluss kletterten die beiden in ihre Anzüge. Die Beine zuerst, dann Arme und Kopf. Als Letztes kam der Klettverschluss an der Seite dran. Die Anzüge waren zu groß, und so waren wir anderen gefragt: Die Länge der Beine und der Arme passten wir den beiden mithilfe von dafür vorgesehenen Riemen an. Pünktlich um zehn waren die beiden mit allem fertig, traten in die Luftschleuse und stellten fest, dass die eben getesteten Funkgeräte auf einmal nicht mehr funktionierten. Das hieß, sie funktionierten schon, aber die Headsets waren so empfindlich, dass das Mikrofon im geschlossenen Anzug auch das Dröhnen des Ventilators auffing und per Funk übertrug. Wollte der eine etwas sagen, sirrte der Ventilator des anderen über das Funkgerät und blockierte auf diese Weise die Leitung, und umgekehrt. So konnte man natürlich kein Gespräch führen.

Nach verschiedenen fehlgeschlagenen Versuchen behalfen sich Cyprien und Andrzej damit, von den zwei vorhandenen Ventilatoren den oberen auszuschalten und nur den unteren zu benutzen. Der befand sich auf Rückenhöhe und schaffte die Versorgung mit Atemluft auch allein, zumindest wenn man sich nicht zu schnell bewegte. Es wurde auf Dauer aber mit nur einem Ventilator ziemlich warm im Anzug, doch wenigstens konnten die zwei mit einer knappen halben Stunde Verspätung endlich zu ihrem Einsatz aufbrechen. Sie waren genau zweiunddreißig Minuten draußen.

Sie fanden draußen tatsächlich ein paar Gegenstände, die noch herumlagen, einen einzelnen Hammer und eine vergessene Latte. Alle waren froh, dass wir noch einmal nachgeschaut hatten, und Cyprien und Andrzej waren erleichtert, als sie wieder im Habitat standen und der erste Einsatz überstanden war. Sie waren stolz, die Ersten gewesen zu sein, die diese neue Erfahrung machen durften, und wir anderen vier standen neugierig um sie herum und ließen uns erzählen, wie es gewesen war: So ganz anders in diesem Anzug draußen herumzulaufen als noch ein paar Tage zuvor in kurzen Hosen und T-Shirt. Die Bewegung war eingeschränkt und das Gesichtsfeld nur so groß wie das Visier. Wenn man sich umschauen wollte, musste man den ganzen Körper drehen, statt nur den Kopf.

Hurrikan Ignacio wiederum tat das, was die meisten Wirbelstürme tun, wenn sie im Begriff sind, Kurs auf Hawaii zu halten: Vor dem massiven, viertausend Meter hohen Mauna Loa geben sie klein bei und weichen der Insel aus. Ein wenig Wind, ein wenig Wolken waren alles, was uns von Ignacio auf der Lee-Seite des Mauna Loa erreichte, nichts davon hätte auch nur annähernd die Bezeichnung Sturm verdient.

Später lösten wir das Problem mit den Funkgeräten, indem wir Kehlkopfmikrofone statt der kleinen Mikros verwendeten, die an einem Arm vor dem Gesicht hingen. Doch auch diese hatten ihre Tücken, und die Funkgeräte sollten während der Mission immer wieder zu Problemen und zu teilweise sehr ausgefallenen Lösungen führen.

Die gelben Gefahrstoffanzüge hatten kaum Ähnlichkeit mit realen Raumanzügen – zu diesem Ergebnis kam ich, ohne länger überlegen zu müssen. Sicher, durch die Plastikhülle konnte man seine Außenwelt kaum spüren, aber die Versorgung mit Atemluft direkt aus der Atmosphäre würde auf dem Mars nicht einmal ansatzweise funktionieren. Der Anzug war auch viel zu leicht, und die Bewegung schränkte er nun nicht wirklich ein. Ich beschloss deshalb, den weißen Anzug anzuziehen, wann immer ich konnte. Dieser weiße Anzug, der auch den kryptischen Namen MX-C trug, ähnelte nicht nur von der Form her einem echten Raumanzug. Er ist dicht von der Umgebungsluft abgeschlossen, und schon allein deswegen besitzt er eine starke Pumpe, die Luft in den Helm befördert. Die Pumpe transportiert außerdem Luft durch Schläuche zu den Gliedmaßen, um die Haut zu kühlen, denn die Bewegungsfreiheit wird im MX-C durch dicke Polster eingeschränkt. Ein Anzug auf dem Mars wäre aufgeplustert, weil der Druck im Inneren mehr als hundertmal stärker sein müsste als der Druck der umgebenden Atmosphäre, nämlich so stark wie bei uns auf der Erde. Statt Überdruck hatte unser MX-C-Anzug Polster, die den gleichen bewegungshemmenden Effekt erzielten. Aber leider wärmten sie auch, und deswegen trugen wir noch zusätzlich eine Kühlweste, die mit Eiswasser aus dem Rucksack gespeist wurde. Luft- und Wasserpumpe brauchten natürlich Strom, und der kam aus großen, schweren Akkus, die die Gesamtmasse des Anzugs immens erhöhten, auf insgesamt bis zu dreißig Kilogramm. So viel schleppte ich bei meinem ersten Außeneinsatz dann auch mit mir herum.

Waren Cyprien und Andrzej bei ihrem ersten Ausgang eher gemütlich um das Habitat herumgeschlendert, hatte ich mir als erstes Ziel einen Hügel ausgesucht, wo ich eine Woche nach unserem Einzug nach einem geeigneten Standort für mein Wassergewinnungsexperiment Ausschau halten wollte. Das pyramidenförmige Treibhaus dafür hatte ich am Tag zuvor zusammengebaut. Carmel hatte mir geholfen, auch Cyprien, sodass ich es noch rechtzeitig vor dem geplanten Einsatz fertigstellen konnte.

Shey sollte mich dabei unterstützen, es draußen aufzubauen.

Die Pyramide hatte ich so angelegt, dass sie auf einer Grundfläche von genau einem Quadratmeter Wasser produzieren sollte. So würde ich aus dem Ertrag direkt ablesen können, wie viel die Pyramide pro Quadratmeter produziert, statt mit der Grundfläche multiplizieren zu müssen. In meinem Basteleifer kam ich jedoch nicht auf die Idee, einmal die Breite unserer Ausgangstür nachzumessen. Nach anfänglichem Schreck passte das Treibhaus dann doch durch die Tür, aber nur, wenn man es in einem ganz bestimmten Winkel kippte. Beim nächsten Modell sollte ich vielleicht doch eine kleinere Grundfläche wählen …

Doch bevor Shey und ich uns am nächsten Morgen durch die Tür kämpften, musste ich ein Problem mit der Luftversorgung in meinem weißen Anzug lösen. Arme und Beine bekamen Luft, aber die Luftzufuhr im Helm funktionierte nicht. Das Problem lag in der Stromversorgung und konnte nicht so leicht behoben werden, und so verlegten wir vorerst einen der Armschläuche derart um, dass er den Helm mit Luft versorgte. Damit konnten Shey und ich hinaus und auf den Hügel steigen.

Wir befanden uns zweitausendfünfhundert Meter über dem Meeresspiegel. Dies merkten wir schon bei jedem Treppensteigen. Nicht selten kamen wir in unseren Zimmern im Obergeschoss an und schnappten erst einmal nach Luft. Jetzt steckte ich in einem Anzug, der etwa halb so viel wie ich selbst wog und nicht nur meine Arme und Beine in der Bewegung einschränkte, sondern auch meinen Brustkorb. Dazu kam, dass der Armschlauch viel weniger Luft durchließ als der eigentliche Helmschlauch. Nach wenigen Schritten rang ich nach Luft, und den Hügel hinter dem Habitat konnte ich nur mit unzähligen Pausen erklimmen.

Oben angelangt, torkelte ich erst ein wenig umher, fand aber zum Glück schnell einen geeigneten Platz für die Pyramide. Erschöpft ließ ich mich auf die Knie fallen, um den Boden vor mir ein wenig zu ebnen. Ich griff nach einem größeren Stein, der vor mir lag, wollte ihn zur Seite werfen, und vergaß, dass sich mein Schwerpunkt gerade nicht da befand, wo er sonst lag. Ich fiel vornüber und wurde von meinem Rucksack am Boden gehalten. Meine in Polsterung verpackten Arme zappelten hilflos herum, ohne dass ich sie benutzen konnte, um mich hochzustemmen. Ich seufzte, halb belustigt, halb besorgt, und rollte mich in einem letzten Versuch auf die Seite, von wo ich mich unter Abwesenheit jeglicher Grazie endlich aufrichten konnte. Diese Arbeit im Anzug war wesentlich anstrengender, als ich befürchtet hatte.

Als der Boden ausreichend eben war, setzten Shey und ich die kleine Pyramide auf ihrem neuen Platz ab und verankerten sie. Anders als auf dem Mars bestand auf der Erde durchaus die Gefahr, dass der Wind die Pyramide fortwehte. Auf dem Mars gibt es zwar hohe Windgeschwindigkeiten, aber die Atmosphäre ist so dünn, dass der Wind keine nennenswerte Kraft erreicht. Für unseren irdischen Wind hatte ich jedoch Schnüre an der Pyramide befestigt, die ich nun um ein paar herumliegende Steine wickelte, die als Anker dienen sollten. Anfangs hatte ich noch die Schnapsidee gehabt, die Schnüre mit meinen behandschuhten Händen zu verknoten. Das konnte schon deshalb nicht klappen, weil ich mich voll und ganz darauf konzentrierte, mein Gleichgewicht zu halten, damit ich nicht wieder umfiel und dabei noch die Pyramide unter mir begrub. Später wickelte ich die Schnüre einfach nur um die Steine, ohne sie zu verknoten – die Steine waren rau genug, dass die Schnur nicht abrutschen konnte.

Nach anderthalb Stunden schwerster Arbeit kehrten Shey und ich zum Habitat zurück. Ich schob meine Erschöpfung auf meine mangelnde Höhenanpassung und das ungewohnte zusätzliche Gewicht auf meinem Rücken. Mir graute vor dem Nachmittag, wenn wir noch einmal nach draußen wollten, um nachzuschauen, ob das Treibhaus schon Wasser produziert hatte.

Doch Experimente müsste man nicht durchführen, wenn man genau wüsste, wie sie funktionieren. Am Nachmittag fanden wir die Pyramide staubtrocken vor. Immerhin: So konnten wir nach wenigen Minuten zum Habitat zurückkehren, wo ich den Rest des Tages darüber nachdachte, wie ich das Treibhaus umbauen musste, damit es Wasser erzeugte.

Zum Glück hing unsere Versorgung mit Trinkwasser nicht von meinem Experiment ab, sondern wir hatten zwei Zweitausend-Liter-Tanks neben dem Habitat stehen, aus denen wir unser Wasser bezogen. Im Prinzip war uns freigestellt worden, wie wir mit dem Wasser haushalten wollten, aber ein paar Wochen sollten die Tanks bitte schon reichen. Als Richtlinie hatte man uns vorgegeben, nicht mehr als acht Minuten in der Woche zu duschen.

Jeden Tag eine Minute lang zu duschen schien mir absurd. Davon abgesehen, dass ich nie in einer Minute fertig werden würde, kam ich schließlich auch tagelang ohne eine Dusche aus, wenn ich trekken war. Und hier trug ich an den meisten Tagen nicht einmal einen schweren Rucksack mit meinem Zelt mit mir herum. Also beschloss ich, lieber alle drei bis vier Tage zu duschen. Mein erster Duschtag fiel somit auf einen Dienstag, vier Tage nach Beginn der Simulation. So lange hatte es gedauert, bis ich der Meinung war, dass meine Haut unangenehm fettig war. Unser Aufenthalt im Habitat fühlte sich da noch wie ein besserer Zeltausflug an, und die Dusche erschien mir geradezu luxuriös. Nach knapp drei Minuten hielt ich es nicht mehr unter dem Strahl aus kostbarem Trinkwasser aus und trocknete mich ab. Auf der Liste an der Badezimmertür, auf der wir unsere Duschzeiten eintrugen, stellte ich fest, dass Cyprien und Andrzej nicht einmal eine Minute gebraucht hatten. Bei meiner zweiten Dusche genau eine Woche nach unserem Einzug ins Habitat war ich schneller, in gut zwei Minuten war ich fertig. Und das, obwohl ich nach dem Ausflug im warmen MX-C-Anzug völlig verschwitzt zurückgekehrt war.

In der ersten Woche gaben wir auch Körperproben ab. Urin zuerst, aber nicht irgendeine Urinprobe, sondern gleich die nach dem morgendlichen Aufstehen. Cyprien fiel die Aufgabe zu, die Becher vor- und nachzubereiten. Am Abend stellte er daher sechs Becher auf die breite und erhöhte Kante, die sich hinter der Toilette befand, jeder mit unserer Teilnehmernummer versehen. Für die Studienleitung und die beteiligten Wissenschaftler waren wir nämlich in erster Linie Versuchskaninchen und hießen nicht Carmel oder Cyprien, sondern hatten Nummern wie 50192 und 50193.

Als ich an dem Tag, an dem die Urinprobe geplant war, am späten Vormittag aufwachte und mich gerade auf die Toilette setzte, fiel mir siedend heiß ein, dass ich etwas vergessen hatte. Zwei Stunden zuvor war ich nämlich schon einmal schlaftrunken und im Halbdunkel im Bad gewesen. Ich drehte mich um, und natürlich – ich war die Einzige, die nicht an die Probe gedacht hatte. In der Zeit, in der ich mich noch einmal hingelegt hatte, waren die anderen fleißig gewesen: Fünf volle Becher standen hinter mir.

Ich beichtete der Crew mein Missgeschick, und nach Rücksprache mit der betreffenden Wissenschaftlerin, die das Projekt draußen betreute, wiederholten wir die Urinprobe am nächsten Morgen noch einmal. Alle zusammen. Vor dem Schlafengehen nahm ich den Becher mit in mein Zimmer, wo ich ihn so vor die Tür stellte, dass ich selbst im Halbschlaf darüber stolpern musste. Ich sollte auf lange Zeit die Einzige bleiben, die die Urinprobe vergessen hatte. Erst Monate später tat mir Andrzej den Gefallen und vergaß sie auch einmal.

Auch mit den Pulsmessern gab es Probleme, denn das Gel hatte wie von mir erwartet keinen nennenswerten Effekt. Es führte nicht zu Hautirritationen, aber genauso wenig zu einer dauerhaften Verbesserung des Kontakts zwischen Pulsmesser und Haut. Auf einem Bildschirm konnten wir das Pulssignal verfolgen, und mein Signal lag meist konstant bei null, egal ob mit Gel oder ohne.

Da ich aber ganz sicher einen Puls hatte, probierten wir alle möglichen Konfigurationen durch, schoben den Sensor weiter nach oben, drehten ihn leicht zur Seite, zogen ihn straffer. Am ehesten erkannte er noch meinen Puls, wenn ich leicht verschwitzt war. Doch nach spätestens einer Stunde war der Kontakt wieder verloren und ließ sich auch nicht wiederherstellen.

Das Dasein als Versuchskaninchen entpuppte sich als schwieriger als erwartet. Dabei war das unsere Hauptaufgabe während der Mission: sinnvolle Daten zu erzeugen und dafür zu sorgen, dass die zuständigen Wissenschaftler diese Daten auch bekamen, insbesondere ja über unser soziales Zusammenleben unter diesen speziellen Bedingungen. Denn unser Habitat war nicht der einzige Ort, an dem Menschen isoliert auf engstem Raum zusammenlebten. Forscherteams in Antarktisstationen, U-Boot-Besatzungen, Astronauten der Internationalen Raumstation (ISS): All diese Crews waren Bedingungen ausgesetzt, die Wissenschaftler ICE nennen: *isolated, confined, extreme environments* – isolierte, eingeschränkte und extreme Lebensräume.

Doch die genannten Crews gehen vorrangig ihren eigenen Aufgaben nach, und sind sie engagiert, nehmen sie vielleicht noch an ein oder zwei wenig aufwendigen Studien neben ihren normalen Arbeiten teil. Dazu kommt, dass insbesondere Astronauten keine große Motivation haben, ehrlich zu antworten. Ein Astronaut, der zugibt, ernsthafte Probleme mit einem Kollegen zu haben, muss befürchten, nie wieder ins All fliegen zu dürfen. Man will ja zukünftige Komplikationen vorsorglich vermeiden.

Angenommen, eine Crew auf dem Mars hat tatsächlich zwischenmenschliche oder psychische Probleme, verschweigt das aber, aus welchen Beweggründen auch immer. Dann kann es theoretisch passieren, dass sich diese Schwierigkeiten irgendwann wieder legen. Die Erfahrung lehrt jedoch, dass meist das Gegenteil der Fall ist und die Situation irgendwann eskaliert. Zwar könnte man aus der Ferne helfend eingreifen, doch dazu müsste man erst einmal wissen, dass etwas nicht stimmt.

Und genau da kamen die ganzen Sensoren und Proben ins Spiel, die wir in den nächsten zwölf Monaten tragen beziehungsweise abgeben sollten. Die Hoffnung ist, dass man Hinweise auf auftretende Probleme auch aus objektiven Messpunkten erhalten kann, beispielsweise durch die Konzentration des Stresshormons Cortisol im Urin. Das hätte den Vorteil, dass die Antworten von Astronauten nicht durch unbeabsichtigte Selbsttäuschung (»Ich schaff das schon«) verfälscht werden.

Doch all die schönen Messwerte nützen nichts, wenn

man sie nicht einordnen kann. Für Messgeräte wie Thermometer oder Waagen gibt es daher Kalibrier- oder Eicheinrichtungen, für Menschen gibt es Laborstudien und – HI-SEAS. Genau wie zukünftige Astronauten trugen wir diverse Sensoren mit uns herum und gaben Körperproben ab, die unseren körperlichen und seelischen Zustand objektiv messen sollten. Damit die ermittelten Zahlen in Zukunft auch verlässliche Rückschlüsse auf echte Astronauten gaben, füllten wir zusätzlich etliche Fragebögen aus, in denen wir angaben, wie wir uns tatsächlich fühlten.

Grob vereinfacht gesagt: Aus einem ständig hohen Puls und einem hohen Cortisolspiegel eines Astronauten wäre die Schlussfolgerung zu ziehen, dass er unter hohem Druck steht. Deutet dann zum Beispiel der Sensor, der den Abstand zwischen den einzelnen Crewmitgliedern bemisst und von dem wir auch einen Prototyp trugen, darauf hin, dass der betreffende Astronaut sich seit Wochen vom Rest der Crew isoliert, kann man Gegenmaßnahmen ergreifen, bevor dieser sich oder der Crew Schaden zufügt.

Letztlich ist das eine der großen Gefahren, schickt man Menschen auf einen anderen Planeten: Sind einzelne Crewmitglieder miteinander verfeindet oder brechen unter der psychischen Belastung zusammen, ist die Mission zum Mars genauso zum Scheitern verurteilt, wie wenn die Rakete beim Start explodiert.

Zum Glück simulierten wir auf HI-SEAS nicht den Raketenstart oder die lange Reise zum Mars, sondern »nur« den Aufenthalt auf dem Planeten. Und da das Projekt von mehreren Ethikkommissionen bewacht wurde, waren wir als Versuchskaninchen auch keiner Bedrohung ausgesetzt, die mit einem echten Flug ins All vergleichbar wäre. Unsere Gefahren waren banaler, irdischer Natur. Die häufigsten

Unfälle bei unseren Vorgängern waren Küchenunfälle gewesen. Es würde nicht einer gewissen Ironie entbehren, wenn die erste Crew auf dem Mars sowohl den gefährlichen Flug als auch die ersten Monate auf dem Mars unbeschadet übersteht – um dann ein Crewmitglied zu verlieren, das beim Öffnen einer Gemüsepackung mit dem Messer abrutscht.

Sicher, objektiv betrachtet waren auch unsere Außeneinsätze nicht komplett ungefährlich. Die eingeschränkte Sicht im Anzug machte uns genauso zu schaffen wie das trügerische Terrain an sich. Genau deshalb aber verließen wir das Habitat auch nie allein: Wenn dem einen etwas passierte, konnte der andere Hilfe holen. Dazu beschränkten wir uns in der Anfangszeit vor allem auf die unmittelbare Umgebung, wo der Untergrund vergleichsweise stabil war und wir uns bei unseren ersten Schritten voll und ganz auf unsere Anzüge konzentrieren konnten.

Zusätzlich mussten wir Außeneinsätze mindestens achtzehn Stunden im Voraus anmelden, sodass jeder in der Crew und die Verantwortlichen auf der Erde immer genau wussten, wo sie nach einem Unfall nach uns suchen müssen. Erst wenn ein Außeneinsatz genehmigt war, durften wir raus.

In einem Notfall wäre unser abgeschiedenes Berghabitat innerhalb weniger Stunden oder Tage erreichbar – je nach Wetterlage –, was nichts im Vergleich mit einer Reise zum Mars ist. Immerhin liefen wir keine Gefahr, bei einem Verkehrsunfall ums Leben zu kommen. Nicht einmal ein einfacher Schnupfen konnte uns etwas anhaben, da wir ohne jeglichen Kontakt zu fremden Menschen auch keinen fremden Krankheitserregern ausgesetzt waren.

Andrzej wies uns jedoch auf eine Gefahr hin, die sonst niemand von uns so recht auf dem Schirm hatte, zumindest noch nicht: auf Anpassungsschwierigkeiten bei der Rückkehr in die Zivilisation. Kaum waren wir ins Habitat eingezogen, erzählte er uns, wie er nach HERA im Supermarkt stand und überfordert war, als er Zahnseide kaufen wollte. Die Auswahl sei so groß gewesen, dass er am liebsten gleich wieder umgekehrt und in HERA eingezogen wäre. Außerdem wären die vielen Autos im Straßenverkehr zu viel für ihn gewesen, überhaupt alles, was Zivilisation bedeutete.

Schon zuvor hatte ich von Anpassungsproblemen gehört, doch meist bei Leuten, die allein im Nirgendwo unterwegs gewesen waren und plötzlich mit vielen Menschen konfrontiert wurden. Natürlich vergisst man während eines Jahres viel, weswegen Astronauten auf dem Weg zum Mars auch regelmäßig ihr für die Mission benötigtes Wissen und Können auffrischen müssten, insbesondere das, was für Landung auf und Start vom Mars notwendig ist. Aber Zahnseide im Supermarkt auszuwählen? Das schien mir dagegen eine vernachlässigbar kleine Gefahr zu sein.

Dann wiederum – HERA hatte nur zwei Wochen gedauert …

3
SEPTEMBER.
ANKOMMEN UND
KENNENLERNEN

Eines Morgens, Carmel und Tristan befanden sich gerade auf ihrem ersten Außeneinsatz, und ich sollte das Funkgerät überwachen, bat mich Cyprien ins Labor. Er hatte Probleme mit der Computersteuerung seiner neuen Speziallampen für eins seiner Projekte. Die Lampen und ihr Lichtspektrum konnten theoretisch so angepasst werden, dass alles optimal für das Wachstum von Pflanzen wäre, doch sie gaben keinen einzigen Lichtstrahl von sich. Die Kabel waren richtig verlegt, alles war eingeschaltet, doch das Computerprogramm behauptete steif und fest, dass keine Lampen vorhanden wären. »Christiane, du hast doch vorher mit Computern und so zu tun gehabt ... Könntest du nicht mal einen Blick drauf werfen?«

Computerprobleme hatte ich tatsächlich schon viele gelöst. Und so nahm ich mich Cypriens Computers an, dann der Benutzeranleitung, und mit ein wenig Nachdenken fand ich schließlich heraus, woran es lag. Die letzte Hürde war, dass der Computer nur Französisch konnte, aber ich wusste ja jetzt, wonach ich schauen musste. Zwei Minuten später leuchteten die Lampen in einem gleißenden Pink.

Verwundert über diese ungewöhnliche Farbe, ließ ich mich aufklären. Pflanzen würden vor allem rotes und blaues Licht brauchen und grünes Licht reflektieren – weshalb wir sie auch als grün wahrnehmen. Noch verwunderter war ich jedoch, als mir Cyprien zwar dankte, aber später meinte, dass er die Lampen ohne Weiteres selbst zum Laufen bekommen hätte.

Kommentarlos verließ ich das Labor, kehrte aber am Abend, nachdem die Lampen ausgeschaltet waren, bewaffnet mit einer Rolle Klebeband zurück. Ich schnappte mir Cypriens Laptop und befestigte ihn unter dem Regalbrett, das direkt über der Arbeitsfläche hing. Da das Klebeband meinem Empfinden nach von der Tür aus zu deutlich zu sehen war, brauchte ich noch einen zweiten Streich. Ich zog das Verbindungskabel aus den Lampen, umwickelte es mit dünnem Klebeband und steckte es wieder zurück. Funktioniert eine Kabelverbindung plötzlich nicht mehr, sollte man zuallererst die Stecker überprüfen, und ich war mir sicher, dass Cyprien genau das nicht tun würde und erneut meine Hilfe in Anspruch nehmen musste.

Weil er das am nächsten Morgen tatsächlich musste, wechselte er danach stundenlang kein Wort mehr mit mir. Zwei Tage später redete er wieder nicht mehr mit mir, aber diesmal war es nicht meine Schuld.

Bei unserem ersten gemeinsamen Außeneinsatz gab es schon Probleme, bevor wir überhaupt aus der Tür getreten waren. Cyprien und ich trugen jeweils einen der weißen MX-C-Anzüge. Der Wassertank, der mich mit Kühlwasser versorgen sollte, fing wie wild zu piepsen an, gerade als wir die Luftschleuse geschlossen hatten. Wir brachen das simulierte Schleusen ab, das uns vom irdischen Luftdruck im Habitat auf den niedrigen Druck auf dem Mars bringen sollte, und Andrzej, unser Crewingenieur, kontrollierte die Anschlüsse, schaltete die Stromversorgung aus und wieder an, was zumindest das Piepsen verstummen ließ.

Wir starteten einen zweiten Versuch. Fünf Minuten später standen wir tatsächlich außerhalb des Habitats. Cyprien und ich kümmerten uns um meine Pyramide, die noch immer staubtrocken war, und stellten eine zweite daneben. Ich hörte über Funk, wie Shey und Andrzej, die ebenfalls unterwegs waren, ihre Rückkehr ankündigten. In diesem Moment meinte Cyprien, der Akku seines Funkgeräts sei fast leer. Das war nicht weiter schlimm, da wir unmittelbar nebeneinander arbeiteten und mein Funkgerät noch funktionierte. Kurze Zeit später signalisierte er mir jedoch, dass er nichts mehr hören könne. Ich gab kurz »Habcom« Bescheid, also jener Person, die im Habitat am Funkgerät saß – das war an diesem Tag Tristan –, und machte unbekümmert weiter. Wenn nötig, konnte ich mich mit Cyprien per Handzeichen verständigen.

Plötzlich fing auch mein eigenes Gerät unkontrolliert zu piepsen an. War der Akku etwa auch leer? Ich fluchte lautlos und versuchte dann, Habcom von meinen Schwierigkeiten zu berichten, doch mein Funkgerät ließ mich nicht mehr zu Wort kommen. Als ich feststellte, dass unsere Arbeit an der Pyramide noch eine Weile dauern würde, länger jedenfalls, als wir ohne Funkkontakt hier draußen bleiben konnten, beschloss ich, zum Habitat zurückzukehren.

Ich schnappte mir Notizblock und Stift, beides hatte ich für Feldbeobachtungen mitgenommen, und winkte Cyprien, sodass er mir folgte. Zurück am Habitat, klopften wir ans Fenster, eigentlich nur eine eingelassene Scheibe aus klarem Plastik, und ich hielt meinen Block mit der Nachricht »Funkgeräte tot, lasst uns rein« hoch. Ich sah, wie Tristan lachte, dann hielt er einen Zettel hoch, auf dem stand: »Luftschleuse ist bereit.«

Im Nachhinein stellte sich heraus, dass einer von uns im

Übereifer, Strom zu sparen, am Abend nach dem letzten Außeneinsatz die Steckdosenleiste mit den Funkgeräten ausgeschaltet hatte, noch bevor sie vollständig aufgeladen waren. Cyprien und ich wechselten unsere Geräte aus, tranken etwas Wasser, dann traten wir erneut in die Luftschleuse. Schließlich mussten wir unsere Arbeit beenden und unser Werkzeug einsammeln! Laut genehmigter Einsatzzeit hatten wir noch eine halbe Stunde, wir mussten uns also beeilen.

An der Pyramide angelangt, setzten wir unsere unterbrochenen Tätigkeiten fort. Fast waren wir fertig, als ich stutzte und innehielt. Die Stille, die mich plötzlich umfing, schrie mich geradezu an, nachdem mein Ventilator mir bislang ins Ohr gedröhnt hatte. Mit Schaudern realisierte ich, dass meine Luftversorgung soeben ausgefallen war.

Ich drehte mich zu Cyprien und funkte ihm, was passiert war, während ich mit einer Geste eine durchgeschnittene Kehle andeutete. Ohne zu zögern, trat Cyprien neben meinen Rucksack, wo sich die Stromversorgung befand, und versuchte, meine Luftversorgung neu zu starten. Ohne Erfolg.

Ich blickte auf die Pyramide, wir waren nahezu fertig. Schnell überprüften wir nochmals die Seile, Cyprien schob noch ein paar Steine zurecht, dann sammelten wir unser Werkzeug ein. Innerhalb weniger Minuten kletterten wir den Hügel zum Habitat hinunter.

In meinem Helm wurde es zunehmend stickiger. Ich fing an zu keuchen, obwohl es bergab ging. Jetzt bloß ruhig bleiben und keinen unnötigen Sauerstoff verbrauchen, versuchte ich, mich zu beschwichtigen. Habcom Tristan hatte meinen Funkspruch gehört und informierte uns, dass die Luftschleuse für uns bereit sei. Ich hörte es, konzentrierte mich aber gleich wieder auf mein Blickfeld. Sobald mir schwindelig wurde, wollte ich mich an Cyprien, der unmittelbar neben mir lief, festhalten, um nicht umzufallen. Im Notfall konnte er mir den Helm in wenigen Sekunden abnehmen. Das hätte zwar einen Simulationsbruch dargestellt, denn auf dem Mars würde der fehlende Helm schneller zum Tod führen als die ausgefallene Luftversorgung. Aber wir waren nicht auf dem Mars, sondern nichts weiter als Versuchskaninchen, und niemand hätte es gutgeheißen, wenn wir unser Leben für die Simulation aufs Spiel setzten, am allerwenigsten die Studienleitung. Doch im Moment fühlte ich mich noch stark genug, die letzten paar Schritte zur Luftschleuse zu gehen.

Sofort nachdem ich sie betrat, ließ ich mich auf den Boden nieder und lehnte mich nach hinten. Der Anzugrucksack war immerhin so gebaut, dass er im Sitzen als recht bequeme Rückenlehne diente. Cyprien schloss die Tür hinter uns und informierte Habcom. Statt Tristan antwortete Shey in ihrer Eigenschaft als Crewärztin und fragte mich nach meinem Zustand. Ich hatte die Augen geschlossen und konzentrierte mich darauf, langsam und gleichmäßig zu atmen. Nach ein paar Sekunden hob ich meinen linken Arm und streckte den Daumen nach oben. Cyprien verstand und gab die Info per Funk weiter. Als sich die Tür der Luftschleuse endlich öffnete, nahm er mir sofort den Helm ab. Shey stellte mir Fragen, um herauszufinden, wie ich beieinander war, während Tristan, Carmel und Andrzej mir die Teile meines Anzugs auszogen, die sie ohne Aufstehen meinerseits von mir abstreifen konnten. Irgendjemand drückte mir auch ein kühles Getränk in die Hand.

Mit dem Sauerstoff kehrte langsam Leben in mich zurück, und nach ein paar Minuten konnte ich wieder aufstehen und mich komplett aus dem Anzug winden. Ein weiteres Mal testeten wir die Luftversorgung, und sie schien tatsächlich nicht mehr zu funktionieren. Ein Spannungsmesser brachte die Erklärung: Mein Akku war völlig leer. Wir waren zwar insgesamt nur knapp über eine Stunde draußen gewesen, aber wir hatten die Luftversorgung schon während des Ankleidens eingeschaltet und während all der Verzögerungen auch nicht ausgeschaltet. Sie lief also mehr als zwei Stunden ununterbrochen, das war länger, als Außeneinsätze mit diesem Anzug bisher gedauert hatten. Cyprien hatte nur deshalb keine Probleme mit der Luft, weil er lieber schwitzte und dafür auf das zusätzliche Gewicht der Wasserkühlung verzichtet hatte – und ohne Kühlung hielt der Akku länger durch.

Am selben Tag feierte Shey ihren Geburtstag. Nach meinem vorherigen Abenteuer war ich nicht nur ziemlich abgelenkt, ich war darauf auch völlig unvorbereitet. Während der intensiven Vorbereitungen für die Mission hatte ich mit keiner Silbe an mögliche Geburtstage gedacht. Und selbst wenn, hätte ich keine Ahnung gehabt, was ich einer nahezu Unbekannten hätte schenken sollen. Typische Frauennotgeschenke kamen nicht in Betracht, da wir Hygieneprodukte gestellt bekamen und Kerzen wie alles offene Feuer verboten waren.

Cyprien war der Einzige, der ein Geschenk hatte, eine Schachtel französischer Pralinen – den anderen war es ähnlich wie mir ergangen. Es gab ein leckeres Essen, Kartoffelbrei mit Erbsen und Hähnchen, und als Nachtisch selbst gemachte Apfeltörtchen. Hinterher saßen wir länger um den Tisch zusammen als gewöhnlich, nicht ohne schlechtes Gewissen. Ansonsten verlief der Abend eher unspektakulär.

Tristans Geburtstag gut eine Woche später war ein klein wenig besser vorbereitet. Er konnte Außeneinsätze nicht leiden und wünschte sich daher, an seinem Geburtstag nicht rausgehen zu müssen. Dieser blöde Anzug, durch den man nichts sieht und der einen bei jeder Bewegung behindert ... Ich selbst konnte diese Einstellung nicht nachvollziehen.

Vielleicht war es auch gut so, denn während des Außeneinsatzes, den wir an jenem Tag durchführten, um das südliche Ende der Hügelkette hinter unserem Habitat zu erkunden, gab es erneut Probleme, wieder mit den Funkgeräten. Zwar konnte ich noch Funksprüche abgeben, aber keine mehr empfangen. Ich war als Kommandantin des Außeneinsatzes eingeteilt, also diejenige, die während des Einsatzes für das Team die Entscheidungen trifft. Diese Funktion musste ich nun auf Andrzej, einen meiner beiden Begleiter, übertragen. Ich führte das Team zwar weiter über das Gestein, aber Andrzej übernahm von da an die Kommunikation mit Habcom.

Währenddessen vertrieb sich Tristan die Zeit mit Filmen und Computerspielen, während Carmel in der Küche an seinem Lieblingsessen bastelte. Oder vielmehr an seinem Lieblingsnachtisch, denn als Nachspeise sollte es anlässlich seines Geburtstagsessens Eis mit Minzgeschmack geben.

Wir hatten im Habitat natürlich kein Eis, aber Milchpulver, Wasser und ein Gefrierfach. Minze wurde auch irgendwo aufgetrieben, und so rührte Carmel eine cremige Suppe an, die ins Eisfach kam. Tristan schaute ihr ahnungslos beim Umrühren zu und war sogar anwesend, als Carmel und Shey gemeinsam überlegten, was alles zu tun sei, bis die ganze Sache eine essbare Konsistenz hätte. Trotzdem hatte Tristan nicht die leiseste Vorahnung und war völlig aus dem Häuschen, als nach dem Abendessen plötzlich eine Schüssel mit Minzeis vor ihm auftauchte. Dazu gab es eine Karte von uns allen, auf deren Vorderseite Carmel ein pausbäckiges Murmeltier gezeichnet hatte.

Später schnitt sie ihm die Haare, in den letzten Stunden seines Geburtstags sollte er schließlich noch ordentlich aussehen. Er selbst fand das gar nicht wichtig und jammerte und winselte herzzerreißend. Doch dieses Getue kannten wir mittlerweile, und so ließ sich Carmel davon beim Haareschneiden genauso wenig beeindrucken wie bei den anderen Gelegenheiten, bei denen unser Murmeltier jaulte: etwa beim Salsatanzen.

Schon vor der Mission hatte ich die Crew gewarnt, dass ich versuchen würde, ihnen Salsa beizubringen. Carmel und Cyprien waren begeistert, Shey meinte, dass sie schon früher einmal Salsa gelernt habe, und Andrzej erklärte sich immerhin bereit, es für ein Weilchen auszuprobieren. Tristan dagegen wollte zwar gern den Tanz beherrschen, sträubte sich aber vor der Anfängerphase, während der man seiner Ansicht nach unkoordiniert und wie ein Idiot durch die Gegend taumelte.

Cyprien sollte mein Tanzpartner sein, da er von den Männern die meiste Erfahrung hatte, Shey schnappte sich Andrzej, und Carmel nahm Tristan unter ihre Fittiche. Jeden Dienstag- und Samstagabend trafen wir uns zum Salsa-Kurs und bewegten uns zu fröhlicher Musik. Andrzej und Shey stapften anfangs noch ein wenig unsicher und ungelenk hin und her, während Carmel Tristan ungeduldig dorthin schob, wo er ihrer Vorstellung nach gerade sein müsste. Tristan hörte nur dann mit Wimmern auf, wenn er mich mit einem mordlustigen Blick bedachte. Schlimmer als das Tanzen fand er nur noch, beobachtet zu werden, wobei er sich auch kontrolliert fühlte, wenn ich zufällig für zwei Sekunden in seine ungefähre Richtung geschaut hatte.

Murmeltier Tristan heulte oder quiekte auch zu anderen Gelegenheiten, nämlich dann, wenn er gekitzelt wurde, was sehr häufig vorkam. Daran war er höchstselbst schuld, da er Carmel oder mich meist mit irgendeinem dummen Spruch provozierte. Cyprien erging es oft ähnlich, aber aus einem mir unerklärlichen Grund kamen sich Cyprien oder Tristan nie gegenseitig zu Hilfe, während Carmel und ich uns stets unterstützten, meist sogar bevor wir wussten, wer überhaupt im Recht war.

Tristan versuchte, sich auch zu rächen, hatte aber bei der kaum kitzligen Carmel keine Chance. Gelegentlich fragte ich mich, ob bei nicht mindestens einem von beiden hinter dieser ganzen Spielerei ein wenig der Wunsch steckte, weniger harmlosen körperlichen Kontakt mit dem anderen zu haben, konnte dafür aber keine weiteren Anhaltspunkte entdecken.

Genauso fragte ich mich, ob Tristan und Cyprien sich nie gegenseitig unterstützten, weil sie sich als Rivalen betrachteten. Ich wurde nie Zeugin einer offenen Auseinandersetzung, aber Cyprien stapfte einmal ziemlich grimmig davon, als ich mir von Marmot die Füße massieren ließ, und Marmot stichelte gern, wenn »die Europäer« mal wieder zusammenhockten.

Carmel und ich dagegen verstanden uns blendend. Ich bewunderte sie für ihren Tatendrang und ihren Sinn fürs Praktische, sie schätzte meinen nüchternen Blick fürs Ganze. Dazu waren wir beide Steinefanatiker, zumindest wenn man Tristan und Cyprien Glauben schenkte, die sich darüber lustig machten, wenn wir an der hundertsten interessanten Gesteinsformation stehen blieben und bergeweise Gesteinsproben von Exkursionen zurückbrachten.

Carmel und ich freuten uns riesig, als die Crew ihr erstes Geologie-Projekt aufgetragen bekam. Genau wie bei unseren allerersten EVA-Schritten – mittlerweile nannten wir unsere Außeneinsätze EVA, kurz für *extravehicular activity* – sollten wir vorerst in der Nähe des Habitats auf sicherem Untergrund bleiben und den lang gestreckten Hügel vermessen, auf dem ich auch mein Experiment aufgebaut hatte.

Dieser Hügel unterschied sich von seiner unmittelbaren Umgebung deutlich durch seine auffällig rote Farbe und seine Struktur. Während das Gestein, das sozusagen vor unserer Haustür lag, aus Lava entstanden war, die mehr oder weniger gemächlich die Hänge herabgeflossen war, bestand der Hügel aus mehreren kleinen, aneinandergereihten Kratern, an deren Seiten sich Auswurfmaterial meterhoch aufgeschichtet hatte. Womöglich waren diese Auswurfkegel ursprünglich noch viel höher gewesen, im Laufe der Zeit waren ihre Flanken aber immer wieder von neuer Lava umspült worden, und die Kegel rutschten in sich zusammen, sodass sie ein wenig wie eine gigantische fette Raupe aussahen, die sich auf dem flacheren Lavagestein zur Ruhe gelegt hatte. Auf jeden Fall sollten wir das Volumen dieser Hügel-Raupe bestimmen.

Für diese Aufgabe braucht man kein ausgefeiltes Wissen über Geologie, sondern Grundkenntnisse in Geometrie. Zuerst überlegten wir, ob wir die Grundfläche nicht aus Satellitenaufnahmen ableiten könnten, stellten aber schnell fest, dass wir daraus keine brauchbaren Höhen bestimmen konnten. Also gingen wir raus und vermaßen die Raupe, ihren Gesamtumfang und ihre Ausbuchtungen nach oben und zur Seite. Dann kamen die Krater noch einmal extra dran, was leichter gesagt als getan war, da wir bei einigen nicht bis zum Boden herabschauen konnten. Anschließend schrieb ich ein kleines Programm, das uns aus den gesammelten Daten das Volumen berechnete. Alle zusammen diskutierten wir die Ergebnisse, und am Ende schrieben zwei von uns einen Bericht.

Parallel suchten Shey und Andrzej die unmittelbare Umgebung des Habitats nach Gefahrenstellen in Form von Löchern ab, die sie auffüllen wollten. In einem Umkreis von drei bis vier Metern war der Boden relativ eben, dort, wo das Auswurfmaterial recht gleichmäßig verteilt war. Dahinter begann ein großes Lavafeld mit überaus bröseligen Gesteinsbrocken und labyrinthartigen Klüften. Dort vermutete ich die von Shey gefundenen Löcher und fragte mich, wie um alles in der Welt sie die alle auffüllen wollte. Dann zeigte mir jemand, um welche Löcher es tatsächlich ging: faustgroße Lücken im Boden in unmittelbarer Nähe unseres Habitats, vor denen man sich nur fürchten konnte, wenn man sein Leben lang auf perfekt asphaltierten Straßen unterwegs gewesen war. Ich grinste ein wenig über die beiden Städter, Shey und Andrzej, verstand aber, dass Andrzej nicht in eine der kleinen Stolperstellen tappen wollte, während er die Augen gen Himmel gerichtet hatte.

Andrzej hatte nämlich eine Drohne mit ins Habitat gebracht. Die wollte er nutzen, um die Umgebung aus der Luft zu erkunden und das Habitat von oben zu inspizieren. Mehr noch, er wollte die Drohne über eine angebrachte Kamera steuern, sodass die Inspektion aus dem Inneren des Habitats gelenkt werden konnte. Eine propellerbetriebene Drohne könnte in der dünnen Marsatmosphäre zwar nicht fliegen, aber mit einem anderen Antrieb wäre diese Art der Fernerkundung auf dem Mars durchaus nützlich:

Man könnte nach dem Rechten sehen, ohne dass jemand extra den Anzug überstreifen müsste.

Genau genommen durfte die Drohne doch nicht allein nach draußen, denn der simulierte Mars befand sich auf der Erde und im Einflussbereich der US-amerikanischen Flugaufsichtsbehörde. Und die bestand darauf, dass mindestens eine Person direkten Sichtkontakt mit der Drohne haben musste.

Im Moment war das aber ohnehin alles Zukunftsmusik, denn Andrzej wollte die Drohne zuerst auf Sicht gut beherrschen, bevor er sich auf die Kamerasteuerung verließ. Er würde also anfangs mit der Drohne sowie einer Begleitperson nach draußen gehen, verschiedene Flugmanöver durchführen und später, vielleicht in ein paar Monaten, nur die Begleitperson mit der Drohne hinausschicken, um die Drohne von innen zu steuern.

So weit, so gut. Dachten wir. Bis er kurz vor seinem ersten Testflug jedem von uns ein mehrseitiges Protokoll zuschickte, in dem er die einzelnen Flugmanöver und ihre Bedeutung aufschlüsselte und sämtliche möglichen Ausgänge aufzählte. Ich begann, es tatsächlich zu lesen, konnte der hundertsten Eventualität aber am Ende nicht mehr folgen, und gab es schließlich auf. Ich würde die Drohne ohnehin nicht begleiten, da ich mit meinem eigenen Experiment beschäftigt war.

Die Ehre der ersten Begleitung gebührte Shey, und ich konnte Andrzejs Ankündigungen der zwanzig Schritte auf seiner Liste per Funk verfolgen, genauso wie Sheys mütterlich klingendes Loben nach der erfolgreichen Umsetzung eines jeden einzelnen Schritts. Unter normalen Umständen hätte ich die beiden rührend gefunden, doch zur gleichen Zeit fand ich das erste Mal Wasser in meiner Pyramide.

Dabei hatte ich morgens noch befürchtet, dass der Sturm, der die letzten Tage geherrscht hatte, die Pyramide vielleicht beschädigt oder gar weggeweht haben könnte. Doch als Cyprien und ich auf den Hügel kamen, strahlte uns das weiße Plastik schon von Weitem entgegen, und ich strahlte wiederum Cyprien an, unglaublich erleichtert. Nachdem wir den Sammelbehälter inspiziert hatten, sprang ich auf, hüpfte in dem Anzug ungelenk und äußerst unelegant, aber dafür mit umso mehr Energie auf der Stelle und fiel schließlich meinem Begleiter um den Hals. Oder vielmehr um seinen Anzug auf etwa der Höhe, wo sein Hals sein musste. Ich spürte vor allem, wie mir das Plastik des eigenen Anzugs in die Arme pikte, aber das störte mich in dem Moment überhaupt nicht, ich war überglücklich.

Im Hintergrund hörte ich, wie Andrzej weiterhin jeden seiner Schritte per Funk ankündigte, kommentierte und auswertete, nur unterbrochen von Sheys anerkennenden Worten. Dabei war es Privatpilot Andrzej, der uns häufig daran erinnert hatte, dass Funksprüche kurz und knapp zu sein hätten, um die Leitung frei zu halten: Selbst wenn wir gewollt hätten, wären Cyprien und ich nicht durchgekommen. Doch das war auch nicht nötig. Stillschweigend maßen wir das Wasser ab, das die Pyramide gesammelt hatte. Es waren genau 317 Milliliter.

Beim nächsten Außeneinsatz wagte ich mich gemeinsam mit Andrzej in die Lavafelder, die westlich unseres Habitats lagen, während Carmel und Tristan ein Feld südlich unseres Hügels erkundeten. Wir liefen erst wahllos über buckeliges, rotes Lavagestein, das zweifellos schon sehr alt und damit brüchig war. Gelegentlich rollten Steine unter uns weg, und wir stolperten mehr, als dass wir wirklich liefen. Andrzej, der zwei Köpfe größer war als ich und damit eigentlich auch längere Beine hatte, fiel bald hinter mir zurück. Ich erinnerte mich daran, dass er vor unserem Trekking in den Rocky Mountains keinerlei Wandererfahrung gehabt hatte, und verlangsamte mein Tempo. Seine eigenen Schritte schienen vorsichtig, aber nicht übermäßig unsicher. Trotzdem blieb ich in seiner Nähe, da ich nicht wollte, dass er in einer Bodenwelle, wo ich ihn von Weitem nicht sehen konnte, stürzte.

Schließlich hielten wir auf eine lang gezogene Erhebung zu, die auffällig schwarz vor uns lag und eine vergleichsweise gute Aussicht auf die Umgebung versprach. Was wir in unserer Unerfahrenheit nicht erkannten, war, dass diese Erhebung und ihre unmittelbare Umgebung aus der schönsten und frischesten 'A'ā-Lava bestand, die es auf dem Mauna Loa gibt. Das bemerkten wir erst, als wir den Rand dieses Lavafelds erreichten; doch so kurz vor dem Ziel wollten wir nicht aufgeben. Wir kletterten eine zwei Meter hohe Kante nach oben und balancierten dann über die riesigen, extrem zerrupften Steine, deren scharfe Kanten wir selbst durch die Handschuhe hindurch fühlen konnten. Hier bloß nicht hinfallen …

Mit Mühe erreichten wir die kleine Erhöhung, wurden aber von der Aussicht enttäuscht. Wir konnten vielleicht ein paar Hundert Meter weiter sehen als zuvor, doch die Lava dort sah irgendwie genauso aus wie die unmittelbar vor uns. In Anbetracht der Tatsache, dass wir für die letzten zwanzig Meter etwa zehn Minuten gebraucht hatten, schien uns das ganze westliche Gebiet alles andere als einladend.

Erschöpft und enttäuscht kehrten wir um und stellten fest, dass nun auch noch unsere Ventilatoren schwächer wurden. Andrzej erwischte es zuerst, und unter der jetzt scheinenden Mittagssonne begann sein Visier von innen zu beschlagen. Ich sprintete jeweils ein paar Meter vorneweg, um nach einem möglichst einfachen Weg für ihn Ausschau zu halten, und wartete dann, bis er wieder zu mir aufgeschlossen hatte. So kämpften wir uns etappenweise zum Habitat zurück.

Auf etwa der Hälfte des Weges begann mein Gesichtsfeld ebenfalls zu beschlagen. Allerdings fiel mir ein Trick aus den Tagen in Utah ein: Ich neigte meinen Kopf nach vorn und rieb mit dem Kopftuch, das ich wie immer trug, um meine Haare aus dem Gesicht zu halten, die Scheibe vor mir trocken.

Als Andrzej neben mir stand, zeigte ich ihm den Trick mit dem Kopftuch, und er nutzte sein Stirnband, mit dem er sein Headset an Ort und Stelle hielt, um es mir gleichzutun. So hielten wir alle paar Schritte an, um im Einklang in unseren Anzügen wie kranke Kühe mit unseren Köpfen zu wackeln.

Als wir das Habitat erreichten, waren die Akkus unserer Ventilatoren endgültig leer und die Luft im Anzug stickig. Wir waren froh, als wir die Luftschleuse verlassen und unsere Anzüge ablegen konnten. Auf der anderen Seite der Tür warteten kühle Getränke auf uns und – Shey.

Andrzej war während unserer Tour gestürzt und hatte sich das Schienbein aufgeschürft. Er war ohne Murren weitergelaufen, deshalb hatte ich der Verletzung keinerlei weitere Bedeutung beigemessen. Doch Shey umsorgte »ihren« Andrzej, desinfizierte den Kratzer und bandagierte das Bein. Der Verletzte ließ die übertrieben aufwendige Prozedur mit einem dankbaren Lächeln über sich ergehen. Mir dämmerte langsam, wie langweilig es für unsere Crewärztin hier sein musste, da wir alle – wie es ihr Kollege in

Utah knapp ein Jahr zuvor passend ausgedrückt hatte – so ekelhaft gesund waren.

Zum Ausgleich plante Shey, unsere Außeneinsätze mit Notfällen aufzupeppen. Auf dem simulierten Mars hatte es zwar noch keine nennenswerten Unfälle während eines Außeneinsatzes gegeben, aber es war nur eine Frage der Zeit, bis sich das änderte. Daher wollte sie verschiedene Szenarien durchspielen und mit uns besprechen, wie wir bei welchem Vorfall am besten reagieren sollten. Dabei dachte sie weniger an Andrzejs Kratzer als vielmehr an verstauchte Knöchel und gebrochene Beine.

Hätte sich Andrzej auf der 'A'ā-Lava ernsthaft verletzt, hätte ich ihn erstversorgen müssen, zugleich hätte ich die anderen per Funk um Hilfe bitten müssen. Was wäre besser, so fragten wir uns, auf Hilfe zu warten oder den Verletzten auf dem Weg zurück zu stützen? Sollten wir Erste-Hilfe-Päckchen mitführen, die die Bewegungsfreiheit aber noch weiter einschränken und einen Unfall regelrecht provozieren konnten – oder hinnehmen, dass wir für eine Pflasterwunde ohnehin nicht den Anzug ausziehen und damit die Simulation unterbrechen würden?

Bei richtig schlimmen Wunden kämen wir auch mit Erste-Hilfe-Päckchen nicht sehr weit. Auf dem simulierten Mars gibt es – anders als auf dem echten Mars – zwar die Möglichkeit, in ein Krankenhaus gebracht zu werden, allerdings würde eine Evakuierung aus dem Habitat und selbst bei schönstem Wetter mehrere Stunden in Anspruch nehmen. Wir befanden uns nun einmal an einem einsam gelegenen Berghang. Eine Evakuierung aus einem Lavafeld hingegen dürfte für rein medizinisches Personal nahezu unmöglich sein. Dafür hatten die Teilnehmer eines Außeneinsatzes aber die Crewmitglieder, die im Habitat zurückgeblieben waren und die sie per Funk sofort herbeirufen konnten. Darüber hinaus planten wir unsere Außeneinsätze gemeinsam. Jeder einzelne verlangte eine Anmeldung von mindestens achtzehn Stunden im Voraus sowie eine Karte mit der geplanten Route. So wäre im Falle eines Unfalls immer sofort bekannt gewesen, wo die Verunglückten zu suchen waren. So mancher Bergsteiger fände unsere Bedingungen sicher ausgesprochen luxuriös. Im Anschluss an jeden Außeneinsatz mussten wir einen Bericht verfassen, mit einer groben Mitschrift des Funkverkehrs, und eine Karte der tatsächlich zurückgelegten Route beilegen.

Wenn sie sich nicht gerade mit Horrorszenarien beschäftigte, bastelte Shey an unserem Teleskop. Sie hatte während ihrer Studienzeit Vorlesungen in Astronomie besucht und besaß wohl auch mal ein eigenes Teleskop. Daher ließen wir ihr freie Hand, als sie unser Habitat-Teleskop auseinandernahm und es reinigte. Dummerweise passten die Einzelteile hinterher nicht mehr zusammen.

Shey schrieb an das Mission-Support-Team, also an jene Leute, die uns bei genau solchen Problemen unterstützen sollten, und bat um eine Bedienungsanleitung. Sie mailte auch an den vermeintlichen Hersteller des Teleskops, vertat sich aber beim Lesen des unterarmgroßen Aufdrucks des Geräts. Wenig überraschend: Der Konkurrent des tatsächlichen Herstellers konnte nicht weiterhelfen. Irgendwann hörte ich von Sheys Problemen und leitete ihr die gesuchte Bedienungsanleitung weiter, die ich aus unserem Datenarchiv fischte, einem Server, auf dem wir miteinander Dateien austauschen konnten und der einige Daten von unseren Vorgängern enthielt. Etwa zeitgleich schickten auch Mission-Support-Mitglieder die gewünschte Datei.

So oder so war die Mühe umsonst, denn die Bedienungsanleitung gab keine Auskunft darüber, wie man das Teleskop wieder zusammensetzen musste. Ich bot Shey meine Hilfe an, betrachtete den Haufen aus fünf Einzelteilen und dachte mir, dass das doch nicht so wild sein könne. Eine halbe Stunde probierte ich herum – und hatte es danach noch immer nicht hinbekommen. Schließlich warf ich die Anleitung in die Ecke und schnappte mir Andrzej, den Crewingenieur. Gemeinsam setzten wir die Teile stur zusammen, nämlich danach, wie die Schraubenlöcher aufeinanderpassten. Am Ende stand das Teleskop. Wir erkannten auch, was uns zuvor fast in den Wahnsinn getrieben hatte: Wir hatten versucht, den Spiegel verkehrt herum einzusetzen, weil wir einen anderen Spiegel übersehen hatten, der den Strahl ein zweites Mal umleiten sollte. Andrzej nahm dann noch die Grobeinstellungen vor und versprach, bei unserem ersten Teleskopeinsatz draußen dabei zu sein und die Feineinstellung vorzunehmen.

Als der geplante Abend kam, steckten wir jedoch in den Wolken. Und zwar so dichten Wolken, dass das Dach unserer Luftschleuse aufweichte und Wasser an unserer Eingangstür heruntertropfte. Als wir dieses marsuntypische Problem entdeckten, wollten Shey und Andrzej sofort nach draußen stürzen. Da wir ohnehin nichts auf die Schnelle ausrichten konnten, überzeugten wir die beiden, bis zur ursprünglich geplanten Startzeit des Außeneinsatzes zu warten. Außerdem sollte nicht Shey, sondern Tristan mit Andrzej nach draußen gehen, da er als angehender Architekt vielleicht eine bessere Einschätzung des Dachproblems haben würde. Gesagt, getan, und die beiden fanden – wenig überraschend – heraus, dass das Dach beschädigt war und wir nicht das nötige Material für eine Reparatur hatten.

Eine unserer Hauptaufgaben als simulierte Mars-Crew bestand darin, das Habitat bewohnbar zu halten. Doch das Gebäude hatte auch einen Eigentümer, und der wollte nicht, dass es unsachgemäß repariert wurde. Wir wiederum waren selbstverständlich beleidigt, dass uns eine solche Reparatur nicht zugetraut wurde.

Das Habitat war damals keine fünf Jahre alt, war ursprünglich auch gar nicht dafür ausgelegt, so lange zu stehen. Die Luftschleuse war nur ein besserer Verschlag, der die Habitatkuppel mit dem Lagercontainer verband. Nach einigem Hin und Her erhielten wir mit einer Sonderlieferung die nötigen Materialien, um das Dach notdürftig zu flicken, sodass es wenigstens bis zum Ende der Mission durchhielt.

Es entspann sich jedoch eine Diskussion darüber, was unser Mission-Support-Team zu leisten hat und was nicht. Carmel, Cyprien und ich, die wir an der kurzen Marssimulation in der Wüste von Utah teilgenommen hatten, waren an eher niedrige Standards gewöhnt. Die rudimentäre Betreuung dort hatte sich im Wesentlichen auf die Überwachung des Habitatzustands mithilfe einer Reihe von Berichten beschränkt, die die Crew regelmäßig für den Mission Support verfasste.

Shey und Andrzej dagegen waren von HERA an ein umfangreiches und engmaschiges Mission-Control-Programm durch professionelle Controller gewöhnt. Dieses Programm gab jeden Schritt jedes einzelnen Crewmitglieds so genau vor, dass ich mich nicht gewundert hätte, wenn selbst die Toilettenpausen vorgeschrieben gewesen wären.

Schon die jeweilige Bezeichnung der Bodenstationen – Mission Control und Mission Support – deutet den Unterschied in der Unterstützung der simulierten Astronauten an: Mission Control wird eingesetzt, wenn sich die Mission in der Nähe der Erde abspielt und man den Astronauten nicht nur einen genauen Zeitplan vorgeben kann, sondern per Funk auch dafür zu sorgen vermag, dass dieser selbst bei Problemen oder Nachfragen eingehalten werden kann. Bei einem Aufenthalt auf dem Mars wäre solch ein Funkspruch jedoch rund zwanzig Minuten unterwegs – bis die Erlaubnis der Bodenstation, zum Beispiel ein Leck in der Habitatwand zu flicken, weitere zwanzig Miniten später eingetroffen wäre, wären sämtliche Bewohner längst erstickt. Eine Crew auf dem Mars muss also viel autonomer handeln dürfen, als eine Crew auf der ISS das dürfte.

Die Aufgabe der irdischen Bodenstation bei einer Marsexpedition wäre es eher, die Crew so gut wie möglich zu unterstützen. Beispielsweise wäre es unsinnig, wenn eine solche sich Informationen selbst zusammensuchen müsste. Deren Zeit ist dafür viel zu kostbar. Noch dazu kann man bei bis zu vierzig Minuten Wartezeit nur sehr beschwerlich im Internet surfen. Stattdessen wird eben Mission Support um Hilfe gefragt.

Bei HI-SEAS wie auch in Utah werden die Aufgaben des Mission Supports von Freiwilligen praktisch ohne Bezahlung übernommen – anders sieht es bei der Mission Control von HERA aus, da sind bezahlte Profis am Werk. Wer von beiden besser arbeitet, kann ich nicht beurteilen. Aber Sheys und Andrzejs Beschwerden zufolge war unser Team aus Freiwilligen eine Zumutung, und dies spiegelte sich im E-Mail-Verkehr mit ihnen wider. Da wir ohne unseren Mission Support aber aufgeschmissen wären, besprachen wir, was wir von ihnen erwarten und was wir tun konnten, dass sie uns weiterhin mit Enthusiasmus unterstützten. Im Laufe vieler Diskussionen kristallisierten sich die verschiedenen Erwartungen und Einstellungen heraus. Zuerst betrachteten wir drei Utah-Veteranen die beiden HE-RA-Veteranen ein wenig wie Diven, während umgekehrt unterschwellig der Vorwurf von Unprofessionalität durchklang. Dann versuchten wir, die jeweils andere Position zu begreifen und uns anzunähern.

Wir waren vor unserer Mission gewarnt worden: Oft unterstellt eine Crew, die sich gerade in Isolation befindet, den Leuten »auf der Erde« oder »im sicheren Hafen« oder »im warmen Büro« eine gewisse Ignoranz und fühlt sich unverstanden. Dieses Missverständnis kommt in vielen Facetten daher, und bei uns fühlten sich einige – wenn auch nicht alle – Crewmitglieder von unserem Mission Support unzulänglich behandelt.

Hinzu kommt, dass Menschen sich an mündlicher Kommunikation orientieren. Mimik, Gestik und Tonfall tragen mindestens ebenso viel zu einer Unterredung bei wie der reine Inhalt. Doch da jedes unserer Signale zwanzig Minuten unterwegs wäre, um die größte Entfernung zwischen Mars und Erde zu simulieren, kam Telefonieren oder gar Skypen für uns nicht infrage. Stattdessen mussten wir unsere komplette Kommunikation per E-Mail abwickeln. Doch in einer E-Mail fehlen die zusätzlichen (körpersprachlichen) Informationen, und wir neigen dazu, sie stattdessen in der Formulierung selbst zu suchen, was dazu führt, dass wir vielleicht unbedacht geschriebene Worte überinterpretieren.

Moving forward, also im Hinblick auf die Zukunft, stellten wir daher einige Regeln auf, wie wir uns gegenüber den Freiwilligen vom Mission Support verhalten wollten. Diese Regeln betrafen Situationen wie: Wie formuliert man eine Anfrage, dass sie nicht herablassend und als Befehl wahrgenommen wird, sondern als freundliche Bitte? Wie geht man damit um, wenn nach der ursprünglichen Anfrage noch fünf Nachfragen kommen? Und was macht man, wenn man neben den fünf Nachfragen noch einhundert weitere E-Mails von Mission Support zu bearbeiten hat?

Kommunikation per Tastatur ist nicht einfach, und Reibung gab es auf beiden Seiten. In der Flut der E-Mails gingen Anfragen auch verloren, und nicht alle Support-Mitglieder waren gleich effizient. Wir mussten uns alle noch richtig kennenlernen.

Ich überlegte, inwieweit ich überhaupt meine eigene Crew kannte. Die Diskussionen waren zielführend verlaufen, trotzdem spürte ich, dass es getrennte Lager gab, die verschiedene Ansichten vertraten. Dabei waren es nicht die unterschiedlichen Meinungen, die mich störten, sondern vielmehr die jeweils zugrunde liegende Persönlichkeit, die durchschimmerte. Wohin, so fragte ich mich, würde sich die Gruppe noch entwickeln? Größere Befürchtungen hatte ich jedoch nicht, ich sah den bevorstehenden Monaten eher mit Neugier entgegen.

Insgesamt war der erste Monat gut verlaufen, und das musste gefeiert werden. Carmel kochte zu unserem kleinen Jubiläum ein Festessen – sie hatte gerade Küchendienst –, und wir zogen uns so festlich an, wie es unsere karge Garderobe hergab. Nach dem Mahl wuschen wir alle zusammen das Geschirr, und später tanzten wir Salsa und spielten Flaschendrehen. Dafür bereitete jeder von uns einen kleinen Stapel von Papieren vor, auf denen wir Fragen formuliert hatten. Wir hatten riesigen Spaß bei der Beantwortung der nicht immer ganz ernst gemeinten Fragen (»Würdest du lieber einen Arm verlieren oder ein Bein?«), und alle waren sich am Ende einig, dass wir solche Aktivitäten häufiger machen sollten.

4

OKTOBER.
EINGEWÖHNEN

Als Marty McFly 1985 von seinem Freund Doc Brown dazu aufgefordert wurde, in die Zukunft zu reisen, um seine zukünftigen Kinder vor dem Gefängnis zu bewahren, landeten sie in dieser mithilfe von Doc Browns Zeitmaschine im Jahr 2015, genauer gesagt, am 21. Oktober des Jahres 2015.

Diesem Datum fieberten die Science-Fiction-Fans unter uns schon seit Wochen entgegen, und als der Tag endlich gekommen war, schauten wir uns alle *Zurück in die Zukunft I* und *II* an. Cyprien bereitete eine Quiche zu, und später gab es Popcorn aus der Mikrowelle. Die Filme mussten wir uns auf einem unserer Laptops anschauen, weil es tagsüber stark bewölkt gewesen war und wir nicht ausreichend Energie hatten, um den Projektor anzuwerfen. Zwölf Tage zuvor hatten die Science-Fiction-Freaks unter uns schon einmal einen Kultfilm vorgestellt, da noch auf großer Leinwand: Am 9. Oktober, unserem zweiundvierzigsten Missionstag, führten wir die Unwissenden unter uns *Per Anhalter durch die Galaxis*.

Nachdem die Zeitmaschine von einem Blitz getroffen worden war und *Zurück in die Zukunft II* beendet war, bat uns Carmel, noch ein zweites Video anzuschauen, es sei auch nur kurz und eine besondere Überraschung. Weil alle ins Bett wollten, murrten wir erst ein wenig, aber als der Film begann, war jegliche Verstimmung verschwunden: Es handelte sich um eine Videobotschaft von Rick Searfoss, einst Astronaut bei der NASA. Seine Worte drückten Unterstützung und Bewunderung für unser Projekt aus, doch Searfoss hätte genauso gut über die Fressgewohnheiten von Regenwürmern erzählen können, die Begeisterung über das Grußvideo von einem früheren waschechten Astronauten extra für uns wäre genauso groß gewesen. Zumal drei von uns selbst Astronaut werden wollten: Andrzej, der für seinen Berufswunsch bereit war, so große Opfer aufzubringen, wie ein Jahr lang in Isolation zu leben – auch wenn er gern behauptete, dass ihm die Wissenschaft bei HI-SEAS wichtig wäre. Shey wollte nicht wirklich ins All fliegen, vielmehr fand sie die Vorstellung großartig, als Astronautin der Öffentlichkeit vom Abenteuer Weltraum zu erzählen. Und schließlich Cyprien, der gerade dabei war, sich auf seinem Gebiet, der Astrobiologie, einen Namen zu machen. Er hoffte, irgendwann unentbehrlich für eine wissenschaftliche Weltraummission zu sein, am liebsten zum Mars.

Es überrascht vielleicht, dass ich mich selbst nicht zu dieser Gruppe zähle. Dabei sollte ich mich später darum bewerben, die erste deutsche Frau im All zu werden, wodurch ich dem Astronautendasein näher als die anderen drei kam. Allerdings hatte ich mich für HI-SEAS ursprünglich aus reiner Neugier interessiert: Wie schwer ist es, mit einer Handvoll Menschen ein Jahr lang abgeschnitten von der Außenwelt zu leben? Würde ich es mit den anderen aushalten? Könnten die anderen es mit *mir* aushalten? Schließlich kenne ich doch meine Macken …

Doch ich schweife ab: Neben unseren Filmabenden, die wir nun regelmäßig freitags veranstalteten, führten wir sogenannte Science Talks ein. Bei diesen kurzen Vorträgen ging es darum, dass jeder von uns ein Projekt vorstellte, an dem er gerade arbeitete oder das ihm besonders am Herzen lag.

Carmel und Cyprien präsentierten ihr gemeinsames Pflanzenexperiment, an dem sie schon in Utah gearbeitet hatten, und erklärten, warum wir nur einen kleinen Teil der angebauten Radieschen essen konnten und dass wir obendrein noch ein paar Wochen darauf warten mussten, bis sie ausgewachsen waren. Ich stellte mein Wassergewinnungsexperiment vor und erläuterte den genauen Aufbau der Pyramide. Andrzej wiederum hielt einen Vortrag über »Flugzeuge und anderen Kram (aber vor allem Flugzeuge)«.

Bei dem »anderen Kram« handelte es sich um Raumsonden und Orbiter, die er in seinem früheren Job als Flight Controller gesteuert hatte, darunter den Mars Reconnaissance Orbiter (MRO) sowie Juno und Spitzer. Die Ankunft der Sonde Juno beim Planeten Jupiter nach fast fünf Jahren Reise sollten wir im Juli 2016 gespannt zusammen verfolgen und Andrzejs früheren Kollegen per Videobotschaft gratulieren. Das Weltraumteleskop Spitzer dagegen hatte seine geplante Lebensdauer schon im Oktober 2015 weit überschritten, und Andrzej erzählte uns stolz, wie er das Teleskop mit viel Fingerspitzengefühl so ausgerichtet hatte, dass es weiterhin zur Erde funken konnte – obwohl es dadurch viel weiter als ursprünglich geplant in die Sonne gedreht werden musste, wo der Hitzeschild unwirksam wird.

Außer diesen sehr fachlichen Vorträgen führten wir Fotoabende ein, bei denen das Thema frei gewählt werden konnte. Wichtig war nur, etwas Persönliches zu zeigen, um die Gruppenmitglieder enger aneinander zu binden. Ich zeigte an der Leinwand Fotos aus meiner Zeit in Finnland, von Zeltausflügen und Fahrradtouren im Sommer wie im Winter, und Shey wiederum eine Reihe stimmungsvoller Aufnahmen, die sie an verschiedenen Ecken der Welt aufgenommen hatte. Tristan favorisierte Bilder von Kaninchen, meist Tiere seiner verschiedenen Mitbewohner. Sie trugen Namen wie Gandalf the White und Gandalf the Grey und ließen uns zu Äußerungen hinreißen, die von »Wie winzig, wie süß« (als die beiden klein waren) bis »Oh Gott, ist das riesig« (als sie ausgewachsen waren) reichten. Unterbrochen wurde die Kaninchenserie von Fotos, die er während einer Reise in die Mongolei gemacht hatte. Später sollte Tristan auch bei allen passenden und unpassenden Gelegenheiten darauf bestehen, dass er mit Kaninchen bezahlt werden möchte statt mit Geld. Als es darum ging, das Ende der Mission zu planen, fragte er: »Werden Kaninchen da sein? Ansonsten gehe ich nicht raus.« Kaninchen waren keine da, aber er bekam eine Pizza, die er als Alternative »im alleräußersten Notfall« akzeptieren wollte.

Nach einigen Wochen hörten diese Vorträge jedoch auf. Immer wieder kam etwas dazwischen, oder es wurden keine geeigneten Themen gefunden (»Ich habe nichts zu erzählen, nur etwas über Kaninchen«), und schließlich starb die Idee ganz. Stattdessen begannen wir zu spielen. Ich versuchte, den anderen Skat beizubringen, und Andrzej packte seine mitgebrachte Spielesammlung aus. Als ausgesprochener Brettspielfan kannte er zudem sämtliche Spiele, die in dem Regal in unserem Aufenthaltsraum lagen; nach und nach brachte er sie uns bei. Zum absoluten Lieblingsspiel entwickelte sich Pandemie, ein kooperatives Brettspiel, bei dem die Figuren die Erde von fiesen Infektionskrankheiten befreien müssen. Es gefiel uns so gut, dass Andrzej zu Weihachten eine Version bestellte (Pandemic Legacy), bei der das Brett um einen fortgesetzten Handlungsstrang erweitert wird. Dieses Spiel bescherte uns viele schöne Abende, selbst als es zwischen uns längst kriselte.

Überhaupt beschäftigte uns Weihnachten, obwohl es erst Oktober war. Unsere erste planmäßige Nachlieferung sollte Ende November stattfinden, gefolgt von einer zweiten im Januar. Das war ein schnellerer Nachschub, als eine echte Mars-Crew von der Erde erwarten könnte, aber eine echte Mars-Crew müsste sich auch nicht darum sorgen, wie die Essensvorräte nagetierfest zu verstauen sind. Und Nagetiere waren von früheren Crews hier oben schon vereinzelt gesichtet worden, was angesichts des trockenen Gesteins mehr als erstaunlich war.

Auf jeden Fall gab uns der November-Nachschub Gelegenheit, für unsere Crewkollegen Weihnachtsgeschenke zu bestellen. Unsere Liste sollten wir spätestens Ende Oktober abgegeben haben, wobei ich mir noch nie so früh über Weihnachtsgeschenke den Kopf zerbrochen hatte. Und als ich endlich eine Geschenkidee hatte, konnte ich sie nicht umsetzen, weil der betreffende Hersteller nicht vom US-amerikanischen Festland nach Hawaii lieferte.

Dabei wurden wir ohnehin schon täglich daran erinnert, dass wir uns nicht auf dem Mars, sondern weiterhin auf der Erde befanden. In einigen Kilometern Entfernung gab es einen Militärstützpunkt, der anscheinend noch seinen Jahresvorrat an Munition loswerden musste und bevorzugt in der Dunkelheit an der Reduzierung dieses Vorrats arbeitete. An einem Abend war es besonders laut, und wir witzelten beim Abendessen darüber, wie leicht sich die Soldaten dort unten doch in der Himmelsrichtung irren konnten. Unser Habitat würde so einem Geschoss jedenfalls nicht standhalten können, und wir begannen, unsere Fluchtmöglichkeiten zu erörtern. »Vielleicht könnten wir uns über die dunkle, verworfene Lava Richtung Osten davonschleichen.« – »Ja, das könnte klappen, nur müssten wir dann Cyprien huckepack nehmen.« – »Wieso?« –

»Weil er sonst unsere Position verrät.« Das war eine Anspielung darauf, dass Cyprien am Morgen wieder einmal die Treppe herabgepoltert war.

Als der Oktober vorbei war, hörten wir nur noch selten von unseren militärischen Nachbarn, und wir diskutierten andere, ähnlich absurde Szenarien. So überlegten wir, ob wir in der Bedienungsanleitung fürs Habitat, die wir unseren Nachfolgern überlassen wollten, vielleicht ein Kapitel einfügen sollten, wie man sich am besten verhält, wenn Außerirdische an die Tür klopften. Anlass dazu war ein nächtliches Geräusch gewesen, das einige von uns aus dem Schlaf gerissen und wie ein lautes Klopfen geklungen hatte. Ein anderes Mal erzählte Tristan, wie es seinem Onkel ergangen war, nachdem er an einen Strom führenden Zaun gepinkelt hatte, und Shey verriet uns, dass sie ihrem Liebsten zum Hochzeitstag ein Gerät zum Entfernen von Katzenkacke schenken wollte. Wir lachten viel an diesen Abenden. Das war auch gut so, denn so hatten wir ein paar fröhliche Stunden, während tagsüber die unterschiedlichen Charaktere mehr und mehr sichtbar wurden.

Immer deutlicher wurde die Trennung in drei Zweiergruppen, jeder von uns hatte seinen Lieblingskameraden. Die beiden HERA-Veteranen Shey und Andrzej hockten ständig aufeinander, sie waren die Ersten, die sich auch tagsüber in ihre Zimmer zurückzogen.

Vor Beginn der Mission hatten wir verschiedene Szenarien durchgesprochen und entschieden, dass es völlig in Ordnung sei, sich für ein paar Stunden oder Tage in seinem Schlafzimmer einzuigeln, solange das nicht zum Dauerzustand wurde. Da gingen wir aber auch noch davon aus, dass wir alle im Aufenthaltsraum arbeiten würden. Doch wenn ständig jemand aufsteht, um sich eine Tasse

Kaffee aus der Küche zu holen, ein anderer vielleicht Sport treibt und wieder ein anderer an seinem Anzug für den nächsten Außeneinsatz herumbastelt, kann selbst der Diszipliertieste sich nicht mehr auf sein Tun konzentrieren. Dazu kam die Anordnung der Tische, die uns zwang, mit dem Rücken zum Gemeinschaftsraum zu arbeiten. Einige Tage nach Shey und Andrzej flüchteten auch wir anderen in unsere Zimmer, wenn wir am Computer arbeiten wollten.

Die zweite Kleingruppe bildeten Cyprien und ich, zum Teil, weil wir als Europäer sowohl in den Rocky Mountains als auch auf Hawaii ein paar Tage eher als die anderen angereist waren und uns so schon besser kannten. Ebenso waren wir im Vergleich zu den Amerikanern eher schweigsam und hatten überhaupt noch viele andere Gemeinsamkeiten. Die jeweilige Vergangenheit von Franzosen und Deutschen nahmen wir bewusst auf die Schippe. Als Cyprien einmal nach einer französischen Flagge suchte, drückte ich ihm prompt ein weißes Bettlaken in die Hand. Er imitierte dafür gern einen deutschen Oberlehrer, der mich ermahnte, pünktlicher und korrekter zu sein. Gelegentlich stimmten auch die anderen in die Blödeleien mit ein. Tristan persiflierte Cyrano de Bergerac und zeichnete eine Karikatur, die er nach Cypriens Cyanobakterien »Cyano de Bacteria« benannte.

Carmel, mit der ich seit Utah eng befreundet war und die mich dort beim Sticheln gegen Cyprien immer tatkräftig unterstützt hatte, beobachtete das veränderte Treiben im HI-SEAS-Habitat allerdings etwas misstrauisch. Manchmal hatte ich geradezu ein schlechtes Gewissen, weil ich mehr Zeit mit Cyprien als mit ihr verbrachte. Einmal meinte sie, dass sie ständig mit Tristan zusammen sei, weil »ja sonst keiner weiter übrig« wäre.

Eines Morgens kam sie in mein Zimmer und fand dort Cyprien vor, der mit seinem Laptop auf meinem Bett fläzte. Sie sagte nichts, aber beim nächsten Sonntagsmeeting stand das Wort »Beziehungen« auf der Agenda. Nachdem Shey uns, dem »glücklichen Paar«, grinsend gratuliert hatte, wiederholten wir eine Diskussion, die wir schon Wochen zuvor geführt hatten: Macht, was ihr wollt, verhindern können wir es eh nicht, jedenfalls nicht, ohne Frustration hervorzurufen, aber die Mission hat oberste Priorität. Cyprien und ich nickten, und damit war das Thema erledigt.

Carmel nahm mich später dann aber doch noch zur Seite und sprach den Teil der Abmachung an, der während des Gruppentreffens höflich verschwiegen worden war. »Hast du dir das auch gut überlegt?« Ihr Tonfall verriet, dass sie tatsächlich um mich besorgt war, denn vor ihrem inneren Auge sah sie Cyprien mit Shey herumknutschen. »Keine Sorge«, erwiderte ich, »er hat versprochen, dass ich ihm die Augen auskratzen darf, wenn er etwas mit Shey oder dir anfängt.« Carmels Reaktion machte deutlich, dass von ihr keinerlei Gefahr ausgehen würde.

Zu der Zeit dachte ich noch, dass ihr nie im Leben einfallen würde, die Freundin mit einem Mann zu hintergehen, aber tatsächlich hielt sie Cyprien für unzulänglich, mit seinen fünfundzwanzig Jahren für zu jung und unerfahren. Carmels Einstellung sollte in den nächsten Wochen noch mehrmals durchscheinen. Sie belehrte ihn, wie man ein kleines Kind belehrt, und einmal fuhr sie ihm mit den Worten »Halt mal bitte kurz die Klappe« über den Mund. Cyprien ertrug diese Behandlung wochenlang, ohne sich bei Carmel zu beschweren. Erst als er mir zum wiederholten Mal sein Leid klagte, forderte ich ihn auf, mit ihr zu reden. Angeblich tat er das auch, aber es änderte sich nichts. Daraufhin bot ich an, mit Carmel zu reden, wogegen sich Cyprien aber mit Händen und Füßen wehrte. Ich ignorierte ihn und redete trotzdem mit ihr.

Sie war erstaunt, dass Cyprien sich herabgesetzt fühlte, in ihren Augen hatte sie bei den fraglichen Gelegenheiten nur gescherzt, so wie »in alten Zeiten« in Utah. Das glaubte ich ihr aufs Wort. Dann erklärte ich ihr, dass ihre Scherze – in die ich gelegentlich einstimmte – manchmal über die Stränge schlugen und dann nicht mehr als Scherze wahrgenommen würden, sondern als Beleidigung. Sie dachte kurz nach, dann bemerkte sie, dass es wohl stimmen müsse, wenn ich es sagte.

In dem Moment begriff ich, dass Carmel zwar von der Gruppe zur Kommandantin gemacht worden war, aber sich letztlich nicht von uns unterschied. Sie war ein Mensch wie wir auch. Ein Mensch, der weiterhin seine Freunde braucht und nicht nur die, die bei der Grüppchenbildung »übrig geblieben« sind, sondern jene, denen sie vertraut und mit denen sie auf gleicher Wellenlänge schwingt.

Ich bemühte mich, wieder mehr Zeit mit ihr zu verbringen. Dazu boten sich unsere regelmäßigen Geologie-Projekte an, auf die wir beide uns immer freuten, während die anderen sich nur widerwillig beteiligten, und auch nur, weil es Gruppenprojekte sein sollten. Da gab es zum Beispiel unser viertes Geologie-Projekt, bei dem wir eine Karte der Lavafelder in unserer Umgebung anfertigen sollten. Genauer gesagt: eine Karte pro Zweierteam.

Shey hatte schon eine ellenlange E-Mail an das Geologenteam im Mission Support getippt, in der sie wortreich darlegte, wieso dieses Projekt zu umfangreich sei, als Carmel sie überredete, diese Mail vorerst nicht abzuschicken. Anschließend schloss sie sich mit mir kurz, und wir besprachen den tatsächlichen Aufwand des Projekts. Entgegen Sheys Befürchtungen mussten überhaupt keinerlei Außeneinsätze durchgeführt werden, zudem planten wir, welches Crewmitglied genau welchen Beitrag zu den Karten leisten sollte. Carmel und ich witzelten über Sheys blindwütigen Aktionismus, der beinahe dazu geführt hätte, die Crew als arbeitsfaul erscheinen zu lassen.

Mir fielen Sheys Notizzettel ein, die sie an verschiedenen Stellen im Habitat angebracht hatte, als sie begann, Russisch zu lernen. Bei fast allen Wörtern hatte sie eine falsche Endung verwendet, so als hätte sie statt der Grundform »Tisch« die deklinierte Form (des) »Tisches« geschrieben. Auch hatte sie mir einmal bei einem Puzzle geholfen und fügte zwei Teile in noch vorhandene Lücken ein. Shey schien stolz darüber zu sein, diese Teile quasi im Vorbeigehen gefunden zu haben, bemerkte aber nicht, dass eines davon überhaupt nicht dorthin passte, wo sie es hingelegt hatte.

Diese Beobachtungen hatten keinen großen Einfluss auf unser Habitatleben gehabt. Wir stuften ihre Fahrigkeit als eine Art Macke ein, etwas, worüber man schmunzeln kann und das man letztlich wieder vergisst. Vielleicht war ich auch einfach nur zu pedantisch und maß kleinen Details eine zu große Bedeutung bei. Shey war ein wenig unachtsam, na und? Dass diese Eigenschaft Symptom eines tiefer liegenden Problems war, hatte ich noch nicht begriffen. Wir waren eben grundverschieden, dachte ich, dennoch gingen wir respektvoll miteinander um und versuchten, uns gegenseitig häufig ein Lächeln zu schenken. Ich brachte ihr einmal ihren Lieblingstee in ihr Zimmer, und sie bot mir an, beim Bau einer neuen Pyramide zu helfen.

Unterstützung konnte ich gut gebrauchen, denn ich hatte gerade Kleber angerührt, den ich innerhalb weniger Minuten verbraucht haben musste. Zugleich hatte ich aber zu wenige Holzstücke zum Ankleben zurechtgeschnitten. Und so sagte ich ihr, es wäre toll, wenn sie eine bestimmte Latte in kurze Stücke zersägen würde. Sie nickte, doch statt dies zu tun, ging sie in die Küche. Das fand ich schon sehr erstaunlich, und noch mehr verwunderte es mich, als ich hörte, wie sie Andrzej nach einem Dremel fragte, der aber um Geduld bat, er müsse noch etwas vorher fertig machen. Der Kleber wurde schon zäh, und so sägte ich die Stücke letztlich selbst zurecht. Eine halbe Stunde später, als die Pyramide fertiggestellt und der Kleber getrocknet war, kam Shey zurück und fragte nach der zu bearbeitenden Holzlatte. Enttäuscht stellte sie fest, dass ihre Hilfe nicht mehr nötig war. Ich fragte mich, ob ich vielleicht zu ungeduldig gewesen war, oder nicht deutlich genug gesagt hatte, dass es schnell gehen müsse.

Es gab noch einen anderen Zwischenfall. Auf dem Laufband, auf dem wir uns fit hielten, las ich einen Artikel über den Wasserverbrauch von Crews in Langzeitmissionen. Ich überlegte, wie viel Wasser unsere Crew tatsächlich brauchte. Angenommen, wir hätten ein Problem mit unserem Wasservorrat, mit wie viel Wasser kämen wir im Notfall durch den Tag? Durch eine ganze Woche? Plötzlich hatte ich eine Idee, wie man das herausfinden konnte. Die stellte ich Carmel vor, unserer Kommandantin. Von ihr erhielt ich grünes Licht, und eines späten Abends drehte ich sämtliche Wasserhähne bis auf einen zu. Neben diesen legte ich Messbecher und einen Schreibblock, auf dem jeder notieren sollte, wie viel Wasser er gezapft hatte. Wir hatten zwar einen Wasserzähler, doch der war mir zu ungenau, da ich auch die kleinen Mengen erfassen wollte.

Und da das Ganze ja einen Notfall mit unserem Wassersystem simulieren sollte, auf den man sich naturgemäß nicht vorbereiten konnte, informierte ich den Rest der Crew nicht.

Das sollte sich als Fehler herausstellen: Shey wachte in der Nacht auf, bekam aus dem Hahn, den sie aufdrehte, keinen Tropfen Wasser, und weckte unseren Techniker Andrzej auf, der sich sofort auf Fehlersuche begab. Erst als die Frühaufsteherin Carmel erschien, klärte sich das vermeintliche Problem mit der Wasserleitung auf. Shey und Andrzej waren wütend, dass man sie im Ungewissen gelassen hatte. Dann aber stimmten sie zu, dass man das Experiment mit dem Wasserengpass in größeren Abständen wiederholen sollte – wenn es denn mit einem Zeichen an der Badtür deklariert wurde. Und so kam es, dass bei uns etwa alle zwei Wochen »Wasserknappheit« herrschte und wir Wasser nur für die dringendsten Bedürfnisse verwendeten, also zum Trinken, Kochen und Zähneputzen.

Die Ergebnisse konnten sich sehen lassen: Während wir an normalen Tagen bis zu einhundert Liter Wasser verbrauchten, waren es an Engpasstagen nur rund fünfundzwanzig Liter. Das lag zum Teil daran, dass wir an solchen Tagen weder duschten noch Wäsche wuschen. Doch davon abgesehen, brachten uns die Engpasstage dazu, uns jeden Liter Wasser unmittelbar vor Augen zu führen: Benötigte ich wirklich diesen Extraliter, um abwaschen zu können? Konnte ich das Nudelwasser nicht für die Soße wiederverwenden, statt es in den Abfluss zu schütten?

Aber nicht nur an den Engpasstagen verbrauchten wir deutlich weniger Wasser, auch an den Tagen, die unmittelbar darauf folgten. Nach einem Tag, an dem man zum Sparen gezwungen war, ließ man den Wasserhahn nicht achtlos laufen. Dieser Übungseffekt machte sich sogar langfristig bemerkbar: Im Verlauf der Mission sank unser Wasserverbrauch deutlich, statt anfangs vier Wochen reichte unser Wassertank am Ende bis zu sechs Wochen. Unsere Tanks fassten etwa eintausend Gallonen, knapp viertausend Liter Wasser. Alles, was einmal im Ausfluss landete, wurde nach draußen – nicht ganz marsecht – in ein Verdunstungsbecken geleitet. Im Prinzip konnten wir unseren Tank so oft auffüllen lassen, wie wir wollten.

Andrzej, der mit den Engpasstagen nie richtig warm wurde, fragte uns einmal, warum um alles in der Welt wir auf Komfort verzichten wollten und die Hähne zudrehten, nur damit unser Wassertank sechs Wochen reichte statt fünf, wir wären doch ohnehin schon viel sparsamer als unsere Vorgänger, die höchstens drei Wochen mit dem Vorrat hingekommen waren, was hätten wir denn von der einen Woche extra?

Wir anderen sahen ihn nur verständnislos an. Er wollte doch Astronaut werden, da würde er noch viel weniger Wasser zur Verfügung haben als jetzt! Vielleicht war der Wassersparerfolg für ihn nutzlos, weil man den nicht in eine Bewerbung schreiben konnte. Unsere Motivation jedenfalls, warum wir alle darum wetteiferten, wer am schnellsten mit dem Duschen fertig war, konnten wir ihm genauso wenig erklären, wie ein Leichtathlet erklären kann, warum er als Erster durchs Ziel laufen möchte.

Zugegebenermaßen verbrauchten wir während unserer kurzen Duschen auch verschwindend wenig im Vergleich zu dem, was unsere Waschmaschine schluckte. Gut siebzig Liter gingen für ein paar saubere Hosen und T-Shirts drauf, so viel, wie die gesamte Crew brauchte, um drei Tage zu überleben. Klar, dass wir so selten wie möglich Wäsche wuschen.

Carmel, unsere Outdoor-Frau, begann als Erste, ihre Wäsche per Hand zu waschen. Bald hatte sie auch Tristan überredet, es ihr gleichzutun. Statt einer Waschmaschinentrommel verbrauchten die beiden je einen großen Eimer voll Wasser. Nach einer Weile probierte ich es zusammen mit Cyprien auch mal mit der Handwäsche, fand das aber alles irre aufwendig. Als Kompromiss nutzten wir die Waschmaschine von da an nur noch etwa einmal im Monat und wuschen dazwischen mit der Hand.

Meine Kleidung hatte ich extra so zusammengestellt, dass ich nur etwa alle zwei Wochen waschen musste: Socken und Unterwäsche für vierzehn Tage und ansonsten bequeme und funktionale Hosen und Pullover, die ich problemlos mehrere Tage tragen konnte, plus einen schwarzen Rock für festliche Anlässe wie Weihnachten. Hinzu kamen noch Wander- und derbe Bergschuhe, nicht zu vergessen mein Kissen, das ich überall mit hinnehme. Mein Koffer hatte beim Einzug etwas mehr als zwanzig Kilogramm gewogen.

Nicht alle Kleidungsstücke und Schuhe überlebten die Mission. Meine halblange Hose, die ich ständig auf Außeneinsätzen trug, musste ich ein paarmal mit Nadel und Faden flicken, irgendwann aber gab ich das auf und überklebte die Löcher kurzerhand mit Duct Tape. Das sah nicht schön aus, fühlte sich auch komisch an, hielt den aufgescheuerten Stoff aber am besten zusammen. Doch bis dahin sollte es noch ein paar Monate und mehr als einhundert Außeneinsätze dauern. In der Zwischenzeit setzten wir unzählige Rollen Klebeband für noch ganz andere unkonventionelle Reparaturen ein.

Obwohl wir nicht täglich duschten, roch keiner von uns. Das bestätigten selbst Außenstehende, die beim Ende der

Mission anwesend waren. Hilfreich war sicherlich, dass die Luft hoch oben auf dem Mauna Loa recht trocken ist und wir uns im Habitat außer zum Sport vergleichsweise wenig bewegten. Trotzdem stank das Habitat etwa alle zwei Wochen, und zwar gründlich. Dann nämlich, wenn wir unsere Toiletten warteten.

Wir hatten keine Toiletten mit Wasserspülung, die hätten viel zu viel Wasser verbraucht. Stattdessen gab es zwei Komposttoiletten, auch als Trockentoiletten bezeichnet. In ihnen wurden die Fäkalien gesammelt und mussten dann in regelmäßigen Abständen entfernt werden. Im Normalfall sollte eine Komposttoilette nicht riechen und mit wenigen Handgriffen geleert sein. In der Bedienungsanleitung fürs Habitat, die uns unsere Vorgänger hinterlassen hatten, waren wir allerdings schon gewarnt worden, dass der Leervorgang nicht immer ganz so einfach sein könnte.

Shey und Carmel hatten sich als Erste bereit erklärt, die Entleerung in Angriff zu nehmen. Sie trugen dazu weiße Wegwerf-Overalls und Einweg-Schuhüberzieher, banden einen Mundschutz um und zogen Handschuhe über. Dann öffneten sie den Kasten unterhalb der Toilettentrommel, in dem sich die festen Anteile sammeln und vor sich hin kompostieren sollten. Sollten. Der Urin sollte unterhalb des Kastens auf eine Heizplatte laufen, von wo aus er verdunsten und einige wenige feste Rückstände zurücklassen sollte. Sollte.

Ich hatte den Fehler gemacht, in Rufweite zu bleiben, um im Notfall weitere Müllsäcke heranschaffen zu können. Als der gefürchtete Ruf ertönte, steckten die beiden Frauen schon in der sprichwörtlichen Scheiße. Ohne weiter auf die Einzelheiten einzugehen: An diesem Tag trug ich viele Müllsäcke heran, und die Frauen werkelten mehrere Stunden an den Toiletten herum.

Die zweite Reinigung einige Wochen später fiel mir zu, Andrzej unterstützte mich dabei. Während ich – auf Knien – mit meinem Arm bis zur Schulter in der Toilette steckte, blätterte Andrzej in der Bedienungsanleitung, um herauszufinden, warum sich so viel Urin in der Verdunstungswanne unterhalb der Trommel befand. Da meine Handschuhe nicht mehr ganz rein waren, leuchtete er mir zudem mit der Taschenlampe unter die Trommel. Viel sah ich nicht, da der Überlaufschutz am hinteren Ende des Toilettengehäuses von einer Blende verdeckt war. Davor kratzte ich mit einem Schaber alles frei, so gut ich konnte. Der Überlaufschutz war jedoch weiter von mir entfernt, als mein Arm lang ist. So schlug ich vor, die Verkleidung der Toilette abzubauen, um den Notabfluss zu überprüfen. Das hätte allerdings bedeutet, ein Regal, das kunstvoll um und über die Toilette drapiert war, zur Seite zu räumen. Überhaupt, was sollten wir da auch finden? Andrzej plädierte dafür, weiter in der Bedienungsanleitung nach einer Lösung zu suchen.

Stunden hatten wir mit unseren beiden Toiletten zugebracht, sie geleert und einige potenzielle Probleme gefunden, die möglicherweise verhinderten, dass die Toiletten normal funktionieren. Geschafft schälte ich mich aus meinem Overall, steckte ihn in einen der großen Müllsäcke – und duschte ausgiebig, ganze zweieinhalb Minuten lang.

Immerhin, es hätte schlimmer kommen können. Mitten im Flug von Apollo 10, der Generalprobe für die Mondlandung, machte sich der Inhalt einer Fäkaliensammelvorrichtung selbstständig und schwebte den Astronauten vor der Nase herum.

Im Laufe unserer Mission sollten unsere Toiletten noch diverse Lecks aufweisen, sich mit Insekten Kämpfe liefern und über Monate hinweg zu flüssiges Material für den

Kompostkasten produzieren. Aber so zickig die Toiletten sich verhielten – wir konnten immer sicher sein, dass ihr Inhalt sich nicht auf unsere Augenhöhe verirren würde. Mein erster Toiletteneinsatz blieb bis auf eine Ausnahme auch mein letzter. Zuvor war ich mit Shey aneinandergeraten, weil ich mit der Art, wie sie mir den Putzauftrag erteilte, nicht einverstanden gewesen war. Mir platzte der Kragen, und ich ignorierte für einen kurzen Moment jegliche Diplomatie und fuhr meine Krallen aus. Nach diesem heftigen, aber klärenden Gewitter war unser jeweiliges Territorium abgesteckt, und wir schlossen stillschweigend einen Waffenstillstand. Wir würden weiterhin zusammenarbeiten und uns gegenseitig keine Steine in den Weg legen. Beste Freundinnen konnten wir so zwar nicht werden, aber das war auch nicht unbedingt erforderlich. Stattdessen versprach der einvernehmliche Sicherheitsabstand genau das zu ermöglichen, was wir alle wollten: die Mission friedlich durchzustehen.

Und auch auf einem anderen Gebiet gab es eine Einigung: Cyprien und ich richteten mein Zimmer so ein, dass zwei Matratzen auf dem Boden nebeneinander passten. Den Rest meines Betts stellten wir hochkant in sein Zimmer, das fortan als Rumpelkammer genutzt wurde.

Carmel begann danach, unser Habitat auf ihre Weise umzugestalten. Regale standen plötzlich an einem anderen Ort, manchmal tauchten auch völlig neue Möbelstücke auf, die aus Holzresten zusammengezimmert worden waren. Stück für Stück gestalteten wir das Habitat nach unseren Vorstellungen um, und mit jedem Stück wurde es mehr zu genau dem: *unserem* Habitat.

5
NOVEMBER.
VIELE GRÜNDE ZUM FEIERN

Es ist erstaunlich, was man alles nicht machen kann, wenn man keine Eier mehr hat und keine Nachbarn, bei denen man sich welche ausborgen könnte. Nicht dass wir jemals frische Eier im Habitat gehabt hätten, aber Eipulver, mit dem man bis auf Spiegeleier so ziemlich alles zubereiten kann, was man mit frischen Eiern auch zaubern kann. Es sei denn, das Pulver ist ausgegangen.

Am Anfang unseres Experiments, als jeder von uns an seinem Küchentag noch voller Enthusiasmus Frühstück für alle anrichtete, gab es oft Rührei. Auch hier und da einen Kuchen, ein paar Crêpes, und schon ging uns etwa zwei Monate nach Beginn der Mission das Eipulver aus. Fortan wurde zum Frühstück Obstsalat serviert oder Bratkartoffeln, oder man tischte die Reste vom Vortag auf. Sonntag war Brunch angesagt, und dabei durften Tortillas nicht fehlen. Das waren aber nicht einfach nur Tortillas mit einer Füllung aus Fleisch und Gemüse (und Ei, wenn vorhanden), sondern Tortillas, die durch ein lautes, fröhliches Rufen angekündigt werden mussten. Jeder sollte ja mitbekommen, dass es wieder Zeit für Andrzejs Sonntagsbrunch war.

Shey und Carmel versorgten die Crew regelmäßig mit selbst gebackenem Brot. Shey benutzte dafür Mehl, Öl, Wasser und einen Teigstarter. Die darin enthaltene Hefe mochte es warm, und deshalb durfte der Teig nachts entweder bei jemandem im Zimmer oder über den Servern schlafen, die rund um die Uhr eine wohlige Wärme ausstrahlten. Und weil der Teig umsorgt wurde wie ein kleines Kind, bekam er auch einen Namen: Bob.

Bob war sehr produktiv, häufig lagen frühmorgens, wenn ich gerade aufgestanden war, schon drei oder vier riesige, frisch gebackene Brotlaibe auf dem Küchentresen. Überhaupt verbrachte Shey gern und viel Zeit in der Küche und bereitete die aufwendigsten Gerichte zu. Ich hatte deswegen häufig ein schlechtes Gewissen, denn wie erklärt man einer enthusiastischen Köchin, dass einem die Früchte ihrer Arbeit nicht schmeckten? Zum Glück bot die Vorratskammer eine riesige Auswahl an Nahrungsmitteln. Zur Verfügung stand uns all das, was sich über einen längeren Zeitraum lagern lässt. Neben dem schon erwähnten Eipulver hatten wir auch Milchpulver, Süße-Sahne-Pulver, Saure-Sahne-Pulver und Butterschmalz. Fleisch und Gemüse lagerten wir in gefriergetrockneter Form, so hatten wir riesige Blechdosen voller kleiner Fleisch- und Gemüsewürfel, denen bei extrem niedrigen Temperaturen und Drücken jegliches Wasser entzogen worden war. Die staubtrockenen Würfelreste waren nicht nur lange haltbar, sondern auch extrem leichtgewichtig – also durchaus eine realistische Alternative zu Tubennahrung bei einem echten Flug zum Mars. Weichte man die Würfel in Wasser auf, nahmen Fleisch oder Gemüse (fast) ihre ursprüngliche Konsistenz wieder an und schmeckten beinahe wie gerade gekauft.

Allerdings musste man die Würfel nicht unbedingt aufweichen, man konnte sie auch trocken knabbern. Die Kehle fühlte sich zwar hinterher an, als hätte man Staub geschluckt, aber geschmeckt hatte es trotzdem. Und zwar so gut, dass unsere gefriergetrockneten Maiskörner sich zu einem der begehrtesten Snacks im Habitat entwickelten –

bis sie uns im Mai 2016 so ausgingen wie das Eipulver im Herbst 2015.

Neben Fleisch und Gemüse wurde auch Obst gefriergetrocknet, allerdings wurde das nach dem Rehydrieren nicht knackig, sondern hatte dann mehr Ähnlichkeit mit tiefgekühltem Obst, das man wieder aufgetaut hatte: Unsere Himbeeren schmeckten wunderbar, waren aber sehr matschig. Oft dachte ich sehnsüchtig an die Himbeersträucher in Finnland, die im letzten Sommer voller praller Beeren hingen und die ich unmittelbar vor meiner Abreise noch heimgesucht hatte.

Immerhin ließen sich die mit Wasser versetzten Trockenhimbeeren zum Belegen einer Obsttorte verwenden. Zucker, Mehl, Backpulver – all das ließ sich ja problemlos längere Zeit lagern. Obsttorten waren schön und gut, aber noch lieber mochte ich Kekse. Es kam nicht von ungefähr, dass ich crewintern schon seit Längerem den Spitznamen »Cookies« weghatte. Und weil ich so gern Kekse aß, wollte mir Cyprien ein pizzagroßes Exemplar zu meinem Geburtstag im November backen. Doch zum Backen brauchte man auch Eier, und die hatten wir bekanntermaßen in diesem Monat nicht mehr. Das sollte sich aber bald ändern.

So fieberten wir der zweiten Novemberhälfte entgegen, in der uns unsere erste Nachschublieferung erreichen sollte. Die Bestellliste, die wir im Oktober angefertigt hatten, umfasste dreihundert Posten. Der größte Teil umfasste Nahrungsmittel und viel zu viele Süßigkeiten, der Rest bestand aus Gebrauchsgegenständen wie Schraubenzieher und Akkus.

An einem Samstagmorgen war es endlich so weit: Nach einer kurzen E-Mail bedeckten wir unsere Fenster und zogen uns in unsere Zimmer zurück, viele von uns hörten

Musik über Kopfhörer. Damit sollten wir verhindern, dass wir einen der menschlichen Helfer sehen oder hören konnten. Erst als die zweite E-Mail kam und bestätigte, dass die Luft rein war, öffneten wir unsere Hintertür, die von der Küche in einen kleinen Raum führt, den wir Teleporter nannten. In diesen Raum wurde, während wir Musik hörten oder uns anderweitig von den menschlichen Helfern ablenkten, unsere Lieferung von der Erde »teleportiert«.

Realistischer wäre es gewesen, man hätte uns die Pakete einfach vor unsere Tür gestellt. Auf dem Mars würde man eine Sendung vermutlich auch einfach nur abwerfen, und die Bodencrew müsste sich anschließend darum kümmern, alles einzusammeln und ins Innere des Habitats zu schaffen. Doch der simulierte Mars ist ein kahler Berg, auf dem Gegenstände auch mal wegfliegen oder bei Regen nass werden können. Einige Kisten mussten wir tatsächlich selbst hereintragen, aber die Anzahl war überschaubar. Die meisten standen im Teleporter.

Die nächste halbe Stunde schleppten und stapelten wir Kisten, Kartons, Boxen und Schachteln. Alles, was ausgepackt wurde, vermerkten wir auf einer Liste, erst dann verschwanden die Sachen im Lagercontainer. Zumindest war das der Plan.

Tatsächlich rissen wir wahllos jeden einzelnen Karton auf und diverse Teile daraus an uns. Überall ratschte und raschelte es, und zwischendurch stieß immer wieder jemand einen Freudenschrei aus. Innerhalb kürzester Zeit verwandelten wir unseren Gemeinschaftsraum, der fast die Hälfte der Grundfläche unseres Habitats einnahm, und die angrenzende Küche in ein heilloses Durcheinander.

So viele tolle Dinge! Seit Monaten hatten wir nichts Neues mehr in den Händen gehabt und hatten täglich auf eine immer dünner werdende Auswahl an Nahrungsmitteln gestarrt. Nun erweiterte sich unser Angebot schlagartig, und unsere Regale füllten sich. Wir schwelgten im Reichtum. Jeder zeigte den anderen ein heiß ersehntes Teil, die einen freuten sich über Unmengen an Teebeuteln, die anderen über neue Messbecher. Wir feierten die banalsten Gegenstände, wir waren wie kleine Kinder, die Weihnachten, Ostern und Geburtstag auf einmal erlebten. Wir waren völlig überdreht.

Die Inventarliste erstellten wir dann doch noch, aber erst hinterher, als wir uns etwas beruhigt hatten. Es war mühsam. Teilweise mussten wir Dosen und Büchsen ausfindig machen, die schon längst weggeräumt worden waren, und auch noch darauf achten, dass wir alte Bestände nicht mitzählten. Beim nächsten Mal würden wir planvoller vorgehen.

Ich versuchte, mir vorzustellen, was wohl geschehen wäre, wenn wir – wie bei einer angenommenen echten Mars-Crew – nicht drei Monate, sondern zwei Jahre auf diese Lieferung gewartet hätten. So ganz gelang es mir nicht. Bei einer echten Mars-Crew hätte beispielsweise bei einer Nachlieferung bestimmt nie das Eipulver gefehlt. Bei uns schon.

Doch mein Geburtstagspizzakeks war gerettet: Cyprien ersetzte die Eier durch Bananenbrei. Unsere rehydrierten Bananen waren noch matschiger als die Himbeeren und eigneten sich daher hervorragend als Teigbindemittel. Schmeckte der Keks eben ein wenig nach Banane. Selbst für den Truthahn zu Thanksgiving gab es eine Lösung. Da vier von uns»Marsianern« Amerikaner waren, begingen wir diesen Tag natürlich mit einem riesigen Gelage. Umso mehr, da wir ja nun, wie es sich für das amerikanische Erntedankfest gehörte, auch wieder eine prall gefüllte Vorratskammer hatten (in der nur das Eipulver fehlte).

Wir schraubten an Thanksgiving unsere Arbeit auf ein Minimum zurück, sodass jeder mithelfen konnte: Der eine bereitete den Kartoffelbrei zu, der andere zauberte einen Truthahn herbei. Genauer gesagt: Der Truthahn wurde aus Truthahnfleischwürfeln zusammengesetzt und die Würfel mit schwarzer Magie zusammengehalten. Vielleicht war auch ein wenig Mehl dabei, aber sicher bin ich nicht.

Da unsere Crew aus sechs Mitgliedern bestand und jeder Schenkel favorisierte, hatte unser Würfel-Truthahn sechs Schenkel. Er sah damit wie eine sechsbeinige Spinne aus, schmeckte aber um Längen besser.

Eine Füllung gab es für das Tier auch, die bestand aus Brot, Gemüse und jeder Menge Gewürze. In den Würfel-Truthahn konnte man jedoch nichts hineintun, so stark war die Magie dann nicht, um die Würfel beim Stopfen zusammenzuhalten. Und so gab es die Füllung zusammen mit den rehydrierten grünen Bohnen und den Preiselbeeren als Beilage.

Gegen vier Uhr Nachmittag begannen wir mit dem Dinner, alle hatten sich schick angezogen, elektrische Kerzen waren auf dem Tisch aufgestellt. Offenes Feuer war ja im Habitat nicht erlaubt, daher mussten wir mit dem billigen Plastikgeflacker vorliebnehmen.

Wir hielten keine langen Vorreden, sondern begannen gleich mit dem Essen. Wir hatten viel zu viel gekocht, aber das musste auch so sein. Wir aßen, bis wir nicht mehr konnten. Danach machten wir eine Stunde Pause, und aßen schließlich weiter. Als alle satt waren, gab es Kürbiskuchen als Nachtisch.

Fast wichtiger als das Thanksgiving-Fest war unser persönlicher, marsweltweiter Feiertag: Am 11. November, noch vor der Lieferung unserer Nachbestellung, aßen wir nämlich das erste wirklich frische Gemüse seit unserem Einzug ins Habitat. Carmels und Cypriens Radieschen-Experiment war beendet, mit positivem Ausgang. Am frühen Nachmittag half ich den beiden bei der Ernte. Nicht ganz uneigennützig, denn ein oder zwei Radieschen verschwanden auf dem Weg von der Waage in die Küchenschale unter mysteriösen Umständen. Zu den Radieschen gab es ein paar grüne Salatblätter, die ebenfalls aus Carmels Zucht stammten.

Fast zehn Wochen lang hatten wir ausschließlich gefriergetrocknetes Gemüse gegessen. Das fast wie frisch schmeckte, aber eben nur fast. Die Radieschen hatten im Vergleich dazu einen unglaublich intensiven Geschmack. Und sie boten überraschend viel Widerstand beim Kauen. Es krachte und knirschte in den Ohren, dass es eine wahre Freude war. Jedes noch so kleine Radieschen zerbiss ich in noch kleinere Stücke, um Geschmack und Geräusche ein wenig länger auskosten zu können.

Beim Salat war es ähnlich. So flach und doch so saftig. Und so viel Struktur! Zu den Blättern gab es eine französische, das heißt von Cyprien angerührte, Vinaigrette. Wir brauchten mehr als eine halbe Stunde für die Vorspeise, weil wir jedes Radieschen und jedes Blättchen dutzendfach durchkauten. Jeder Bissen wurde bis zum Letzten ausgekostet, wir wollten gar nicht wieder aufhören. Die Vorspeise war so phänomenal, dass ich mich an die Hauptspeise danach beim besten Willen nicht mehr erinnern kann.

Die vielen Feierlichkeiten wurden aber auch überschattet. Shey erreichten wenig erfreuliche Nachrichten aus dem privaten Bekanntenkreis, und Cyprien bekam Ärger mit

seinen beiden Doktormüttern. Anscheinend gab es einige
große Missverständnisse, und nun befürchteten wir, dass
die zwei Frauen darauf bestehen würden, dass Cyprien die
Simulation abbrach. Es entspann sich eine langwierige
Diskussion per E-Mail, in der er versuchte, das Feuer be-
hutsam zu löschen.

Sosehr er auch versuchte, sich den Stress nicht anmerken zu lassen, so kläglich scheiterte er. Er räumte Gegenstände an Orte, wo sie nicht hingehörten, übersah Warn-
leuchten an seinen elektrischen Geräten, wenn der Akku
leer war, und brach Streits vom Zaun, die so emotional wie
belanglos waren.

Das blieb nicht ohne Folgen für die Crew. Nichts
schweißt so zusammen wie ein gemeinsames Feindbild.
Wir schmiedeten die absurdesten Komplotte, um unseren
Crew-Franzosen zu rächen. Tristan hatte mit seiner blü-
henden Fantasie die meisten Einfälle, einer war verrückter
als der andere. Wir kannten zwar nur Cypriens Sicht, aber
das reichte uns. Schließlich würden wir ohnehin keinen
der Pläne jemals ausführen, allein das Ausmalen war Befriedigung genug.

Als wir erfuhren, dass die beiden Doktormütter mit der
Studienleiterin Kim telefonieren wollten, wurde die Gefahr aus unserer Sicht akut. Wir schrieben eine lange
E-Mail an Kim, die Carmel in ihrer Funktion als Kommandantin abschickte. Im Wesentlichen erläuterten wir darin,
warum wir Cyprien unter gar keinen Umständen herge-
ben wollten. Falls nötig, würden wir auch androhen, das
Habitat mit ihm zu verlassen.

Theoretisch wäre ein Ausscheiden eines einzelnen
Crewmitglieds möglich, denn auf dem Mars könnte es immer zu einem Unglück mit tödlichem Ausgang kommen,
und den hätten wir damit simuliert. Es wäre auch nicht das

erste Mal gewesen, dass ein Crewmitglied »stirbt«. Aber wir wollten auf Cyprien auf keinen Fall verzichten. Ob nun unser Einmischen verhinderte, dass er uns verlassen musste, weiß ich nicht. Fakt ist, dass sich das Verhältnis zu seinen Doktormüttern wieder einrenkte und sein Ausscheiden nie wieder zur Debatte stand.

Gerade hatten sich die Wogen wieder geglättet, da wurden Anschläge auf Cypriens Heimatstadt Paris verübt. Es drangen nicht viele Nachrichten zu uns durch, aber Cyprien, der sonst kaum die politische Berichterstattung verfolgte, saß plötzlich stundenlang vor dem Computer und bat um jeden Artikel, den unser Mission-Support-Team zu fassen bekommen konnte. Denn die zwanzig Minuten Signallaufzeit, die verhinderte, dass wir mit der Erde telefonieren konnten, sorgten auch dafür, dass Surfen im Internet praktisch unmöglich war. Stattdessen versorgte uns der Mission Support mit gewünschten Informationen.

Wir alle gingen unterschiedlich mit Stress um. Die einen verzogen sich in ihre Zimmer und ließen sich stundenlang nicht sehen, die anderen hörten laut Musik oder stürzten sich in Arbeit. Cyprien gehörte zur Sportfraktion. Er wäre am liebsten gerannt, als er die Nachrichten von den Attentaten vernahm, aber da war draußen gerade die Sonne untergegangen, und es gab keinen Strom mehr, um das Laufband zu betreiben. Stattdessen fuhr er an diesem Abend stundenlang auf dem Ergometer Fahrrad.

Apropos Strom: Unsere Energie bezogen wir tagsüber aus Solarpaneelen und nachts aus Akkus, die die tagsüber ungenutzte Energie speicherten. Am Abend voll geladen, hielten die Akkus mit ihren zwanzig Kilowattstunden unter günstigen Umständen bis zum nächsten Vormittag durch. Energie benötigten wir nachts vor allem für die

Tiefkühltruhe, die unsere Urin- und Speichelproben enthielt, und die beiden Ventilatoren, die verhinderten, dass sich etwaige Gerüche von den Toiletten im Rest des Habitats breitmachen konnten.

Bei unseren Kochplatten, die viel Energie verbrauchten, war sofort klar, dass diese nur tagsüber benutzt werden konnten, wenn die Sonne schien. Aber auch unser Laufband, die Mikrowelle, die Waschmaschine oder unseren Beamer konnten wir nur in Ausnahmefällen nach Sonnenuntergang in Gang setzen. Dann, wenn unsere Akkus aufgeladen waren und die Wettervorhersage für den nächsten Tag Sonnenschein versprach. Wobei diese Ankündigungen mit einer gewissen Skepsis zu betrachten waren – auf unserem einsamen Berg mitten im Pazifik hieß »früh sonnig, nachmittags bewölkt« oft »Es kann alles Mögliche eintreten«.

Meist aber war das Wetter tatsächlich am Vormittag sonnig, während sich am frühen Nachmittag mehr und mehr Wolken sammelten. Das bedeutete: Ab dem frühen Nachmittag benötigten wir mehr Energie, als unsere Solarpaneele erzeugen konnten. Folglich begannen sich unsere Akkus vor dem Abend zu entladen. Aus diesem Grund kochten wir schon am frühen Nachmittag unser Abendessen.

Natürlich gab es Tage, an denen wir unsere Akkus gar nicht oder nicht vollständig aufladen konnten. Auf dem Mars kann das passieren, wenn ein größerer Staubsturm herrscht. Dann ist die Sonnenstrahlung über Wochen, wenn nicht gar Monate hinweg abgeschwächt. Bei uns waren es vorbeiziehende Wolken, die uns einhüllten und nur noch wenig Sonnenstrahlung durchließen. Für solche Tage hatten wir eine Notstromversorgung. Genauer gesagt: Wir hatten zwei Notstromversorgungen. Doppelt hält besser, besonders wenn ein Stromausfall sämtliche Proben der vergangenen Monate wertlos machen konnte.

Der erste Notplan umfasste Wasserstoff-Brennstoffzellen. Schien die Sonne nicht mehr, sollten wir Wasserstoff verbrennen. Langfristig war geplant, den Wasserstoff mit der überschüssigen Energie zu erzeugen, die entsteht, wenn die Sonne auf die Solarpaneele scheint, aber die Akkus schon geladen sind. Das kam recht häufig vor, weshalb wir tagsüber häufig Energie »verschwendeten« und alle möglichen Geräte laufen ließen, während wir nachts den Stromverbrauch genau im Auge behielten.

Das Brennstoffzellensystem wurde schon auf dem Privatgelände von Henk Rogers eingesetzt, dem Eigentümer des Habitats. Wir hatten das gleiche System, erzeugten unseren Wasserstoff jedoch noch nicht selbst, sondern bekamen ihn von Rogers geliefert. Anders als dessen System zickten unsere Brennstoffzellen allerdings gern herum. Andrzej und Carmel führten Dutzende Tests durch und tauschten Hunderte E-Mails mit dem Erbauer des Systems aus, aber die Zellen wollten sich einfach nicht zuverlässig einschalten, wenn unsere Akkus einen niedrigen Ladestand erreichten. Nachdem wir mal wieder mitten in der Nacht einen Notfall-Außeneinsatz durchführen mussten, weil die Brennstoffzellen nicht angesprungen waren, beschlossen wir, die Brennstoffzellen links liegen zu lassen.

Stattdessen griffen wir ab November im Falle einer Energieknappheit direkt auf unseren Plan C zurück: einen Propangas-Generator. Der stand draußen, jenseits der Solarpaneele, und musste von Hand eingeschaltet werden, funktionierte aber zuverlässig. Auf dem Mars würde man kein Propangas verbrennen, stattdessen würde man vermutlich einen Nuklearreaktor als Notfallsystem, wenn nicht gar Hauptsystem, einsetzen. Angesichts der Auflagen, die schon mit dem Bau des Habitats ohne Nuklearreaktor im sensiblen Ökosystem auf Hawaii verbunden waren, ist es nicht verwunderlich, dass das Habitat vorerst keinen Nuklearreaktor als Stromversorgung bekommen wird. Unser internes Stromnetz war so ausgelegt, dass es höchstens zwei Stunden vom Generator gespeist werden konnte. Das reichte aber aus, um die Akkus so weit aufzuladen, dass sie uns durch die Nacht brachten. Wir mussten damit auch nicht mehr im Dunkeln raus, denn wir konnten ja tagsüber erkennen, ob unsere Akkuladung ausreichend war oder ob wir noch ein wenig nachladen mussten. An stark bewölkten Tagen beschlossen wir meist am frühen Nachmittag, den Generator einzuschalten (oder eben nicht). Zwei Stunden später, meist kurz vor Sonnenuntergang, gingen wir noch einmal nach draußen, um ihn wieder auszuschalten. Da solche Maßnahmen als Notfalleinsätze zählten, brauchten wir sie auch nicht achtzehn Stunden im Voraus anzukündigen. Im Gegenteil. Hätten wir so lange gewartet, hätten wir zwischenzeitlich ganz sicher ohne Strom und dafür mit Toilettengestank dagesessen.

Wo wir mal wieder bei den Toiletten sind: Für unsere übermäßig flüssigen Toiletten fanden wir ebenfalls eine Lösung, zumindest eine vorübergehende. Eine meiner Pyramiden funktionierte nicht so gut wie erwartet. Statt sie auseinanderzunehmen und in den Müll zu werfen, beschloss ich, sie über eine große Plastikschale zu stülpen und diese Schale mit Urin zu füllen. Die Pyramide würde das Wasser im Urin genauso verdunsten, wie sie das Wasser aus dem Boden hätte verdunsten sollen, und am Ende hätten wir theoretisch einen Behälter mit klarem Wasser

sowie eine Plastikschale mit bestialisch stinkendem Über-
rest. Praktisch roch das Wasser, das tatsächlich sehr klar
war, zwar nicht gerade nach Blumenwiese, reichte aber al-
lemal zum Pflanzengießen.

Langsam schloss ich auch meinen Frieden mit den Gefahrenstoffanzügen. Zum einen waren sie die perfekte
Schutzkleidung beim Nachfüllen der Urinschale. Zum anderen war ich oft genug mit dem weißen MX-C-Anzug die
Einzige, die Hilfe beim Anziehen und am längsten für die
EVA-Vorbereitungen brauchte. Vielleicht war es Gruppen-
zwang, auf jeden Fall wollte ich nicht mehr diejenige sein,
die ständig den gesamten Verkehr aufhielt. Zudem waren
die Gefahrenstoffanzüge um einiges leichter als der MX-C,
und jetzt, da die Ausflüge länger dauerten und weiter weg
führten, machte sich dieses zusätzliche Gewicht deutlich
bemerkbar, denn die anderen mussten immer häufiger auf
mich warten.

Etwa eine Woche vor meinem Geburtstag Ende November
unternahmen Carmel, Tristan und ich einen dieser längeren Ausflüge. Wir suchten nach Skylights, also Stellen, an
denen Höhlendecken eingestürzt waren. Als Zeitrahmen
hatten wir drei Stunden angesetzt, das war unser erlaubtes
Maximum. Bisher hatten wir nur wenige Außeneinsätze
durchgeführt, die so lange dauerten. Die meisten waren
knapp zwei Stunden lang.

Mittlerweile hatten wir gelernt, dass nach ungefähr
zwei Stunden die ersten Probleme mit den Akkus auftraten, die ja unsere Ventilatoren in den Gefahrenstoffanzügen versorgten. Anders als bei einem MX-C-Anzug stopp-
ten die Ventilatoren aber nicht abrupt und ohne Voran-
kündigung, sondern wurden allmählich schwächer. Da
nun jeder Gefahrenstoffanzug zwei Ventilatoren besaß,

kamen wir auf die Idee, am Anfang nur einen der Ventilatoren einzuschalten und den zweiten erst dann hinzuzunehmen, wenn der erste spürbar nachließ. So konnten wir unsere Einsatzzeit bequem auf drei Stunden ausdehnen, ohne auf ausreichend Luft verzichten zu müssen. Gesagt, getan. Das System funktionierte. Aber anders als Carmel, die sich mit nur einem Ventilator pudelwohl fühlte, wurde es mir in meinem Anzug viel zu warm. Noch schlimmer war jedoch, dass unsere Akkus nicht zuverlässig funktionierten. Mal war ein Akku scheinbar nicht vollständig geladen, mal war ein anderer einfach altersschwach. Wir setzten neue, leistungsstarke Akkus auf unsere Nachschubliste, aber bis zur nächsten Lieferung mussten wir mit den alten klarkommen.

Manchmal funktionierten die Akkus, doch die Akkupacks kooperierten nicht. Einmal bemerkte ich, wie ein heißes Verbindungskabel meinen Arm berührte, augenblicklich schaltete ich den dazugehörigen Ventilator aus. Ein anderes Mal alarmierte mich erst der Geruch von Verschmortem. Wir schrieben »neue Akkupacks« auf unsere Liste.

Eigentlich gab es keinen Außeneinsatz, bei dem nicht etwas schiefging. Wir gewöhnten uns daran und entwickelten eine gewisse Routine. Wir kannten inzwischen unsere Ausrüstung und wussten bei den meisten Problemen sofort, wie wir sie lösen konnten. Totalausfälle wie am Anfang der Mission waren schon lange nicht mehr vorgekommen. Häufig erwähnten wir kleinere Zwischenfälle gar nicht mehr gegenüber den anderen, sondern schalteten einfach den betreffenden Ventilator aus und wechselten die Ausrüstung vor dem nächsten Außeneinsatz. Für den Fall, dass beide Ventilatoren ausfallen sollten, begannen wir, Ersatzteile mitzuführen.

Irgendwann befestigte ich eine kleine Rolle Duct Tape an einem der Anzuggurte. Ein Riss im Handschuh hier, ein neues Loch im Schuh dort, oder auch nur eine notdürftige Reparatur an der Pyramide – das Tape kam bei fast jedem Ausflug mindestens einmal zum Einsatz. Wie schon Mark Watney in dem US-amerikanischen Science-Fiction-Buch *Der Marsianer* von Andy Weir sinngemäß feststellte: Duct Tape kann man nicht mehr verbessern, und es ist für alles zu gebrauchen.

Nur Funkgeräte kann man damit nicht reparieren, zumindest nicht, wenn sie permanent die Bewegungsgeräusche des Anzugs übertragen und ihnen dadurch viel zu früh der Akku ausgeht. Genau das passierte dann auch Carmel auf unserer dreistündigen Erkundungstour, wir standen gerade vor einem ansprechend großen Skylight. Die ehemalige Decke war so zusammengebrochen, dass man auf dem entstandenen Steinhaufen vergleichsweise bequem hineinbalancieren konnte. Wir kletterten einige Meter über riesige Brocken nach unten und besahen uns den Boden und die Wände des ehemaligen Hohlraums. Als wir wieder nach oben stiegen, fiel uns ein unscheinbares Loch auf, das sehr breit war, aber nicht höher schien, als ein Unterarm lang ist.

Beim Näherkommen stellte sich heraus, dass diese Unterarmspalte sich an einem Ende noch etwas weitete, sodass man in gebückter Haltung hindurchsteigen konnte. Besser gesagt: könnte, denn dahinter ging es steil bergab.

Als ich den riesigen Hohlraum sah, wedelte ich Carmel aufgeregt herbei. Sie schaute ins Loch und sagte etwas von »nicht autorisiert«, dann brach der Funkkontakt zu ihr ab. Ich schaute sie fragend an, woraufhin sie das Gesicht verzog, ihr Funkgerät mit verärgerter Miene abschaltete und sich ganz dicht an mich lehnte. Dabei drückte sie das Kopfteil ihres Anzugs gegen das meine. Wir hatten diesen Trick schon in Utah angewandt: Die Luft zwischen den beiden Anzügen überträgt den Schall beim Sprechen sehr schlecht, aber wenn man die Anzüge aneinanderpresst, verschwindet die isolierende Luftschicht, und man versteht den anderen wie durch eine dünne Wand.

Beim ersten Versuch verstand ich sie nicht, das Sirren meines Ventilators war zu laut, beim zweiten hob sie ihre Stimme. Obwohl ich nicht alles verstand, konnte ich etwas ausmachen, das wie »wenn du reingehen willst, erzähl ich es niemandem« und »bleib in Sichtweite« klang. Vielleicht war es auch nur Wunschdenken meinerseits. Jedenfalls sagte ich: »Nur fünf Minuten«, dann kletterte ich schnell durch den Spalt und auf dem Geröllhaufen in die Höhle hinunter. Weit kam ich nicht. Schon auf halber Höhe konnte ich erkennen, dass es im Halbdunkel zu gefährlich war, allein weiterzugehen. Ich machte kehrt, schaltete mein Funkgerät aus und schloss mich nochmals mit Carmel auf altbewährte Weise kurz. Wir verabredeten, dass Tristan mit mir in die Höhle gehen sollte, die sich bis zu einem benachbarten Skylight erstreckte. Möglicherweise konnten wir die Höhle dort verlassen. Carmel würde oberirdisch nach dem Skylight suchen.

Tristan und ich stiegen also gemeinsam bis zum Boden der Höhle herab. Als sich unsere Augen an das Halbdunkel gewöhnt hatten, schauten wir uns fasziniert um. Links von uns ragte eine wellige Wand nahezu senkrecht auf, und vor der rechten Wand klaffte im Boden ein mehrere Meter langes schwarzes Loch. Vor uns stapelten sich ein paar Lavabrocken, von denen wir im schummrigen Licht nicht sagen konnten, woher sie stammten. Vielleicht von der Decke? Noch weniger vermochten wir einzuschätzen, wie stabil sie waren und ob es möglich war, über sie zu gehen. Falls sie ins Rutschen gerieten, würden wir wahrscheinlich in dem Loch landen. Doch wie tief war das Loch? Da wir kaum etwas sahen, gab es keine Antwort. Wir waren vielleicht zehn Meter weit gekommen, aber noch weiter in die Dunkelheit hineinzugehen, erschien uns unverantwortlich. Schweren Herzens kletterten wir wieder hinauf zum Höhleneingang, wo uns Carmel empfing. Sie hatte das Skylight, das wir von der Höhle aus gesehen hatten, zwar gefunden, war aber zurückgekehrt, weil wir dort ohnehin nicht würden herausklettern können.

Wir setzten unsere Tour fort, suchten nach weiteren Skylights, fanden aber nichts, was annähernd so vielversprechend wie diese Höhle gewesen war. Als wir nach einhunderteinundachtzig Minuten Einsatz im Habitat unsere Anzüge auszogen, waren wir verschwitzt und erschöpft von der ungewohnten Anstrengung. Trotzdem ließ mir die Höhle keine Ruhe. Unbedingt wollte ich wissen, wie sie jenseits des Gesteinshaufens aussah.

Zwei Tage nach dem Einsatz überredete ich Carmel, mir zu erlauben, mit Taschenlampen in die Höhle zurückzukehren. Cyprien sollte mich begleiten. Zum einen wollten wir unterwegs ein paar Messungen für eines unserer Geologie-Projekte machen. Zum anderen nahm Carmel an, dass Cyprien mich auch aus den gefährlichsten Situationen befreien würde. Über mich sagte sie noch, dass ich vernünftig genug für uns beide wäre, um gar nicht erst in gefährliche Situationen zu kommen. »Ich weiß, dass du mit Bedacht vorgehen wirst. Pass mit auf ihn auf.«

Cyprien selbst sträubte sich erst dagegen, mit mir in die Höhle zu gehen. »Ich hab morgen keine Zeit für lange Abenteuer.« Erst als Carmel ihn komisch ansah und ich mit Nachdruck bestimmte: »Du kommst mit«, ging ihm ein Licht auf. Er willigte dann ein, mich an meinem Geburtstag auf dem Außeneinsatz zu begleiten.

Ich war aufgeregt, als ich erneut in die Höhle kletterte, doch leider stellten Cyprien und ich bald fest, dass unsere Taschenlampen nicht viel taugten. Mit Mühe konnten wir den Steinhaufen vor uns ausmachen, an dem Tristan und ich wenige Tage zuvor kehrtgemacht hatten. Wir balancierten über den Haufen, der gleichzeitig eine Brücke über das klaffende Loch an unserer rechten Seite bildete. Mit unseren Funzeln konnten wir immer noch nicht viel erkennen, auch dieses Mal die Tiefe des Lochs nicht bestimmen. Nachdem wir die Brücke überquert hatten, gelangten wir in einen großen Raum, dessen Boden an ein ausgebreitetes und wellig zusammengeschobenes Handtuch erinnerte. Das Gestein hatte eine ausgesprochen glatte Struktur, und es lief sich so gut wie über eine asphaltierte Straße. Eine, in der der Asphalt zwar durch Baumwurzeln angehoben ist, aber immerhin. Hier würde jedenfalls nichts unter unseren Füßen zerbröseln. Das Ende des Raumes wurde durch einen riesigen Brocken markiert, der zusammen mit der Decke des dahinterliegenden Skylights herabgestürzt sein musste.

An dieser Stelle hielten wir kurz inne. Wir hatten keinen Funkkontakt mehr zum Habitat, waren auf uns allein gestellt. Eine ungewohnte Situation. Ich war nervös. Gleichzeitig grinste ich von einem Ohr zum anderen – dieser Ort war so wunderschön. Und Cyprien, der mir offenbar zustimmte, sang mir im fahlen Umgebungslicht »Happy Birthday« ins Headset.

Wir hätten uns Sorgen wegen der offensichtlich nicht hundertprozentig stabilen Decke machen können, aber ich dachte vor allem an das klaffende Loch gleich zu Beginn der Höhle. Der Boden, auf dem wir standen, war vermutlich hohl, und ich fragte mich, wie stabil wohl der Teil war, auf dem wir gerade standen. Mehrmals stampfte ich fest auf, konnte aber außer meinem Ventilator nichts hören. Und mein Fuß war auf dem unbekannten Gestein kein geeigneter Indikator dafür, wie hohl der Untergrund letztlich war.

Dann eben die Flucht nach vorn. Ich lehnte meinen Wanderstock an die Wand und versuchte, an dem Gesteinsbrocken vorbei zum Skylight zu kriechen. Dazu kletterte ich auf einen Vorsprung und quetschte mich an der Wand entlang – bis zu einem Punkt, an dem ich sehen konnte, dass der Spalt vor mir zu eng für mich und meinen Anzug sein würde. Also tastete ich mich wieder zurück.

Cyprien war bereits dabei, über den Felsbrocken zu klettern. Auch eine Herausforderung, denn war man auf ihm drauf, musste man sich tief gebückt über ihn vorwärtsbewegen. Von der Decke hingen mächtige Zapfen, die kaum nachgeben würden, stieß man mit dem Kopf oder Rücken daran.

Ich folgte ihm, und als wir auf der anderen Seite angelangt waren, standen wir unter freiem Himmel. Carmel hatte recht gehabt, von hier konnten wir nicht aus der Höhle klettern, dafür war der Rand des Skylights viel zu hoch und die Wände zu instabil. Aber das störte uns nicht, denn auf der anderen Seite des Deckeneinbruchs sahen wir, dass sich die Höhle fortsetzte.

Wieder stiegen wir über herumliegende Felsbrocken, um zu dem zweiten Höhleneingang zu kommen. Dunkelheit empfing uns erneut. Zögerlich folgte ich Cyprien, der abenteuerlustig voranstiefelte. Nach einigen Metern machte die Höhle einen Knick, und wir waren nun vollends auf unsere schwächlichen Taschenlampen angewiesen. Die Wände wiesen etliche Vorsprünge auf, die in das

Höhleninnere hineinragten, und auf dem Boden lagen verstreut Zapfenstücke, die von der Decke abgebrochen waren. Die Lavaröhre musste sich über einen langen Zeitraum gebildet haben, mehrere Lavaströme waren hier durchgeflossen. Nach jedem Durchfluss hatte sich ein neuer Rückstand gebildet, dann, wenn die Lavaoberfläche an der Wand zu erstarren begann. Manchmal formte sich dabei einer dieser Vorsprünge, manchmal eine komplette Zwischendecke – so wie der vermeintliche Boden, auf dem wir gerade gingen.

Der Boden war alles andere als eben, immer wieder verlief er nach oben oder unten, und auch die Wände verengten sich hin und wieder zu einem schmalen Durchgang. Je weiter wir in den zweiten Höhlenabschnitt eindrangen, umso unübersichtlicher wurde es. Mir war etwas mulmig zumute, und ich fragte mich, wovor ich mich am meisten fürchtete. Dass der Boden unter uns zusammenbrach? Ein Brocken von der Decke stürzte? Wir über einen der herumliegenden Brocken stolperten und uns verletzten?

Es half alles nichts, die Bedenken waren zu schwach gegen meine Neugier. Was würden wir hier noch alles finden, und würde es einen Ausgang geben? Um das herauszufinden, hatten wir nur eine Chance: unseren Weg weiterzugehen, und der führte immer tiefer in die Lavahöhle hinein, weg vom Licht des letzten Skylights.

Plötzlich standen wir vor einem Abgrund. Erschrocken starrte ich ins tiefe Schwarz, konnte aber nicht viel erkennen. Ich leuchtete mit meiner Lampe nach links, entdeckte dort aber nur eine senkrechte, glatte Wand. Cyprien hatte auf der rechten Seite mehr Glück. Schon hangelte er sich einen Vorsprung entlang, der, ungefähr einen Meter breit, in die Höhlenmitte reichte. Er schien eine Stelle gefunden zu haben, an der man herunterklettern konnte. Oder war er gesprungen? Sollte ich ihm folgen? Kamen wir aus diesem Loch nicht wieder heraus, hatten wir ein Problem. Das Beste war, ihn zu fragen.

Über Funk bekam ich jedoch nur ein Rauschen als Antwort. An dem Lichtkegel seiner Taschenlampe konnte ich sehen, dass er sich unterhalb von mir bewegte, trotzdem wusste ich immer noch nicht, ob ich ihm nachgehen sollte. Ich ahnte, dass das eisenhaltige Gestein um uns herum jegliches Funksignal schluckte und ich ihn erst wieder verstehen würde, wenn er sich neben mir befand.

Meine Ungeduld siegte, und ich folgte Cyprien über den Vorsprung. Nach vielleicht zehn Metern, während der ich versuchte, nicht von dem schrägen Vorsprung abzurutschen, erreichte ich eine Stelle, an der die Wand über mir so weit zurückwich, dass ich mich aufrichten konnte. Hinter mir war alles schwarz, aber da vorne, wenn ich mich ein wenig zur Seite neigte, erhaschte ich in der Ferne einen Blick auf einen winzigen Lichtpunkt. Ich war begeistert: Das hieß, dass dort ein Ausgang sein konnte!

Cyprien stand jetzt schräg unter mir. Er leuchtete mir mit der Taschenlampe eine Stelle, wo ich bequem herabsteigen konnte, fast wie auf einer Treppe. Ich wollte schon weiter, zum Lichtpunkt, als er mich zurückrief und mich ein paar Meter in die entgegengesetzte Richtung führte. Dort war der Boden mit einer roten Lava übergossen; deren raue Oberfläche erinnerte mich stark an Tomatensoße. Unterhalb des Vorsprungs, den ich gerade entlanggekrochen war, fanden sich kleine Hohlräume, deren Wände schokoladenbraune Gitterstäbe aus Lavagestein bildeten. An einigen Stellen hingen auch bräunliche Zapfen herab, an deren Spitzen ein wenig von der Tomatensoße hing. Anhand der Farben und Strukturen konnten wir erneut sehen, dass durch diese Höhle mehrere Lavaströme geflossen waren, und jeder Strom hatte seinen eigenen geologischen Fingerabdruck hinterlassen.

Schließlich riss ich mich von dem Anblick los, ich wollte zu dem kleinen Lichtpunkt. So übernahm ich die Führung. Die Decke der Höhle wich immer weiter nach oben zurück, und irgendwann standen wir in einer hohen Kammer, deren natürliches Licht heller war als das unserer Taschenlampen. Nur dass das Licht von oben kam, oberhalb eines etwa drei Meter hohen Hindernisses, das Ähnlichkeit mit einem erstarrten Schokoladenbrunnen hatte. »Da kommen wir nie hoch«, stöhnte ich.

Ich suchte den Boden ab und fand einen zweiten Durchgang unterhalb des Schokoladenbrunnens. An seinem Ende lockte uns ebenfalls Licht. Dieser Durchgang war aber keinen Meter hoch, und an der Decke hingen zahlreich die schon wohlbekannten Zapfen. Denselben Weg, den wir gekommen waren, wollte ich nicht zurück, wir hatten mindestens einhundert Meter zurückgelegt, und ich hoffte immer noch, einen Ausgang zu finden. Ich kniete nieder und kroch in den Durchgang. Keine Chance, mein Anzug blieb an den Zapfen hängen. Also legte ich mich bäuchlings auf den einigermaßen glatten Boden und schob mich vorsichtig mit Händen und Füßen vorwärts. Mein Körper steckte vollständig in der Röhre, doch ich sah jetzt ihr Ende. Ich schob mich noch einen weiteren Meter nach vorn, dann konnte ich mich erheben. Voller Freude sprang ich über eine Kuhle und lief auf der anderen Seite eine kleine Anhöhe hoch.

Hoch über mir erkannte ich das Loch, durch das das Licht eingefallen war, das uns hierhergelockt hatte. Ich besah es mir etwas genauer, und dann erkannte ich es wieder: Das letzte Mal hatte ich dieses Skylight von der Oberfläche aus gesehen, wo es in einer kleinen Mulde lag und von einer außergewöhnlich glatten Lava umgeben war. Das Ganze sah aus wie ein Abfluss, aus dem vor langer Zeit Wasser hervorgesprudelt war, das sich nach allen Seiten hin verteilt hatte. Deshalb hatten wir das Skylight Swimmingpool genannt.

Ich forderte Cyprien auf, mir zu folgen. Und während er sich durch die Engstelle wand, bewunderte ich einen üppigen Farn, der sich hier, fünf Meter unter der Oberfläche, von einem dünnen Lichtstrahl die grünen, feingliedrigen Blätter bescheinen ließ. Als Cyprien Minuten später vor mir stand, war er von dem Farn genauso überrascht wie ich.

Anschließend wies ich auf die Fortsetzung der Höhle, womit ich seine Ängste verscheuchte, sich womöglich erneut durch den Engpass quetschen zu müssen. Nur wenige Meter von uns entfernt gab es eine Stelle, die ich mit Carmel und Tristan inspiziert hatte. Wir hatten damals schon überlegt, ob man von dort in eine Höhle klettern konnte. Der Ausstieg wäre eng und schwierig, aber hochklettern ist einfacher als runterklettern.

Doch das mussten wir gar nicht, denn direkt neben der Höhle lag ein größeres Skylight, bei dem die Decke so eingestürzt war, dass der Steinhaufen stellenweise bis nah an den Rand reichte. Mit Carmel und Tristan hatte ich den Einstieg als zu gefährlich eingeschätzt, aber nun hatte sich unsere Perspektive gewandelt, wir sahen alles von unten und nicht von oben. Als wir uns genauer umschauten, entdeckte ich eine geeignete Stelle – mit etwas Vorsicht konnten wir dort herausklettern.

Die Höhle ging noch weiter, aber für heute reichte uns das Abenteuer. Zudem mussten wir noch ein paar Messungen für das Geologie-Projekt durchführen, und die Zeit lief uns davon. Überglücklich traten wir mehr hüpfend als laufend den Rückweg an. Am Eingang der Höhle hielten wir noch kurz an, um meinen zurückgelassenen Wanderstock aufzusammeln.

Im Habitat wurden wir von einer sehr neugierigen Carmel und einem noch neugierigeren Tristan begrüßt. Die beiden konnten kaum glauben, dass die Höhle unter dem Swimmingpool hindurchführte und auch noch einen Ausgang hatte. Unbedingt wollten sie das mit eigenen Augen sehen, und ich erklärte mich großzügig bereit, sie durch die Höhle zu führen. Ich wollte ohnehin in sie zurück. Mit einer stärkeren Taschenlampe könnte ich mehr von der Umgebung erkennen, auch könnte ich dann dem Mission Support offiziell von unserer Entdeckung berichten. Für diesen Außeneinsatz hatten wir nämlich nicht explizit um die Erlaubnis für die Höhlenbesichtigung gefragt. Wir wussten, dass sie uns in den nächsten Wochen ohnehin in eine der Höhlen schicken würden, aber angesichts meines Geburtstags hatten wir nicht riskieren wollen, »noch warten« zu müssen. Der Höhlenbesuch war unser Crewgeheimnis.

Später bereitete Cyprien Sushi für mich zu und den schon erwähnten Pizzakeks. Dazu gab es Brownies, die unten leicht angebrannt waren, weil jemand das Blech direkt auf die Heizstäbe des Ofens gestellt hatte. Anschließend spielten wir abermals Flaschendrehen. Wir stellten uns gegenseitig Fragen, die ich anhand einer Liste zusammengestellt hatte, benutzt von Wissenschaftlern, um »Freundschaften« zu erzeugen. Diese teilweise sehr persönlichen Fragen hatten in Studien nachweislich dazu geführt, dass sich die jeweiligen Fragepartner sehr miteinander verbunden fühlten, und in überraschend vielen Fällen hatten sie sogar zu dauerhaften Freundschaften geführt.

Wir lernten an jenem Abend viel voneinander, mehr jedenfalls, als man bei einer Gruppe erwarten würde, die schon fast drei Monate auf engstem Raum zusammenlebte. Im Arbeitsalltag ergaben sich aber nur selten Gelegenheiten, über sich und die eigene Vergangenheit zu sprechen.

Zum Abschluss des Abends forderte ich die Crew auf, über jedes andere Crewmitglied etwas Nettes zu sagen. So freute sich Andrzej zum Beispiel, in mir jemanden zu haben, der außer ihm Brettspiele mochte. Carmel und Cyprien lobten meine Abenteuerlust, und Tristan, in gewohnter Manier, erklärte, dass es mich nur in Extremform gebe. »Vier Stunden sitzt du da, arbeitest konzentriert und tippst wie der Teufel auf deinen Computer ein. Und dann stehst du auf, tust völlig verrückte Dinge, speist Regenbögen und so. Bei dir gibt's kein Mittelding.«

Ich ließ es als Kompliment durchgehen.

6
DEZEMBER.
RUHE VOR DEM STURM

Wenn ich an normale, irdische Weihnachten denke, fallen mir als Erstes drei Dinge ein: Plätzchen (hatte ich schon erwähnt, dass Kekse mein Leibgericht sind?), unfreiwillige Beschallung mit nerviger Weihnachtsmusik und die Trägheit, die neben der Vorweihnachtszeit nur noch den Sommerferien innewohnt.

Plätzchen hatten wir auf dem simulierten Mars, die hatten wir einen Tag vor Heiligabend erneut mit Bananenbrei gebacken. Die Trägheit schlich sich vor allem dadurch in unser Leben, dass wir immer häufiger automatische Antworten auf unsere E-Mails bekamen, die einzig und allein die Information »Bin schon im Urlaub« enthielten. Und selbst unser sonst so fleißiger Mission Support ließ Anfragen liegen, sodass wir einmal sogar ein verzweifeltes »Wir brauchen euch noch« verschicken mussten. Sogar unfreiwillige Musikbeschallung gab es, wenn auch nicht mit Weihnachtsmusik und auch nicht für alle Crewmitglieder unfreiwillig.

Ende November hatte das schlechte Gewissen meinen Schweinehund überwunden, und ich packte endlich meine Mundharmonika aus, die ich nicht umsonst mitgebracht haben wollte. Mit ihr verzog ich mich in unseren Lagercontainer, wo ich mich an meine ersten Spielversuche wagte. Durch systematisches Ausprobieren versuchte ich erst einmal, herauszufinden, welches Loch zu welchem Ton gehörte. Doch irgendwie bekam ich nicht mehr als die stets gleichen drei Töne aus ihr heraus, nur in unterschiedlichen Oktaven.

Vor meinem zweiten Versuch mit der Mundharmonika versorgte mich unser Mission Support mit ein wenig Übungsmaterial, darunter einer Belegungstabelle für die einzelnen Löcher und ein paar kurzen Videos. Ich lernte, dass man in eine Mundharmonika nicht nur hineinblasen kann wie bei einer Flöte, sondern dass man die Luft umgekehrt durch die Löcher auch einsaugen kann – und damit neue Töne erzeugt. Und siehe da, nach ein wenig Herumprobieren bekam ich sogar eine Tonleiter hin! Ich war so begeistert, dass ich zu Cyprien hinüberschlich, der am anderen Ende des Containers auf seiner Ukulele herumzupfte, und tutete ihm besagte Tonleiter etwa einhundertmal ins Ohr. Zu seiner großen Freude.

Durch die Videos lernte ich dann noch, dass man die Tonleiter sauber spielen konnte, indem man die Lippen so weit verschloss, dass man jeweils nur ein Loch anblies und nicht sämtliche Nachbarlöcher dazu. Das musste ich Cyprien auch gleich ins Ohr tuten, aber diesmal hielt ich nur neunzigmal durch, da mir langsam die Gesichtsmuskeln von der ungewohnten Beanspruchung schmerzten.

Später, als ich schon anspruchsvollere Melodien wie »Oh Susanna« oder »Nehmt Abschied, Brüder« spielen konnte, revanchierte sich Cyprien, indem er fünfhundertmal versuchte, »Space Oddity« zu spielen und gleichzeitig zu singen. Beides bekam er einzeln gut hin, aber sobald er zugleich singen und spielen wollte … Nun ja, wie gesagt, er revanchierte sich.

Musizieren bringt aber am meisten Spaß, wenn man es gemeinsam macht, und so suchten wir uns ein paar einfache Stücke aus, die wir gut im Duo spielen konnten. Mit »House Of The Rising Sun« und »Wayfaring Stranger«

trauten wir uns dann langsam zurück in mein Zimmer, wo uns zwar die anderen laut und deutlich durch die dünnen Wände hören konnten, es aber viel wärmer als im Lagercontainer war. Manchmal taten sich auch Cyprien und Carmel zusammen, die sich ebenfalls vor dem Einzug ins Habitat eine Ukulele gekauft hatte, doch kaum zum Spielen kam. Einzig Tristan, dem die Hälfte von Cypriens Ukulele gehörte, traute sich nie an das Instrument. Es war wie mit dem Salsa-Tanzen: Er hätte es gern gekonnt, wollte aber nicht in Sicht- beziehungsweise Hörweite der anderen üben.

Andrzej und Shey hatten ebenfalls Instrumente mitgebracht, die sie aber zum Glück so selten spielten, dass sie praktisch nicht störten. Sheys Didgeridoo diente wohl vor allem dem Frustabbau; statt zu schreien, blies sie alle paar Wochen kräftig in ihr Blasinstrument. Zumindest war ein lang gezogenes Dröhnen ohne jeglichen Rhythmus alles, was wir je von ihr hörten – wenn wir es überhaupt hörten, denn das tiefe Brummen überstieg tagsüber nur selten den allgemeinen Geräuschpegel.

Andrzej hatte zwei Gitarren mitgebracht, auf einer von ihnen zupfte er gelegentlich, die andere hatte er seinen Crewkollegen zur Verfügung stellen wollen. Doch keiner von uns zeigte eine wirkliche Begeisterung für dieses Instrument, und so entwickelte Andrzej die Hoffnung, dass zukünftige Crews vielleicht mehr Enthusiasmus an den Tag legen würden, wenn er die Gitarre im Habitat zurückließ. Er selbst hatte früher in einer Band gespielt, hatte daher Bühnenerfahrung, und wir hörten ihm anfangs gern zu. In seinem Repertoire waren vor allem rockige Stücke, ein paar davon hatten die Bandmitglieder selbst geschrieben, doch sein Lieblingsstück war der Klassiker »Nothing Else Matters«. Ihm fehlte hörbar die

Übung, dennoch spielte er aber immer noch um Längen besser als wir, die wir auf unseren Instrumenten Anfänger waren. Als er nach Monaten jedoch immer noch die exakt gleiche Anzahl an Songs zum Besten gab wie am Anfang – nicht mehr als ein halbes Dutzend –, dazu meist in identischer Reihenfolge und mit den immer gleichen Fehlern, schlug unser Interesse allmählich in Erleichterung um – darüber, dass er seine Gitarre nur selten auspackte.

Neben der Musik beschäftigte ich mich mit dem Morsecode. Und da man den zu zweit besser lernt, überredete ich Cyprien, ihn mit mir gemeinsam zu lernen – zum Glück für unsere Crewkollegen mithilfe von Kopfhörern. Warum wir uns im Zeitalter von Mobiltelefonen und Skype mit Morsezeichen herumschlugen? Irgendwann einmal hatte ich die Prüfung zur Amateurfunkerin abgelegt und hin und wieder in die Welt hinausgefunkt. Dabei war ich aber stets der Meinung gewesen, dass man, wenn man sich schon mit einem vergleichsweise alten Kommunikationsmittel beschäftigt, sich auf die richtig alte Variante stürzen sollte, und das Funken hat nun mal mit dem Morsen angefangen. Ohnehin ist Morsen sicherer als Sprechfunk, denn das menschliche Ohr kann einen Morsecode noch identifizieren und verstehen, wenn der Sprechfunk längst im Rauschen untergeht.

Cyprien lernte den Morsecode anfangs jedoch vor allem mir zuliebe. Das änderte sich erst, als ich nach der Lektüre von *Der Marsianer* das Mark-Watney-Argument anbringen konnte: »Cyprien, stell dir vor, du wärst wie Mark Watney auf dem Mars oder an einem anderen einsamen Ort gestrandet. Er hat sich mit Morsezeichen bemerkbar gemacht, du an seiner Stelle wärst aufgeschmissen. Wenn du mit mir übst, kannst du es ihm aber vielleicht eines Tages gleichtun!« Da Cyprien tatsächlich hoffte, als erster Mensch auf dem Mars herumzulaufen, sagte er nun: »Schaden kann es dann ja nicht, sich schon mal darauf vorzubereiten.«

Wir nutzten ein Programm, das uns eine Auswahl an Buchstaben morste, die wir anschließend richtig erkennen mussten. In voller Morsegeschwindigkeit hat man keine Zeit, »kurz« oder »lang« oder gar »Punkte« beziehungsweise »Striche« auszuzählen, und so fingen wir auch mit einer hohen Startgeschwindigkeit an, bei der man nur auf den für jeden Buchstaben typischen Rhythmus achten kann. Natürlich lernten wir nicht alle Buchstaben auf einmal, sondern in Etappen – erst als wir alle bisherigen Buchstaben sicher erkannten, nahmen wir die nächste Buchstabengruppe dazu.

Zu Beginn erfasst man Buchstaben, die sehr unterschiedlich klingen. Das »L« zum Beispiel erkannte ich immer auf Anhieb, es hat einen sehr schönen, fast musikalischen Rhythmus. Beim »V« dagegen geriet ich ständig ins Stocken, weil es einfach nach nichts klang. Ich erkannte es schließlich genau daran, nämlich dass es nach nichts anderem klang.

Bis Dezember lernten Cyprien und ich auf diese Weise etwa die Hälfte des Alphabets, jene Hälfte, die eher leicht ist. Doch jetzt kamen Buchstaben hinzu, die sich nicht mehr so stark von den bisher gelernten unterschieden. Und Buchstaben, die ich zwar, ohne zu zögern, morsen, aber beim Hören partout nicht identifizieren konnte, egal wie oft ich sie hörte: Mein neuer Feind war das »F«. Mein Gehirn bestand selbst beim hundertsten Mal darauf, die zugehörige Tonfolge noch nie zuvor gehört zu haben. Mein einziger Trost war, dass Cyprien es nicht viel besser erging. Sein Problembuchstabe war das »L«, ausgerechnet mein Lieblingsbuchstabe.

Als wir etwa zwei Drittel des Morsecodes beherrschten, war es kurz vor Weihnachten, und wir stellten fest, dass wir die Adventszeit mit viel zu vielen Freizeitaktivitäten verbracht hatten. Wir spielten Musik und Brettspiele, lernten eine Fremdsprache und das Morsen und tanzten Salsa. Außerdem hatten wir uns dem Zeichnen gewidmet – eines von Tristans Büchern hatte uns dazu animiert. Der Erfolg konnte sich sehen lassen. Cyprien, der vor der Mission hoffnungslos an der Aufgabe gescheitert war, einen Würfel zu skizzieren, den man als solchen auch erkennen konnte, zeichnete mittlerweile ganz passable Häuser und Koalaköpfe. Warum das Buch ausgerechnet Köpfe von Koalas vorgab, erschloss sich mir nie so richtig. Vielleicht, weil sich diese aus drei Kreisen konstruieren ließen, einen für das Gesicht und zwei für die Ohren. Auf jeden Fall hingen nach der Koala-Zeichen-Lektion überall im Habitat an den unmöglichsten Stellen kleine, süße Koala-Köpfe, die einem frech entgegengrinsten.

Das alles ging jedoch auf Kosten unserer Hauptprojekte. Mit dem Drumherum des Habitats, der Fragebögen und HI-SEAS-Experimente, der Außeneinsätze und der Tatsache, dass sich jede noch so simple Kommunikation mit der Außenwelt über Ewigkeiten hinzog, weil wir nicht einfach zum Telefon greifen konnten, schafften wir es ohnehin nur äußerst selten, acht Stunden täglich an einem eigenen Projekt zu arbeiten. Und jetzt gingen auch noch bis zu zwei Stunden mit Aktivitäten wie Zeichnen und Tanzen drauf, Dinge, die wir genauso gut auf der Erde lernen konnten. An unseren wissenschaftlichen Studien konnten wir dagegen nur hier und nur dieses Jahr arbeiten.

Also reduzierten wir. Nach Weihnachten hörten Cyprien und ich auf, zu zeichnen und zu morsen. Das Salsa-Tanzen durfte bleiben, es nahm aber kaum mehr als eine Stunde pro Woche in Anspruch, wobei die Begeisterung dafür sowieso schon nachgelassen hatte. Das Mundharmonika- und Ukulele-Spiel behielten wir bei, schon allein deshalb, weil es unglaublich entspannte. Was die Fremdsprachen betraf: Cyprien gab seine Russischstunden ganz auf, und ich verlegte meine Französischübungen aufs Laufband. So schlug ich zwei Fliegen mit einer Klappe. Ich bewegte mich, ohne mich auf dem öden Laufband zu langweilen, und ich brauchte keine zusätzliche Zeit für die Lektionen einzuplanen. Die Spiel- und Filmabende gehörten zu den wenigen Aktivitäten, die die Crew in ihrer Freizeit weiterhin zusammen unternahm; damit durften sie aus Prinzip nicht wegrationalisiert werden.

Gruppenaktivitäten schienen überhaupt immer wichtiger zu werden, aber nicht etwa, weil Weihnachten vor der Tür stand, sondern weil die Gruppe immer weiter auseinanderdriftete. Obwohl Weihnachten vor der Tür stand. Immer häufiger beobachtete ich, wie sich Einzelne in ihre Zimmer zurückzogen. Zum Teil lag das an den Wintertemperaturen, die jetzt tagsüber nur wenig über zehn Grad Celsius lagen. Im Habitat befand sich unsere Heizlüftung in der hintersten Ecke der Küche. Von dort aus breitete sich die Wärme dann in den großen Aufenthaltsraum aus und stieg nach oben. In den Crewquartieren war es dadurch häufig angenehm warm, während Küche und Aufenthaltsraum – die durch keinerlei Wand voneinander getrennt waren – eher kühl blieben.

Vom Aufenthaltsraum aus kam man nur durch einen schmalen Durchgang zum unteren Badezimmer und zum

Labor. Beide waren permanent kalt. Hielt ich mich im Labor auf, trug ich immer einen dicken Pullover oder war in eine dicke, graue Kuscheldecke gewickelt. Genau genommen war ich während der gesamten Mission in diese Decke gewickelt, wenn ich mich nicht gerade bewegte. Dabei bin ich eigentlich nicht verfroren, im Gegenteil. Meine Kollegen auf der Erde hatten sich daran gewöhnt, mich selbst mitten im Winter mit T-Shirt im Büro sitzen zu sehen, während sie selbst manchmal zwei Wollpullover anhatten. Und ich war in Begeisterungsstürme ausgebrochen, als das Thermometer bei einem Ausflug minus vierzig Grad Celsius knackte, während alle um mich herum entsetzt mit den Zähnen klapperten.

Aber auf der Erde war ich ständig unterwegs. Fuhr mit dem Fahrrad zur Arbeit, nach der Arbeit noch durch den Wald über die Berge oder an der Küste entlang. Am Wochenende ging ich regelmäßig und selbst im Winter zelten oder schleppte Einkäufe nach Hause. Egal was ich tat, ich bewegte mich, und Bewegung hält warm.

Im Habitat jedoch war ich nie länger als eine Minute am Stück auf den Beinen. Von meinem Bett bis zur Toilette waren es genau vierzehn Schritte, und von dort die Treppe herunter und in die Küche noch einmal dreißig oder vierzig. Arbeitete ich in meinem Zimmer, benutzte ich bewusst die Toilette im Erdgeschoss, nur um fünfzig Extraschritte zurücklegen zu können. Hin und wieder machte ich noch einen Abstecher in den Container, wo die Süßigkeiten lagerten (in einer Kiste, die wir die »Diabetes-Kiste« nannten), was noch einmal vierzig Schritte brachte. Doch das waren alles nur Tropfen auf den heißen Stein. Oder vielmehr auf den kalten Stein, denn die paar Schritte hier und da reichten bei Weitem nicht, mich aufzuwärmen. Das klappte nur einmal am Tag, nämlich dann, wenn ich Sport trieb. Aber nach ein oder zwei Stunden stillen Rumsitzens war mir wieder kalt, besonders wenn ich versuchte, ohne graue Kuscheldecke auszukommen. Die anderen hatten keine graue Kuscheldecke und verzogen sich dementsprechend häufig in ihre Zimmer.

Eines Morgens, etwa eine Woche vor Weihnachten – ich saß am Tisch in der ansonsten leeren Küche und fragte mich gerade, wo die anderen bloß steckten, und ob ich vielleicht letzte Nacht etwas verpasst hatte –, kam Andrzej vorbei und fragte mich erstaunt, was ich denn hier mache. »Die anderen sind doch alle oben, wo es warm ist.«

Es war nicht so, dass jeder allein in seinem Zimmer saß, vielmehr verteilten sich die sechs Crewmitglieder auf zwei, drei Räume. Carmels Zimmer wurde am häufigsten frequentiert. Meist leistete Tristan ihr Gesellschaft, auch ich selbst kam häufiger vorbei, meist um unser neuestes Geologie-Projekt oder den nächsten Außeneinsatz zu besprechen. Nicht immer hatte ich einen Grund, manchmal wollte ich einfach nur quatschen. Cyprien ließ sich ebenfalls bei ihr blicken, einzig Shey und Andrzej sah man praktisch nie in Carmels Zimmer, außer zum »Captain's Tea«.

Während dieser Teerunde konnte man sich in Ruhe mit der Kommandantin unterhalten, ohne die anderen. Für Carmel war es eine Gelegenheit, zu hören, was jedem auf dem Herzen lag. Mit mir sprach sie vorwiegend über die Crew, darüber, wie manche von uns an sich hilfsbereit waren, aber regelrecht angestoßen werden mussten, sollten sie etwas erledigen. Wie einige sich vor bestimmten Arbeiten drückten, andere diese dafür umso emsiger erledigen. Und wir redeten auch darüber, wie jeder von uns mit Konflikten umging.

Cyprien tolerierte mehr, als gut für ihn war, bei dem

man aber dennoch genau wusste, wann man es überstrapaziert hatte. Tristan nahm grundsätzlich nicht an Gruppendiskussionen teil, und er verkrümelte sich gern, wenn man ihn kritisierte. Ich wiederum äußerte mich in Diskussionen nicht selten viel zu direkt. Gab es dagegen einen Fehler in einem ausgeheckten Plan, konnte man sicher sein, dass Andrzej ihn finden würde. Shey wiederum machte grundsätzlich keine Fehler, sondern war höchstens Opfer von Missverständnissen – und machte dann Vorschläge, wie sich Missverständnisse in Zukunft vielleicht vermeiden ließen. Und Carmel als Kommandantin versuchte, es allen recht zu machen – und verriet dabei mehr und mehr ihre eigenen Werte.

Es kam zu seltsamen Vorfällen. Etwa wurden Fotos von anderen »aus Versehen« als eigene ausgegeben und an Journalisten verkauft – danach tauschten wir untereinander Fotos nur noch mit Wasserzeichen aus. Wir übten medizinische Notfälle während eines Außeneinsatzes nur ein einziges Mal, aber auch nur, weil Kameras dabei liefen. Ein Crewmitglied log wiederholt während eines Gruppenexperiments, um seinem Team einen Punktevorteil zu verschaffen – uns konnte der Punktestand letztlich egal sein, und für die Wissenschaftler, für die wir das Experiment durchführten, war das sicher ein hochinteressantes Verhalten.

Beim Abendessen besprachen wir solcherlei Vorkommnisse. Jedes Geschehen war für sich genommen vielleicht ärgerlich, aber nicht das Ende der Welt. Wieder und wieder rauften wir uns beim Abendessen zusammen und stellten neue Regeln für die Zukunft auf. Doch je mehr wir uns anstrengten, ein gutes Arbeitsverhältnis zu behalten, umso weniger verspürten wir Lust, unsere Freizeit als Gruppe zu verbringen. Als mich Andrzej morgens allein in der Küche fand, war ich im Grunde recht froh gewesen, dass mein Zimmer zur Abwechslung nicht der einzige Raum war, in dem ich meine Ruhe hatte.

Je näher Weihnachten kam, umso mehr verstärkte sich diese Tendenz zur Isolation. Dabei hatten wir alle hervorragende, ja, verständliche Ausreden für unseren Rückzug. Die meisten von uns brauchten Zeit für Weihnachtsgeschenke. Bei Carmel vermutete ich recht früh, dass sie uns allen eine Mütze stricken wollte, und Tristan arbeitete bestimmt an irgendwelchen persönlichen Zeichnungen für jeden. Bei Shey und Andrzej hatte ich keine Ahnung, was mich erwartete. Und von Cyprien wusste ich, dass er unsere Weihnachtsgeschenke mit der Nachschublieferung erhalten hatte.

Doch trotz vorgeschobener Geschenkebastelei war die Spaltung offensichtlich. Eine Woche vor Weihnachten war unsere einzige Dekoration ein Pappkalender, den Carmel von ihrer Mutter geschickt bekommen hatte. Ich selbst bin eher ein Weihnachtsmuffel und genoss den fehlenden Schmuck. Aber wenn wir schon in einer Woche zusammen Weihnachten feiern wollten, dann sollten wenigstens ein paar Vorbereitungen getroffen werden.

Ich zerrte den Karton mit dem Mini-Weihnachtsbaum aus Plastik aus dem Lagercontainer und baute ihn an einem mal wieder viel zu ruhigen Nachmittag mitten im Gemeinschaftsraum auf. Cyprien half, etwas Baumschmuck zu basteln, aber die anderen blieben dem Treiben fern, kamen höchstens vorbei, um ein Foto zu machen.

Am Abend wollte ich mit den anderen über unterschiedliche Weihnachtstraditionen sprechen, was bei einer Person anscheinend schlechte Erinnerungen hervorrief, denn zweimal lenkte sie das Gespräch in neue Bahnen. Die anderen merkten es entweder nicht oder ließen es kommentarlos geschehen. Etwas enttäuscht zog ich mich nach dem Abendessen in mein Zimmer zurück, wo Cyprien meine Beobachtung bestätigte.

Am nächsten Tag suchte ich Carmel auf. Sie kommentierte das gescheiterte Gespräch resigniert mit den Worten:»Ist ja nicht das erste Mal, dass dieses Crewmitglied den Gruppenzusammenhalt torpediert.«

Erst einen Tag vor Heiligabend kamen sie nach und nach aus ihren Löchern gekrochen und verwandelten die Küche in eine Weihnachtsbäckerei. Carmel und Tristan schnitten unzählige Dreiecke aus selbst angesetztem Lebkuchenteig, und Cyprien und ich buken Plätzchen auf der Basis von Bananenmus. Eipulver erhielten wir erst, als wir die Hoffnung schon längst aufgegeben hatten, nämlich am Weihnachtsmorgen.

Die Lebkuchendreiecke teilten Carmel und Tristan in drei große Stapel auf, und jede Zweiergruppe bekam einen. Aus jedem Stapel entstand ein Lebkuchenhaus, aber kein gewöhnliches. Mithilfe einer Schüssel formten wir eine Kuppel aus den Dreiecken, die wir mit viel Zuckerguss zusammenhielten. Mit nicht allzu großer Fantasie konnte man unser Habitat erkennen!

Leider hielten die Lebkuchenkuppeln nicht lange, dafür schmeckten sie zu gut. Und da man aus Dreiecken keine perfekte Halbkugel konstruieren kann, gab es auch viel zu viele Stellen, die geradezu dazu einluden, sich eine Ecke aus dem Haus herauszubrechen. Als wir am Morgen des ersten Weihnachtstags nach amerikanischer und französischer Tradition unsere Geschenke aufmachten, waren zwei der drei Lebkuchenhabitate bereits verschwunden.

Heiligabend wurde ein wahres Festgelage, ähnlich wie bereits Thanksgiving. Auf unserer Videoeinwand lief *Nightmare Before Christmas*, der traditionelle Weihnachtsfilm für die Amerikaner. Anschließend gab es ein erstes Geschenk für uns: ein Grußvideo von unserem Mission Support. Die Leute dort waren allesamt große Weltraumenthusiasten. Das Singen gehörte jedoch bei kaum einem von ihnen zu den ausgeprägten Stärken, aber trotzdem hatten sich etliche Freiwillige gefunden, die vor der Kamera für uns »Marsdolph, the Red-Hued Planet« intonierten. Wir erkannten die Ähnlichkeit von Text und Melodie mit »Rudolph, the Red-Nosed Reindeer« auf Anhieb, und lachten herzlich über die etwas eigenwillige Umdichtung. Als es vorbei war, mussten wir es gleich noch einmal anschauen.

An diesem Abend, beim Anschauen des Videos, fühlte sich unsere Isolation sehr real an, sie war zum unumstößlichen Teil unseres Lebens geworden. Menschen, denen ich zum Teil niemals zuvor begegnet war, hatten dieses Video liebevoll für uns erstellt, und nur für uns, für eine Handvoll Leute. Wir waren allein, und das wurde uns selten so bewusst wie an diesem Abend, ausgelöst durch eine Geste, die dafür sorgen sollte, dass wir uns nicht allein gelassen fühlten.

Neben Mitgliedern des Mission Support trat in dem Video auch ein bekannter Wissenschaftler der NASA auf, der sich – im Kontrast zu seiner eher trockenen Dankesrede – mit einer lustigen Weihnachtsmütze geschmückt hatte. Weiterhin wünschten uns einige Familienmitglieder eine frohe Weihnacht. Dafür also hatte die Studienleitung ein paar Wochen zuvor um die E-Mail-Adresse eines engen Familienmitglieds gebeten ... Meine Eltern kamen in dem Video nicht vor, da sie die englisch verfasste Mail von einem für sie unbekannten Absender für Spam gehalten und gar nicht erst gelesen hatten.

Statt des Gruppenvideos gab es für mich aber noch eine besondere Überraschung, die man wohl nur verstehen kann, wenn man weiß, wie kamerascheu meine Mutter ist: An diesem Heiligabend erhielt ich ein Video, in dem nicht nur mein Vater – der mir bis dahin immer mal wieder kurze Videos geschickt hatte – zu sehen war, sondern für ein paar Sekunden auch meine Mutter. Sie wusste zwar nicht so richtig, was sie sagen sollte, aber das war ohnehin völlig egal. Weihnachten war gerettet, ganz gleich, was noch kommen würde.

Am Weihnachtstag genossen wir am späten Vormittag ein Lachsfrühstück. Carmels Eltern pflegten diese Tradition, ihre Mutter hatte ihrer Tochter die dafür notwendigen Zutaten mit der Nachlieferung in langfristig lagerbarer Form zugeschickt. Anschließend durften die Geschenke ausgepackt werden, die wir um den Weihnachtsbaum gestapelt hatten. Es waren Geschenke sowohl von unseren Crewkollegen als auch Päckchen von Familienangehörigen.

Carmel hatte tatsächlich für jedes einzelne Crewmitglied eine Mütze gehäkelt, jeweils in einem eigenen Stil. Tristan hatte von jedem von uns ein Porträt aus dem Gedächtnis gezeichnet, wobei ich meins vor allem an den lilafarbenen Haaren und den um meinen Kopf schwebenden Keksen erkannte. Andrzej hatte unter Sheys Anleitung sechs Tassenwärmer genäht. Selbstverständlich war der Stoff für die Überzieher kein gewöhnlicher Stoff, sondern dunkelblau und mit kleinen Astronauten übersät. Cyprien hatte mir eine Decke mit Ärmeln besorgt, in die ich mich noch enger als in meine graue Kuscheldecke wickeln konnte, ohne dabei meine Bewegungsfreiheit einzubüßen.

Und ich? Ich hatte Teile unseres langweiligen weißen Geschirrs bemalt, für jeden mit einem persönlichen Motiv. Sheys Tasse etwa hatte ich mit einem Arzt verziert, der zu einem am Boden liegenden Astronauten eilt, und Carmel bekam eine Schüssel von mir, die über und über mit Bergen verziert war.

Außerdem brachte der Weihnachtsmorgen Raspberry in unsere Runde. Raspberry war ein unterarmgroßes, wuscheliges Frettchen, das ausgesprochen frech und vorlaut war. Sie biss grundsätzlich in jeden Finger, den man ihr hinhielt, und kletterte auf die Schultern meiner Kollegen, wenn es denen am wenigsten passte. Als Gegenleistung bestand sie darauf, ausgiebig am Hals und am Bauch gekrault zu werden.

Als Tristans Stiefmutter ein Foto von Raspberry sah, entwickelte sich folgender E-Mail-Austausch zwischen ihr und Tristan:»Ich dachte, mein Weihnachtspaket wäre noch nicht eingetroffen?« –»Ist es auch nicht.« –»Woher kommt dann das Frettchen?« –»Das hat Shey der Crew geschenkt.« –»Aha.« –»Wieso?« –»Ach, nix, nur so.« Wer konnte auch damit rechnen, dass sie ihm, der Frettchen mindestens so sehr wie Kaninchen liebt, genau solch eine Handpuppe schenken würde, wie sie Shey für die Crew ausgesucht hatte?

Trouble, wie das Frettchen von Tristans Stiefmutter getauft wurde, kam mit der Nachschublieferung im Januar zu uns und war vom Wesen her völlig anders als Raspberry. Anders, als der Name vielleicht vermuten lässt, war Trouble eher zurückhaltend und schüchtern. Genau wie sein Puppenspieler.

Die beiden Frettchen trieben zusammen und allein allerlei Schabernack und wurden dank ihrer Puppenspieler leibhaftige Mitglieder unserer Gruppe.

Am Weihnachtsbaum wurde es schnell ruhiger, nachdem die Geschenke ausgepackt waren. Einer nach dem anderen verließ den Gemeinschaftsraum, bis schließlich nur noch ich und Cyprien zurückblieben. Die meisten wollten Grußvideos für Freunde und Familien aufnehmen. Es war offensichtlich, dass wir alle unsere Lieben daheim noch mehr als sonst vermissten. Die Singles unter uns hatten in den vergangenen Monaten nur recht wenige Nachrichten nach Hause geschickt, deshalb fiel es auf, dass wir plötzlich alle an Videos für unsere Familien arbeiteten. Shey und Andrzej hatten dagegen seit Missionsbeginn beinahe täglich Videos für ihre Ehepartner aufgenommen, doch nun schwang auch ein bisschen Wehmut mit, wenn sie von diesen Aufnahmen sprachen.

Cyprien und ich hatten unsere Videos wegen der Zeitverschiebung schon vor dem Weihnachtsmorgen erledigt, und so saßen wir etwas verloren im Gemeinschaftsraum herum, bis wir uns entschlossen, die freie Zeit für etwas Sinnvolles zu nutzen. Mithilfe unserer Computer begannen wir zu arbeiten wie an jedem anderen Tag.

Drei Tage später hatten wir schon wieder Anlass zu feiern, doch diesmal kam überhaupt keine Feierstimmung auf, zumal uns am Ende der Woche noch Silvester erwartete: Am 28. Dezember hatten wir ein Drittel der Mission hinter uns! Einerseits waren wir stolz, andererseits hatten wir noch nicht einmal die Hälfte geschafft. Wir fühlten uns, als stünden wir noch am Anfang unseres Jahres. Entsprechend unspektakulär fiel der Tag auch aus. Es gab Reste vom Weihnachtsfest, und wir nahmen ein Gruppenfoto mit dem Untertitel »Ein Drittel ist erledigt« auf. Zwei Crewmitglieder legten sich dazu auf den Boden, und die anderen vier stellten in Siegerpose ein Bein auf die am Boden Liegenden. Das war's. Zu mehr konnten wir uns nicht aufraffen.

Noch enttäuschender verlief Silvester. Carmel und Tristan gingen früh ins Bett, und Shey und Andrzej verabschiedeten sich nach einer Serie von Brettspielen in Sheys Zimmer. Dort wollten sie sich weiter mit Karten vergnügen, ohne dass ihnen die Finger abfroren. Cyprien und ich verzogen uns daraufhin auch nach oben, allerdings kehrten wir kurz vor Mitternacht noch einmal in die Küche zurück. Dort befand sich nämlich das einzige Fenster, von dem man eine gute Aussicht hatte.

Vor dem Fenster zogen wir meine riesige graue Kuscheldecke über unsere Köpfe, so konnte kein noch so kleines Licht in der Küche und im Aufenthaltsraum unseren Blick nach draußen stören. Es dauerte eine Weile, bis sich unsere Augen an die Dunkelheit da draußen gewöhnten.

Und dann sahen wir sie: die Sterne. Das Fenster schränkte zwar die Sicht ein, aber der Himmel über uns war so klar, dass wir trotzdem mehr als genug sahen. Es war wunderschön. Die Milchstraße funkelte in ihrer ganzen Pracht, kein künstliches Licht trübte diese Sicht. Unter der Decke aneinandergekuschelt, schwiegen wir in stummer Eintracht den Himmel an.

Auf einmal flitzte eine grelle Sternschnuppe über die Kuppe des Mauna Kea hinweg. Spontan entschieden wir, dass jetzt der Jahreswechsel stattgefunden hatte. Keiner von uns beiden hatte daran gedacht, eine Uhr mit hinunterzunehmen, aber wer interessierte sich unter dem unendlichen Sternenhimmel schon für solche Nichtigkeiten wie die genaue Uhrzeit. Und unendlich war das glitzernde Schwarz da draußen tatsächlich. In dieser Nacht hatten wir den Eindruck, wirklich in einem weißen Habitat auf dem Mars zu leben, ein winzig kleiner Punkt in der endlosen Leere am Boden vor uns und unter dem Himmel über unseren Köpfen.

Die Sternschnuppe war unser persönliches Feuerwerk, Teil eines Moments, den wir mit niemandem in der Crew teilen mussten. Jegliche Sorgen, die wir ob unserer nahen Zukunft haben konnten – in jener Nacht waren sie wie weggeblasen.

7
JANUAR.
DIE ERSTE KRISE

Man sagt, dass Langzeitmissionen erst bei etwa sechs Monaten anfangen. Eine Crew aus einigermaßen rational denkenden Menschen kann erstaunlich viel aushalten, auch über mehrere Monate hinweg. Doch wenn nach einem halben Jahr kein Ende in Sicht ist, beginnt die Fassade zu bröckeln, und auch die kleinsten Risse, die bei der Auswahl der Crew übersehen wurden, treten zutage.

Von Überwinterern in der Antarktis sind Geschichten bekannt, in denen Menschen kurz davorstanden, durchzudrehen, weil sie die Geräusche nicht mehr ertragen konnten, die ein bestimmtes Crewmitglied beim Kauen machte. In einer anderen Umgebung führte ein einzelnes leer gegessenes Nutella-Glas zu ausgewachsenen Streits, und Fälle von Meuterei auf hoher See gibt es ohnehin zuhauf. Und wenn Frustrationen nicht zu Auseinandersetzungen innerhalb der Crew führten, dann waren die Daheimgebliebenen »die Bösen«. Oder Crewmitglieder entwickelten Anzeichen von Depressionen.

Das alles wussten wir natürlich. Schon vor der Trainingswoche waren wir darauf hingewiesen worden, dass das Jahr nicht leicht werden würde. Wir lebten fern von unseren Familien, fern von unserer unmittelbaren Umgebung, verfügten nur über eingeschränkte Ressourcen – und, vor allem, wir wohnten auf engstem Raum zusammen. Das zehrt selbst an den stärksten Nerven.

Hinterher wurde ich oft gefragt, worüber wir am häufigsten gestritten haben. Meist nannte ich das Thema Sicherheit, über das wir in den kommenden Monaten auch noch viel sprechen sollten. Doch die wahrheitsgetreue Antwort wäre gewesen: »Über Sicherheit, aber wir hätten uns auch über jedes beliebige andere Thema streiten können.« Entscheidend war doch, wie wir Konflikte lösten.

Um Reibereien zu verhindern, könnte man versuchen, jegliches zu vermeiden, was irgendwann zu Konflikten in der Crew führen könnte – zum Beispiel eine gemischtgeschlechtliche Crew. Doch wie ein Astronaut einmal trocken bemerkte, führt der Ausschluss von Frauen aus dem Astronautencorps ja nicht dazu, dass es keinen Sex und keine Beziehungen geben kann. Andere klassische Streitpunkte bei Missionen sind das Essen und die Arbeitsteilung. Hier achtet man natürlich bei der Planung auf eine möglichst gerechte Aufteilung, aber was ist schon gerecht? Sollte jeder die gleiche Anzahl an Schokoriegeln zugeteilt bekommen oder derjenige einen größeren Anteil, der mehr Energie verbraucht als die anderen?

Und selbst wenn ein bestimmtes Streitthema komplett ausgeschlossen werden könnte, würde die Crew ein anderes finden, an dem sie sich fetzen kann, wenn sie will. Das ist wie bei Nachbarn: Wenn der Apfelbaum seine Blätter nicht auf die andere Seite des Zauns wirft, gerät man wegen eines Knallerbsenstrauchs aneinander, obwohl man dem anderen vielleicht vor ein paar Jahren beim Einzug geholfen hat.

Statt am Versuch zu scheitern, alle möglichen Kampfplätze aus der Welt zu schaffen, werden echte und simulierte Astronauten – wie wir – darin geschult, mit Konflikten umzugehen. Von vornherein waren wir so ausgewählt worden, dass wir bei einer Meinungsverschiedenheit nicht gleich in Tränen ausbrachen und türenschlagend davonliefen. Oder gar Gewalt anwendeten. Aber zusätzlich nahmen wir als Teil des Experiments an computergestützten Trainingsprogrammen teil, in denen wir gezielt übten, Spannungen abzubauen und – so banal es klingt – miteinander zu reden.

Direkte zwischenmenschliche Kommunikation ist unglaublich effektiv und effizient, in Sekunden kann man mit ein paar Worten und Mimik mehr ausdrücken als in einer seitenlangen E-Mail. Mit den richtigen Sätzen kann man zwei Streitende beruhigen und zielgerichtet auf eine Lösung des Konflikts hinarbeiten. Mit den falschen hingegen kann man sich selbst und seinen Kollegen problemlos das Leben schwer machen.

Carmel fauchte mich eines Morgens an, weil ich ihr mit ein paar Akkus in der Hand im Wege stand, als sie ihren Außenanzug aus der Luftschleuse holen wollte. Zunächst reagierte ich irritiert, dann zuckte ich mit den Schultern und bereitete mich weiter auf meinen Außeneinsatz vor. Draußen hatte ich den Vorfall längst wieder vergessen, doch als wir zurückkamen, knurrte sie mich erneut ungeduldig wegen irgendeiner Lappalie an. Daraufhin zog ich sie in einer ruhigen Minute zur Seite und fragte sie, was denn los sei.

Ein paar Monate zuvor hätte ich mich vielleicht beleidigt in mein Zimmer verzogen. Doch nun stutzte ich ob ihrer überzogenen Reaktion. Ich unterdrückte meinen Impuls, zurückzufauchen, und bohrte stattdessen nach, ob etwas vorgefallen sei, was ich verpasst hätte.

Carmel war sich zuerst keiner Schuld bewusst und versprach, in Zukunft mehr auf ihren Ton zu achten. Schließlich aber erzählte sie mir von ihrem Morgen, den sie, lange bevor ich aufgestanden war, damit zugebracht hatte, Kim wie auch Bryan, den neuen Projektmanager, zu besänftigen. Am Abend zuvor hatte eine Festplatte ihren Geist aufgegeben, und ein Crewmitglied hatte den beiden sofort gemailt, alle Hebel müssten in Bewegung gesetzt werden, um die Daten auf der Festplatte zu retten. Die Festplatte müsse unbedingt am frühen Morgen vom Habitat abgeholt und zu einem professionellen Rettungsservice gegeben werden.

Von dem irrsinnigen logistischen Aufwand einmal abgesehen, der damit verbunden gewesen wäre, waren Kim und Bryan irritiert, dass solch eine Anfrage, die ja einen Simulationsbruch verlangte, überhaupt von einem Crewmitglied stammte und nicht von der Kommandantin, und fragten bei ihr nach, was das solle. Carmel, die von der defekten Festplatte bis dahin noch nichts wusste, musste sich aus den wenigen Puzzleteilen, die sie hatte, selbst erst einmal zusammenreimen, was geschehen war. Als sich herausstellte, dass sich auf der Platte Videos befunden hatten, die an einen Fernsehsender gemailt werden sollten, waren Kim und Bryan zu Recht verärgert, und Carmel versuchte, die Wogen zu glätten.

Ein Simulationsbruch für ein paar Videos kam natürlich nicht infrage, stattdessen schickte uns ein Computerspezialist aus dem Mission-Support-Team am nächsten Tag ein Programm, mit dem wir die meisten Videos von der Festplatte retten konnten.

Die Lösung für den defekten Datenträger war denkbar einfach, und trotzdem ging dafür mehr als ein Arbeitstag drauf. Auf dem Mars dauert eben alles länger, wenn man das, was man sonst telefonisch übermittelt, aufschreiben und danach fast eine Dreiviertelstunde auf eine Antwort warten muss. Denn die zwanzig Minuten Laufzeit beziehen sich ja nur auf eine Richtung: Sowohl Anfrage als auch Antwort sind jeweils zwanzig Minuten unterwegs.

Ich war erleichtert, dass nicht ich der Grund für Carmels Gereiztheit gewesen war. Doch die Erleichterung hielt nicht lange an, denn das eigenmächtige Handeln des einen Crewmitglieds weckte Erinnerungen an kleinere Vorfälle innerhalb der Crew in den vergangenen Monaten, die inzwischen vergeben und vergessen sein sollten. Die Episode läutete eine Woche ein, in der jegliche Hoffnungen, dass wir eine außergewöhnlich harmonische Crew sein könnten, endgültig zerstört wurden.

Nicht, dass es nicht schon längst gekriselt hätte. Da waren Carmel und Tristan, die ich häufig in einer stillen Ecke fand, wo sie über Shey und Andrzej lästerten. Da war Shey, die sich vor allem in ihrem Zimmer aufhielt, außer wenn sie wie zufällig genau dort auftauchte, wo gerade über sie gesprochen wurde. Da war Andrzej, der mal rational argumentierte, mal Shey wie ein Wachhund verteidigte. Und schließlich waren da Cyprien und ich, die eine Spaltung der Gruppe verhindern wollten.

Nicht zu vergessen die Erdlinge, die das Geschehen im Habitat von außen unbewusst mit beeinflussten. Einer davon befand sich gerade vierhundert Kilometer über der Erde und sah dem Ende seines knapp einjährigen Einsatzes auf der Internationalen Raumstation entgegen. Aus Anlass des Jahreswechsels hatten wir Scott Kelly eine Videobotschaft geschickt, ohne uns davon viel zu erhoffen. »Crew, die ein Jahr auf dem simulierten Mars lebt, grüßt Crew, die ein Jahr im Weltall lebt.« Umso mehr freuten wir uns, als unsere Botschaft auf die ISS weitergeleitet und dort offensichtlich auch angeschaut wurde. Denn kurz darauf meldete sich Scott Kelly persönlich bei uns, es entstand ein kurzer E-Mail-Austausch.

Wir beschlossen, dass der Kontakt über Carmel als

Kommandantin laufen sollte, und wir verfassten jede Mail gemeinsam, die wir ihm schickten. Dachten wir zumindest. Bis zu dem Tag, an dem Kelly auf Carmels letzte E-Mail antwortete und sich auf eine weitere Mail bezog, die ihm jemand aus der Crew privat geschickt hatte. Da war es wieder, eine Kontaktaufnahme hinter dem Rücken der restlichen Crewmitglieder, und der eigentlich erfreuliche Austausch mit Scott Kelly wurde zum Anlass eines Streits darüber, inwiefern jeder von uns Mails an x-beliebige Personen versenden darf und ob das unter Umständen gegen das Interesse der Crew verstößt. Zwar hatten wir vereinbart, gegenüber Scott Kelly als Crew aufzutreten, aber nicht explizit ausgeschlossen, mit ihm darüber hinaus auch einzeln in Verbindung zu treten.

Von Kelly hörten wir danach nichts mehr. Doch auch aus anderer Richtung wurden vermehrt Beschwerden geäußert, Erdlinge wären etwa von einem »falschen« Crewmitglied angesprochen worden, noch dazu in einem unangemessenen Tonfall. Manchmal wandten sich die Betroffenen an andere Crewmitglieder, aber nicht wenige brachen wohl den Kontakt einfach ab, mit einem schlechten Eindruck, den sie dadurch von HI-SEAS gewonnen hatten. Medienanfragen wurden beantwortet, die eigentlich an andere Crewmitglieder gerichtet gewesen waren, oder Wissenschaftler angeschrieben, die im Austausch mit einem anderen Missionsteilnehmer standen.

All diese Dinge sprachen wir an, in dem Wunsch, eine Verhaltensänderung zu bewirken oder einen gemeinsamen Nenner zu finden. Doch statt einer Entschuldigung hörten wir immer wieder die gleichen Ausflüchte, die gleichen Erklärungen: »Da müssen wir uns wohl missverstanden haben.« Dass nahezu stets dieselbe Person unsere aufgestellten Regeln »missverstand«, musste daran liegen, dass keiner sie leiden konnte – und wir anderen ihr nie eine Chance gegeben hätten, sich mit uns anzufreunden. Und wenn wir versuchten, die Regeln übereinstimmend umzuformulieren, wurden sie drei Tage später durch irgendein Schlupfloch doch wieder unterwandert. Im Zweifelsfall hatten wir uns eben erneut missverstanden, weil die Regel eben nicht eindeutig genug formuliert worden war. Verzweifelt wandten wir uns an den Psychologen im Mission-Support-Team und baten um Tipps, wie wir aus der Sackgasse herauskommen konnten. Wir probierten alle Ratschläge aus, die er uns vorschlug, viele ähnelten dem, was wir in den Trainingsprogrammen gelernt hatten, doch keiner führte zum Erfolg. Im Gegenteil. Jenes betreffende Crewmitglied schenkte uns nach wie vor kein Gehör, stritt weiterhin ab, jemals irgendeinen Fehler gemacht zu haben – und begann, uns auf persönlicher Ebene zu attackieren.

Tagelang versuchten wir, zu einer Einigung zu kommen. Unsere Meinungsverschiedenheiten versuchten wir beim Abendessen auszudiskutieren, und häufig mussten hinterher noch Tränen getrocknet werden. Es war für alle Beteiligten eine schwere Zeit, und zum Glück ging uns irgendwann einfach die Energie aus. Wir verloren die Lust, uns weiter zu streiten, und die Gemüter beruhigten sich allmählich.

Schließlich leckten wir unsere Wunden und betrachteten die Kollateralschäden. Fortan sollte sich ein anderes Crewmitglied um die Anfragen von Journalisten kümmern. Ich hörte auf, den anderen weiter Salsa beizubringen. Carmel war zwar als unfähig beschimpft worden, blieb aber trotzdem unsere Kommandantin.

Langsam krochen wir wieder aus unseren Löchern hervor und beschnupperten uns gegenseitig. Alle schienen gewillt, Gras über den Streit wachsen zu lassen und wieder ein annehmbares Arbeitsklima zu schaffen. Ich war überzeugt, dass es nur eine Frage der Zeit war, bis ein neuer Streit hochkochte. Doch im Moment kehrte zumindest an der Oberfläche so etwas wie Ruhe ein.

Einen Beitrag zur Versöhnung leistete der Tag, an dem wir unsere ersten Tomaten ernteten. Wir hatten eine kleinwüchsige Spezialzüchtung, die auch auf der ISS angebaut wird und die mit sehr wenig Pflege auskam. Gleich zu Beginn der Mission hatten wir Tomatensamen ausgesät, aber die meisten Setzlinge, die sich aus den Samen entwickelt hatten, waren früher oder später eingegangen. Nur eine Pflanze überlebte, und obwohl sie etwas mickrig wirkte, fanden wir sie wunderschön, denn seit geraumer Zeit trug sie etwa zwanzig grüne Mini-Kugeln, die sich nach und nach rot färbten. Sehnsüchtig fieberten wir dem Tag der Ernte entgegen.

Am 20. Januar sollte es endlich so weit sein. Wir erannten den Tag zum Marsfeiertag, dem Großen Tag der Tomate. Weihnachten, Thanksgiving und Geburtstage – all das gab es auf der Erde. Aber der Große Tag der Tomate war *unser* Feiertag und sollte der größte Feiertag der Mission sein.

Da wir befürchteten, dass die Tomätchen auf unseren Tellern etwas verloren wirken könnten, taten wir alles, um sie bei diesem Festmahl angemessen zur Geltung zu bringen: Schon Tage im Voraus legten wir eine Kleiderordnung fest, die alles Rote verbannte. Nichts sollte von den Mini-Tomaten ablenken.

Am Großen Tag hatte Cyprien Küchendienst, und er servierte die kleinen roten Kugeln auf unseren großen weißen Esstellern, garniert mit etwas getrocknetem Basilikum. Das sah großartig aus und schmeckte himmlisch.

Mit dem Messer zerkleinerte ich meine winzige Tomate in noch kleinere Stücke, die ich dann mit den Fingerspitzen einzeln in meinen Mund steckte, wo ich sie langsam und genussvoll zerkaute. Das Knacken der Schale, das Spritzen des Fruchtfleisches beim Draufbeißen … Ich wollte gar nicht mehr aufhören, auf meinen Tomatenstücken herumzukauen – wie vor langer Zeit bei unseren Radieschen und Salatblättern. Nur intensiver, da nun die Zeit des irdischen Überflusses noch länger zurücklag.

Wir alle waren uns einig, dass diese Tomaten die konkurrenzlos besten Tomaten unseres Lebens waren. Doch alles Gute hat ein Ende, und obwohl wir genug für einen Nachschlag hatten, war nach einer halben Stunde auch die letzte Tomate in einem unserer Mägen verschwunden.

Wenige Tage später verletzte sich Shey am Knie. Es passierte während eines Außeneinsatzes. Shey arbeitete zusammen mit Carmel etwa zwanzig Minuten vom Habitat entfernt an einem Geologie-Projekt in einem Lavakanal. Solche Kanäle entstehen, wenn sich glühend heiße und somit flüssige Lava auf dem Weg ins Tal einen Vorzugsweg in das bestehende Gestein frisst. Wie Wasser kann sie sich in ihrem Bett tiefer eingraben, und wie Wasser kann sie, wenn gerade ein größerer Schwall vorbeikommt, über die Kanalufer treten. In unserem Kanal hatte die abfließende Lava überspülte Gesteinstrümmer und umgekippte Brocken hinterlassen, die mehr oder weniger weit stromabwärts transportiert worden waren. Mit anderen Worten: Das Terrain innerhalb des Kanals war recht unwegsam. Genau dort sollten wir aber Messungen durchführen, auf einer Länge von einigen Hundert Metern.

Shey und Carmel waren mit ihren Messungen noch nicht fertig gewesen, als ihnen das Maßband von der Rolle sprang. Es ließ sich nicht mehr aufwickeln, und so kamen sie mit einem gelben Knäuel unterm Arm Andrzej und mir entgegen, die wir am anderen Ende des Kanals arbeiteten. Die beiden hatten für ihren Weg das Kanalufer gewählt, wo es sich viel leichter als in der Mitte lief. Die über die Ufer getretene Lava hatte dort eine ausgesprochen glatte Beschichtung zurückgelassen.

Andrzej und ich setzten gerade zu einer Messung an, da hörte ich ein anhaltendes Rauschen aus meinem Funkgerät, gefolgt von einer ungehaltenen Bemerkung: »Ich gehe jetzt gleich zum Habitat zurück.« Ich runzelte kurz die Stirn ob dieses einseitig bestimmten Aufbruchs, wunderte mich aber nicht weiter, denn diesen Ton hatte ich nicht zum ersten Mal gehört. Erst als Shey deutlich langsamer als wir anderen zum Habitat ging und für den Rest des Tages humpelte, ging mir auf, dass etwas passiert war.

Am Abend erzählte sie, die glatte Lava am Ufer hätte unter ihr nachgegeben, als sie dabei war, sich umzuschauen. Trotz der beiden Wanderstöcke, die sie stets benutzte, konnte sie den Sturz nicht abfangen und hätte sich bei dem Aufprall das Knie verdreht. Im Habitat hätte sie sich ihr Bein verbunden, hätte einen Unfallbericht und ein medizinisches Gutachten verfasst. Als sie uns das berichtete, blühte sie regelrecht auf: Endlich hatte sie etwas Sinnvolles zu tun gehabt!

Die Messungen für das Geologie-Projekt waren jedoch nicht abgeschlossen, und Shey mit ihrem verbundenen Knie konnte ihren Abschnitt nicht weiter bearbeiten. Andrzej setzte sich vehement dafür ein, dieses Projekt ganz abzubrechen, schließlich sei das Gebiet um den Kanal ja offensichtlich gefährlich. Wir anderen fanden das nicht und boten an, für Shey und Andrzej einzuspringen. Mit reichlich Bergerfahrung waren wir bereit, das Risiko auf uns zu nehmen, das wir ohnehin als gering einschätzten. Außerdem waren wir eingespielte Teams, die die Messungen sicher schnell abschließen konnten.

Diesmal kam es zu keinem weiteren Zwischenfall, und wir vier beendeten unsere Arbeiten sogar früher als erwartet. Die verbliebene Zeit nutzten wir, um den Kanal noch etwas weiter zu erkunden, der sich als ideal für verrückte Fotomotive entpuppte. An einer Stelle hatte die im Kanal erstarrte Lava eine Überdachung zurückgelassen, wie eine Brücke. Carmel und Tristan posierten auf ihr, während Cyprien in die Höhle kroch und als Monster seine behandschuhten Hände herausstreckte.

In unserem Bericht bauten wir ein paar nicht ganz ernst gemeinte Passagen ein. Bisher hatten wir alle Berichte sehr ernsthaft verfasst, aber nun schien uns etwas Abwechslung angebracht. Während wir die unsinnigsten Hypothesen erfanden und in hochtrabendem wissenschaftlichem Kauderwelsch ausformulierten, lachten wir viel. Noch wichtiger: Wir lachten gemeinsam.

Wir zogen auch über die Organisation her, die die einjährige Mission in der Arktis organisieren wollte. Unmittelbar vor Beginn der Simulation auf Hawaii waren nämlich Cyprien, Carmel und ich als Crewmitglieder für die Simulation in der Arktis ausgewählt worden, deren Beginn jedoch um weitere zwei Jahre verschoben werden sollte.

Cyprien musste absagen, weil er ein zweites Jahr nicht mit seiner Promotion vereinbaren konnte. Carmel und ich dagegen zweifelten an der Zuverlässigkeit der Organisation. Es fing damit an, dass HI-SEAS-Kommandantin Carmel zur Wächterin über das Gewächshaus degradiert werden sollte, während ich, Physikerin, für die Gesundheit der Crew zuständig sein sollte. Das kam uns komisch vor, aber auf unsere Nachfragen erhielten wir keine Antwort. Ebenso wenig, als wir verstärkt Sicherheitsfragen aufwarfen, insbesondere danach, ob man uns in einem Notfall in der Arktis auch so ignorieren würde wie jetzt schon. Die Krönung war, als uns die für das Projekt zuständige Mitarbeiterin eine E-Mail schickte, in der sie uns auf »nächste Woche« vertröstete und erklärte, dass für uns ja gerade alles sehr einfach wäre, wir befänden uns schließlich in einer Simulation.

Carmel und ich hatten wochenlang gezögert, weil wir beide nach wie vor in die Arktis wollten, aber dieses ignorante Verhalten war zu viel, und so stiegen wir schließlich genervt aus dem Projekt aus. Als Antwort auf unsere Absage erhielten wir die Information, dass die Simulation nun ohnehin ganz anders stattfinden sollte als ursprünglich geplant. Die ehemals einjährige Simulation sollte in zwei kurze Simulationen von jeweils knapp drei Monaten Länge aufgespalten werden. Carmel und ich sahen uns an: Wenn das der Lohn für das jahrelange Auswahlverfahren sein sollte, das wir hinter uns hatten, konnten wir nur froh sein, nicht mehr dabei zu sein.

Kurz nachdem wir unsere Absage verschickt hatten, kehrte ich in mein ach so einfaches Dasein in der Simulation zurück. Auf mich warteten drei Computer, die den Geist aufgegeben hatten. Ich weiß nicht, ob Pele, die Vulkangöttin, da ihre Finger im Spiel gehabt hatte, oder ob es das Leben auf gut zweitausend Metern über dem Meeresspiegel auf einem stark eisenhaltigen Berg war – unsere elektronischen Geräte schienen verflucht.

Es fing an mit Sheys Computer, bei dem die Maus gleich

nach Missionsbeginn anfing, willkürlich auf dem Bildschirm herumzuhüpfen. Kurz vor der ersten Nachlieferung starb Tristans Computer und ließ sich trotz wochenlanger Versuche nicht wieder zum Leben erwecken. Dann verweigerten zwei Tablets den Dienst, die wir für unsere täglichen Fragebögen verwenden sollten. Deren Probleme waren aber nach ein paar Tagen gelöst. Dann begann die Y-Taste auf meinem sechs Jahre alten Laptop, auf leichteste Luftzüge zu reagieren, syo dyasyy icyh kayyum noych verynünftiyg scyyhreyibeyyn konntey. Schließlich musste ich sie deaktivieren und ernannte F9 zur neuen Y-Taste.

Und nun waren drei von unseren vier Forschungscomputern ausgefallen, die wir für ein Virtual-Reality-Programm nutzen sollten, um Kontakt zu unseren Verwandten und Freunden zu halten. Dieses Programm hieß Ansible und war eine Art Second Life, das auch mit der Übertragungsdauer von zwanzig Minuten funktionierte. Der Computer, der im Moment noch funktionierte, war interessanterweise jener, den ich zwei Monate zuvor wiederbelebt hatte und deshalb getrennt von den anderen drei Computern in meinem Schreibtisch aufbewahrte. Nur selten hatten sich die anderen Crewmitglieder ihn ausgeliehen.

Keiner von uns mochte Ansible, dafür gab es einfach zu viele Schwierigkeiten mit dem Programm. Aber mit dem Entwicklerteam, das dahinterstand, vollführte ich im Januar eine Problemlösung, wie sie im Lehrbuch für Mars-Missionen stehen würde, wenn es so etwas gäbe: Jack, mein Ansible-Kontakt auf der Erde, probierte an Computern, die praktisch identisch mit unseren waren, Lösungen aus, die unser Problem beheben könnten, und ich setzte sie vor Ort auf dem simulierten Mars um. Jack hatte recht schnell herausgefunden, warum die Computer nicht mehr normal starten wollten. Schritt für Schritt schrieb er mir nun auf, was ich in sie eingeben sollte. Ich arbeitete diese Liste Punkt für Punkt ab und schickte ihm die Resultate.

Wegen der zwanzigminütigen Kommunikationsverzögerung zog sich der Prozess über einige Tage hin, aber zwei der drei defekten Laptops bekamen wir recht zügig wieder hin. Bei dem dritten Computer mussten wir etwas tiefer in die Trickkiste greifen, um ihn einsatzfähig zu machen, aber nach zwei Wochen mühevoller Arbeit war uns auch das gelungen.

Genau genommen bestand mein Beitrag an der Rettungsaktion einzig darin, Anweisungen zu befolgen. Aber so sollte es bei einer realen Mission auch ablaufen: Spezialisten auf der Erde lösen ein Problem in eigenen Tests, danach schicken sie ihre Resultate und Vorgaben zum Mars. Die dortige Crew braucht somit keine Zeit mit eigener Recherche und Fehlversuchen zu verschwenden, sondern kann gleich die richtige Lösung umsetzen. Sicher hätte ich die Computer auch irgendwann selbst zum Laufen bekommen. Aber mit unserem eingeschränkten Internetzugang hätte das wahrscheinlich Monate gedauert, denn an Informationen zu gelangen, ist auf dem Mars, fernab jeder Bibliothek und fernab jedes irdischen Internetservers, nicht ganz einfach.

Das Internet, auf das wir uneingeschränkt zugreifen konnten, bestand aus rund eintausend Websites. Das klingt viel, umfasst aber gerade einmal Wikipedia, ein paar Wörterbücher sowie alles, was auf ».gov« oder ».edu« endet, also vor allem Seiten der Regierung der Vereinigten Staaten, der NASA und US-amerikanischer Universitäten. Da blieben noch etwa neunhundertfünfzig Millionen Websites, die außerhalb unserer Reichweite lagen.

Eine echte Mars-Crew würde vermutlich einen Server

mitnehmen, auf dem die wichtigsten Informationen und Websites gespeichert sind. Selbst wenn der Mars mehrere Lichtminuten von der Erde entfernt ist, könnten diese gespeicherten Seiten ohne Verzögerung aufgerufen werden. Doch von Webseiten, deren Inhalt sich ständig verändert, hätte man auf dem Mars immer nur eine statische Version, und damit wären soziale Plattformen wie Facebook oder Twitter praktisch unbenutzbar. Um an Informationen zu kommen, die nicht auf dem Server gespeichert sind – oder in unserem Fall nicht freigeschaltet waren –, musste entweder das Mission-Support-Team selbst ran oder ein Automat, dem wir die gewünschte Webadresse schickten und der mit einem PDF-Ausdruck der entsprechenden Seite antwortete. Beide Möglichkeiten hatten ihre Vor- und Nachteile. Der Automat reagierte sofort und zu jeder Tages- und Nachtzeit. Außerdem interessierte ihn nicht, was da angefordert wurde, ob Kuchenrezepte oder medizinische Informationen. Doch dass der automatische Dienst nicht nachdachte, war auch mit einem Manko verbunden. Nichts war frustrierender, als gefühlte Ewigkeiten ungeduldig auf den Inhalt einer Website zu warten, nur um festzustellen, dass man einem weiteren Link folgen und noch einmal vierzig Minuten warten musste, um an die gewünschte Information zu gelangen.

Ein Mensch, der die Anfrage bearbeitete, arbeitete sich gleich zur gewünschten Seite vor. Aber von ihm erwartete man natürlich, dass er einen verstand, während man bei einer Maschine wusste, dass sie den Befehl wortwörtlich ausführen würde. Doch leider können sich auch Menschen auf hervorragende Weise missverstehen, wie wir bei unserer ersten Nachschublieferung hatten feststellen müssen. Wir hatten Petersilie bestellt, und Basilikum, und waren davon ausgegangen, dass wir beides getrocknet in großen

Flaschen bekommen würden, solchen, die wir schon bei unserem Einzug im Habitat vorgefunden hatten. Doch Kim kaufte die erstbesten Gewürzgläschen, die sie fand. Und das waren diese kleinen Plastikstreuer für den normalen Hausgebrauch. Für eine sechsköpfige Crew, die mindestens zwei Monate lang nichts nachfordern konnte, hatte das nicht einmal ansatzweise gereicht.

Im Dezember, als wir unsere zweite Einkaufsliste erstellten, achteten wir also penibel darauf, überall Mengen- oder Größenangaben beizufügen. Das führte dann zwar zu Nachfragen, wenn das Gewünschte auf Hawaii nicht zu haben war: »Fünf Millimeter dicke Spanplatten gibt es nicht, soll es eher dicker oder dünner sein?« Aber die Minuten, die dafür draufgingen, waren nichts im Vergleich zu den Monaten, die wir im Fall eines Falschkaufs auf den Ersatz hätten warten müssen.

Ende Januar kam dann die zweite Nachschublieferung, aber im Vergleich zur ersten wurde das Auspacken zu einer geradezu nüchternen Angelegenheit. Nur hier und da war ein Freudenruf zu vernehmen, wenn jemand einen lang ersehnten Gegenstand in einem privaten Paket entdeckte. Wir wollten den Fehler vom November nicht wiederholen, also setzte ich mich im Schneidersitz auf den Boden, Laptop auf dem Schoß, und notierte alles Ausgepackte. Shey saß mit ihrem verletzten Knie neben mir und half mir: fünfzehn Dosen Hühnerfleisch, zwölf Dosen Erbsen, vierundzwanzig Dosen Frühstücksfleisch … Erst nach dem Auszählen durften Cyprien und Andrzej unsere neuen Schätze in den Lagerraum tragen, wo Carmel und Tristan sie in die Regale sortierten.

Mit ihrem verbundenen Knie tat mir Shey leid, denn unsere Außeneinsätze versprachen gerade interessanter, aber auch anstrengender und umfangreicher zu werden. Nach meinem Geburtstagsausflug war ich noch einige Male in die Höhle zurückgekehrt. Einmal, um Carmel und Tristan die unterirdischen Gesteinsformationen zu zeigen, und später mit Shey und Andrzej. Mehr als ein paar Meter gingen wir aber nicht hinein.

Doch zusätzlich zu unseren Geologie-Projekten bekamen wir im Dezember eine neue Forschungsaufgabe, die uns dazu zwang, alle paar Tage nach draußen zu gehen und in der Nähe des Habitats einige kleine Arbeiten zu verrichten. Wir alle hassten den neuen Auftrag, fanden ihn öde und langweilig, aber er hatte auch etwas Gutes: Denn obwohl die Tätigkeiten nur zwanzig bis dreißig Minuten in Anspruch nahmen, durften wir zum Ausgleich die Gesamtlänge unserer Außeneinsätze um eine Stunde verlängern. Bisher durften unsere Ausflüge nie länger als drei Stunden dauern, jetzt hatten wir die Erlaubnis für bis zu vier Stunden. Sogleich planten wir ein paar längere Einsätze.

Die Akkus in unseren Gefahrenstoffanzügen hielten ja ungefähr zwei Stunden, die wir auf drei Stunden ausdehnen konnten, wenn wir die Akkus während des Einsatzes auswechselten. Das war eine arge Fummelei, aber immerhin besser, als wenn einem auch im geräumigen Gefahrenstoffanzug irgendwann die Luft wegblieb. Mit der Januarlieferung erhielten wir neue, leistungsfähigere Akkus, die bis zu vier Stunden reichten. Da wir ja aber ausgiebig das Akkuwechseln geübt hatten, nahmen wir zur Sicherheit weiterhin Ersatzakkus mit.

Ende Januar stellte ich der Crew eine neue Studie vor. Wir sollten aufzeichnen, wie wir unseren Tag verbrachten. Wie viel Zeit wir beispielsweise für die HI-SEAS-Experimente benötigten, wie lange wir für das Schreiben von E-Mails benötigten und was an Freizeit für uns eigentlich übrig blieb. Ungefähr zehn Minuten hätte jeder für diese Studie täglich opfern müssen. Die Crewmitglieder waren sofort begeistert, manche aus persönlichem Interesse, andere, weil sie einen wissenschaftlichen Nutzen darin sahen.

Nur einer von uns sträubte sich. Der Extraaufwand sei zu groß, er hätte die Zeit nicht dafür, zu viel zu tun. Sprach's und unterhielt sich eine geschlagene Stunde über Computerspiele. Am Abend gab es für mich noch eine zynische Bemerkung, bei der alle die Luft scharf einsogen. Der große Streit war noch nicht aus unseren Köpfen, da schien das nächste Aufflackern, vor dem wir uns alle fürchteten, plötzlich zum Greifen nah.

Niemand rührte sich, niemand atmete. Doch ich verdrehte nur müde die Augen und besprach weiter den Bericht, an dem ich gerade mit Carmel arbeitete. Die anderen blinzelten noch ein wenig irritiert, atmeten dann aber erleichtert aus.

Meine Genugtuung bekam ich ein paar Tage später, als dieser Person bei einem Außeneinsatz ein Fehler unterlief, der sie um Monate in ihrem Projekt zurückwarf. Ich befand mich zu der Zeit schon im Inneren des Habitats und konnte nicht anders, ich begann vor Schadenfreude, fröhlich zu hüpfen. Es war eine völlig unangemessene Reaktion, aber mir tat es gut, denn mit diesem Hüpfen entledigte ich mich auch allen Frusts der letzten Tage.

Immerhin wischte ich das breite Grinsen rechtzeitig aus meinem Gesicht, um den Geknickten bei seiner Rückkehr mit meiner Genugtuung nicht noch zu provozieren.

8
FEBRUAR.
ABKÜHLUNG

Nachdem es in der Crew gebebt hatte, bebte ein paar Wochen später die Erde. Ich war gerade aufgewacht und lag noch schläfrig im Bett, als der Boden zu schwanken begann. Von irgendwoher war ein dumpfes, massiges Grollen und Poltern zu hören, so als würde ein riesiger Laster einen riesigen Haufen Schutt abladen. Nach ein paar Sekunden war der Spuk vorbei, und Cyprien fragte mich unschuldig, wer da gerade die Treppe heruntergepoltert wäre. Die Frage war gar nicht so abwegig, da bei manchen Crewmitgliedern tatsächlich der Boden schwankte, wenn sie die Treppe hinuntergingen. Man konnte jeden von uns nicht nur an seinem Schritt erkennen, sondern auch daran, wie stark er den Boden zum Wackeln brachte.

Bei Shey zum Beispiel hatte man das Gefühl, als würde ein Elefant durch den Raum stampfen. Sie war kaum pummelig zu nennen, aber ihr Gang ließ sie glatt doppelt so schwer wirken. Tristan dagegen, der in etwa ihr Gewicht hatte, hörte man praktisch nicht. Er schlich geradezu durchs Habitat, besonders morgens, wenn wir anderen noch schliefen. Manchmal schien es, als wolle er sich am liebsten unsichtbar machen. Cyprien wiederum war da das genaue Gegenteil, ein Spargeltarzan, der selbstbewusst ausschritt, manchmal sogar heftig auftrat. Er stieg selten einfach die Treppe herab, er polterte sie Stufe für Stufe herunter. Andrzej schlurfte bei jedem Schritt, so als wären seine Beine zu schwer, um sie anzuheben.

Das Donnern an jenem Morgen klang am ehesten nach Shey, aber anstatt Cypriens Vermutung zu bestätigen, kicherte ich:»Das war ein Erdbeben.« Cyprien, der anders als ich bislang nie ein Erdbeben bewusst erlebt hatte, wurde ganz aufgeregt. Wir schauten auf der Erdbebenseite der US-Regierung nach, und tatsächlich: Da wurde ein Beben der Stärke 4.1 am Krater verzeichnet. Shey, ähnlich begeistert wie Cyprien, erzählte uns beim Abendessen von all den Nachbeben, die sie hinterher noch gespürt hatte. Carmel und Tristan hatten das Beben komplett verpasst und fanden es erstaunlich, dass Shey bei einem letztlich so schwachen Beben noch Nachbeben wahrgenommen hatte, sagten aber nichts weiter.

Überhaupt sagten wir immer weniger. Nicht einmal, wenn uns etwas nicht passte. Wochenlang gingen wir wie auf rohen Eiern durchs Habitat, bloß kein falsches Wort, das die alten Diskussionen wieder hätte aufleben lassen. Stattdessen wurde nur über Unverfängliches wie Außeneinsätze gesprochen.

Da Shey uns wegen ihrer Verletzung nicht begleiten konnte und Andrzej keine Lust dazu hatte, bestimmten wir jetzt meist zu viert, wohin wir als Nächstes gehen wollten. Den Norden und Osten hatten wir inzwischen recht gut erkundet, obwohl es im Osten noch ein paar riesige Skylights mit verlockend großen Höhlen gab, die aber zu tief lagen, um ohne Gefahr hineinklettern zu können. Blieben also noch der Süden und der Westen. Im Westen hatten wir auf Satellitenfotos ein Gebiet entdeckt, das vor Skylights nur so zu wimmeln schien, vielleicht, so überlegten wir, konnten wir dort eine zugängliche Höhle finden. Das Problem: Um dorthin zu gelangen, mussten wir das unwegsame Lavafeld überqueren, das ich mit Andrzej vor ein paar Monaten gestreift hatte und das bei uns seitdem unter »Hier keinesfalls hingehen« verbucht war.

Doch jetzt, mehr als vier Monate später, hatten wir Erfahrung mit verschiedenen Lavaarten gesammelt, insbesondere mit der schlimmen ʻAʻā-Lava. Außerdem hatten wir alle einen sicheren Schritt auf schwierigem Gelände. Bestimmt würden wir jetzt schneller vorankommen als ich damals mit Andrzej, und mehr Zeit hatten wir obendrein. Vor allem aber hatte ich verdrängt, wie furchtbar die Lava dort wirklich gewesen war.

Daher machten wir uns auf, dorthin, wohin wir niemals hatten hingehen wollen. Anfangs war der Weg noch vergleichsweise einfach, nur über raue Bodenwellen aus bröckeliger Pāhoehoe, ein anstrengendes Auf und Ab. Als wir endlich das gefürchtete ʻAʻā-Feld erreichten, fanden wir einen schmalen Streifen, der uns wie eine asphaltierte Straße fünfzig Meter schräg in das Feld hineinführte. Irgendwie schaffte es Cyprien, kurz davor der Länge nach hinzufallen. Er stand zwar sofort wieder auf und versuchte, sich nichts anmerken zu lassen, aber Carmel und Tristan lachten ihn aus.

Am Ende der Straße hielten wir Ausschau nach einem weiteren gangbaren Pfad in diesem Geröllfeld, doch wir fanden nichts, das diesen Namen verdient hätte. So balancierten wir fünfzig Meter über scharfkantiges Gestein wie über Messerspitzen, entdeckten zu unserem Horror danach aber immer noch keine einladende Gesteinsfläche. Uns blieb nichts anderes übrig, als unseren Weg querfeldein fortzusetzen, genau in Richtung Westen. Wobei wir nicht wirklich gingen, sondern eher vorwärtsstolperten, denn die spitzen Steine, auf denen man ohnehin schon kaum Halt fand, rollten immer wieder unter uns weg. Cyprien stürzte nochmals, dann erwischte es Carmel. Ich selbst rutschte auf einem Stein rückwärts eine Böschung herunter. An ihrem Fuß angekommen, knallte er gegen mein Schienbein. Der Schmerz trieb mir die Tränen in die Augen, und ich spürte, wie Blut an meinem Schienbein hinablief.

Nach kurzem Verschnaufen taumelten wir weiter. Wir kämpften, wir fluchten, wir kullerten. Wieder und wieder hielten wir inne, um unser Gleichgewicht zurückzuerlangen, doch dieses furchtbare Feld hörte einfach nicht auf. Inmitten der zahllosen Bodenwellen hatten wir längst den Überblick verloren, wie weit wir überhaupt schon vorangekommen waren und wann denn endlich, bitte, diese höllische Lava zu Ende war. Trotzdem wollte keiner aufgeben, die nächsten Bodenwellen wurden in Angriff genommen. Und irgendwann, nach einer gefühlten Ewigkeit, schimmerte in der Ferne glatte Lava.

Wir konnten unser Glück kaum glauben. Die Textur des Gesteins war wie feinster Asphalt, das ganze Feld eine große, stabile Masse. Nichts verrutschte, nichts rollte weg, und scharfe Kanten gab es auch nicht. Doch nicht nur das, die Lava hier war noch glatter als die Pāhoehoe vor unserer Haustür. Das Gestein war fast schwarz und überall mit einer hauchdünnen Glasschicht überzogen, die sich beim Erstarren gebildet und bisher der Witterung standgehalten hatte. So schillerte das Glas im Sonnenlicht in allen Farben, in Rot, Golden und Pink. Selbst Grün und Blau waren dabei.

Ausgiebig konnten wir das Farbspiel jedoch nicht genießen, die Zeit drängte. Seit unserem Start war eine gute Stunde vergangen, sodass wir noch knapp zwei Stunden zur Verfügung hatten, bevor wir uns auf den Rückweg machen mussten. Weiter gingen wir gen Westen, dorthin, wo wir die großen Skylights auf den Satellitenbildern

oben: Die Mars-WG im Januar 2015 (v. l. n. r.): Cyprien Verseux, ich,
Carmel Johnston, Tristan Bassingthwaighte, Sheyna Gifford, Andrzej Stewart

unten: Es heißt Abschied nehmen (v. l. n. r.): Sheyna, Andrzej mit Kim, Cyprien,
Christiane, Tristan, Carmel und Lynn, eine Radioreporterin,
in den letzten Minuten vor Beginn der Simulation

oben: *Der Lagercontainer kurz nach der Mammutlieferung im März:*
bis unter die Decke vollgestopft mit Nahrungsmitteln
für die nächsten vier Monate

unten: Cyprien, Tristan und ich dichten
die gröbsten Ritzen in der ersten Urindestille ab.

oben: Beim Abmessen der Wassermenge,
die gleich in die zweite Urindestille geschüttet werden soll

unten: Cyprien, Carmel und Tristan
schauen nach dem Wassergewinnungsexperiment.

*oben: Grund zum Jubeln: Der Sammelbehälter enthält
zum ersten Mal Wasser, genau 317 Milliliter.*

unten: Eine Sternschnuppe der Perseiden über dem Habitat

oben: Blick vom Obergeschoss in den Gemeinschaftsraum und auf unsere Arbeitsplätze

unten: In der Küche bereitet Cyprien (links) gerade seine heißbegehrten Crêpes zu, während Tristan (rechts) vom Laufband aus den Blick aus dem einzigen Fenster des Wohnraums genießt.

oben: *Unsere Zimmertüren. Meine ist die zweite von links mit drei Garfield-Comics. Ganz links das Bad; rechts von mir Cypriens Zimmer, dann Sheynas.*

unten: *Mein Zimmer: Tisch, Hocker, Schubkästen und mein Bett. Kleidung wurde in Boxen unterm Bett aufbewahrt.*

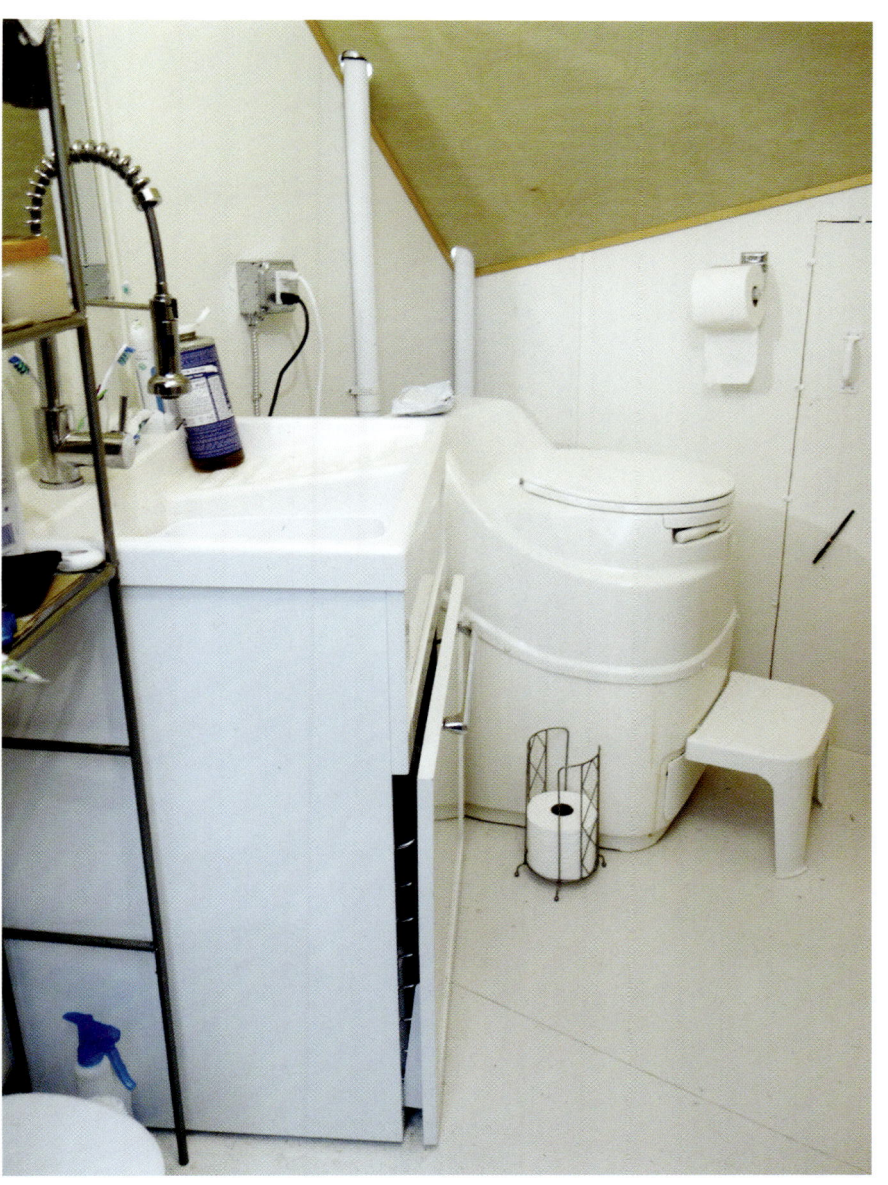

*Das Badezimmer im Obergeschoss.
Im Hintergrund die Kompostiertoilette
mit dem großen Sammelbehälter unterm Sitz.*

Die Zimmer von Tristan (links) und Carmel

oben: Klimmzüge im Eingang zum Labor

unten: Pandemic Legacy ist unser Lieblingsspiel.
V. l. n. r.: Andrzej, Shey, Tristan, Carmel, Cyprien

Ich im MX-C-Anzug vor dem Habitat auf dem »Raupen«-Hügel, im Hintergrund der Mauna Kea. Wer genau hinsieht, erkennt, dass meine Schuhe nur noch von Dutzenden Lagen Duct Tape zusammengehalten werden.

Carmel in der »Kathedrale« in der Weißen Höhle. Geschickt klettert sie über den Geröllhaufen, der von dem Stück Decke übrig geblieben ist, die eingestürzt ist und nun als Skylight den Blick auf den Himmel freigibt.

oben: Cyprien im MX-C-Anzug in meiner Geburtstagshöhle,
im Abschnitt kurz vor dem ersten Skylight.
Der Boden ist stabil und glatt: Pāhoehoe-Lava.

unten: Tristan, Cyprien und Carmel im Eingang einer Lavaröhre
mit geradezu typischer halbovaler Form.
Hier ist der Boden mit rauer ʻAʻā-Lava bedeckt.

oben: Carmel läuft über Pāhoehoe-Lava am Rand der
rechten Schwester entlang. Der Einstieg führt über einen
Geröllhaufen mehrere Meter in die Tiefe.

unten: Ich auf der Suche nach einer geeigneten Gesteinsprobe.
Hinter mir sieht man Lavaströme aus verschiedenen Zeiten:
rot-grau ist knapp tausend Jahre alt, schwarz 100–200 Jahre.
Das Gestein, auf dem ich knie, ist etwa 8000 Jahre alt.

oben: Carmel (links) und Cyprien skizzieren auf einem Klemmbrett,
wie sich ihre unmittelbare Umgebung gebildet hat.

unten links: Ich im Labor mit einem experimentellen
Wasserfilter aus Staub, Sand und Steinen

unten rechts: Je ein kleines Tomätchen, garniert mit Flocken aus
getrocknetem Basilikum, zum Großen Tag der Tomate –
unsere erste Tomate nach fast fünf Monaten im Habitat

Geburtstagsfeier auf Marsianisch:
selbstgemachte Sushi und ein Riesenkeks für mich.
V. l. n. r.: Shey, Andrzej, ich, Cyprien, Tristan, Carmel

oben: Weihnachten kann kommen: Den Baum haben wir aus den Tiefen des Lagercontainers gezogen, aufgestellt und geschmückt.

unten: Cyprien, Andrzej, Carmel, Tristan, Shey um den Weihnachtsbaum versammelt, kurz vor dem Öffnen der Geschenke. Jeder trägt schon seine neue, von Carmel gestrickte Wollmütze. Im Vordergrund Raspberry, das Crew-Handpuppen-Frettchen

gesehen hatten. Als wir das erste Skylight fanden, überredete ich Carmel, schnell hineinzuklettern. Über eine bequem aussehende Rampe, so schien es, konnte man in das Skylight hinabsteigen. Nur einen etwas größeren Absatz galt es zu überwinden, an dessen Rand ich mich setzte. Gerade hielt ich Ausschau nach dem besten Weg, da hörte ich durch den Anzug hindurch ein Poltern neben mir. Ein riesiger Felsbrocken rollte an mir vorbei, streifte mein rechtes Bein und zerplatzte am Boden des Skylights in fünf kopfgroße Stücke.

Ich hatte nicht zur Seite ausweichen können, und für einen entsetzlichen Moment spürte ich, wie sich ein Knochen verbog und das Knie aufschrie. Kann sich ein Knochen überhaupt verbiegen?, schoss es mir durch den Kopf. Dann fiel mir ein, dass der Fels von hinten gekommen war und ihm möglicherweise noch weitere folgten.

Ich drehte mich zu Carmel um, die ebenfalls herauszufinden versuchte, woher der Felsbrocken gekommen war. Eigentlich sah alles stabil aus, keiner von uns beiden konnte die Stelle ausmachen, von der er sich losgemacht hatte. Carmel und ich sahen uns an, dann wartete ich noch einen Moment, bis der Schmerz im Bein abgeklungen war, und stieg die letzten Meter hinab. Carmel folgte mir, und wir liefen zur gegenüberliegenden Seite des Skylights, wo eine kleine Lavahöhle zu erkennen war. Sie war enttäuschend unspektakulär, sodass wir gleich wieder nach oben kletterten.

Später fanden wir noch ein sehr tiefes Skylight. Wir konnten hier aber weder den Boden sehen, noch trauten wir dem Rand. Reinklettern kam also nicht infrage. Das war schade, denn der Form und Farbe nach zu urteilen, musste es zu einer großen begehbaren Höhle führen. Unsere Suche ging weiter, aber wir fanden keine nennenswerten Skylights mehr. Dabei sollte dieses Lavafeld doch voll von ihnen sein!

Stattdessen kamen wir zu einer Stelle, an der extrem dünnflüssige Lava aus dem Untergrund gequollen sein musste und ein annähernd kreisförmiges Gebiet von mindestens fünfzig Metern Durchmesser übergossen hatte. Carmel und ich standen inmitten dieses Kreises und staunten, denn das Gestein war so glatt, dass wir eine Hand vor unser Visier halten mussten, weil wir geblendet wurden.

Stromaufwärts fanden wir eine zweite glänzende Stelle, dort war die Lava einen Kanal herabgeströmt, ein paarmal über die Ufer geschwappt und dann in einer Röhre verschwunden, aus der sie später überlief. Die Kanalwände glänzten wie Gold, wenig überraschend nannten wir diesen Kanal daher ohne Gegenstimme den »Goldenen Kanal«. Die Lava weiter unten, die in Grün und Blau glänzte, tauften wir »Blaue Lava«.

Am Goldenen Kanal machten wir Rast und ruhten uns aus. Carmel und ich zeigten uns gegenseitig die schönsten Stellen: »Schau mal hier« – »Schau mal dort«. An den Kanalwänden gab es Bereiche, in denen die dünnflüssige Lava über mehrere Meter Länge einen Vorsprung herabgeflossen war und darunter einen wenige Millimeter dünnen Vorhang hinterlassen hatte. An einigen Stellen waren aus dem Vorhang Stücke herausgebrochen, und wir trugen einige dieser Scheiben zurück zum Habitat. Dort kamen sie wegen des unsanften Rücktransports über die ʻAʻā-Lava leider nicht heil an, aber die Bruchstücke reichten aus, um Shey und Andrzej zu zeigen, warum wir von diesem Goldenen Kanal so begeistert waren. Das Vorhanggestein war glatt und feinporig, so ganz anders als die rauen Brocken in der Nähe unseres Habitats und alles, was wir während der Trainingswoche gesehen hatten.

Eine knappe Stunde vor dem geplanten Ende des Außeneinsatzes machten wir uns auf den Rückweg. Der war brutal. Mein rechtes Bein nahm mir seine Begegnung mit dem Fels übel und war geschwollen. Mein Anzug rieb bei jedem Schritt an der Schwellung. Nur ganz leicht, doch es reichte. Der Schmerz war grauenhaft. Immer wieder mussten die anderen auf mich warten, weil ich nicht mehr Schritt halten konnte.

Als das Habitat in Sicht kam, wurde es noch schlimmer. Wie ein Magnet zog es die anderen drei an, sie strebten blindlings genau darauf zu. Sie waren erschöpft und stolperten viel, die Anziehungskraft ließ sie nicht nach links oder rechts schauen, wo die Lava vielleicht einfacher zu passieren war. Nur mit Mühe konnte ich ihnen folgen, und immer wieder fragte ich über Funk, warum wir nicht dort gingen, wo die Lava nicht ganz so rau sei, doch niemand wollte den Umweg gehen. Irgendwann gab ich es auf, die anderen überreden zu wollen, und ging allein den bequemeren Weg. Wie erwartet kam ich hier besser voran als meine Begleiter, musste weniger Schritte um Hindernisse gehen. Daher durfte ich nun meinerseits auf die anderen warten, als ich den Rand des Lavafelds erreichte. Von hier bis zum Habitat waren es nur noch einige Hundert Meter über viel einfacheres Terrain als zuvor. Trotzdem waren es für mich die schwierigsten hundert Meter, denn ich konnte mich kaum noch auf den Beinen halten.

Habcom Andrzej hatte genau richtig reagiert, als sich abzeichnete, dass wir uns verspäten würden: Er informierte unser Mission-Support-Team per E-Mail und redete per Funk auf uns ein, bloß nicht zu hetzen. Wir waren zu spät aufgebrochen, ja, aber es war sinnlos, diesen Fehler durch erhöhte Geschwindigkeit ausgleichen zu wollen. Die Gefahr war zu groß, dass sich jemand verletzte.

Endlich! Wir waren in der Luftschleuse angekommen. Erschöpft ließen wir uns auf den Boden plumpsen und lehnten uns an die Wände, um das Ende der Schleusenzeit nahezu apathisch abzuwarten. Der Ausflug war der mit Abstand anstrengendste und bisher längste gewesen, denn mit der Verspätung hatten wir unsere erlaubten vier Stunden um mehr als dreißig Minuten überzogen.

Als ich mich aus meinem Anzug schälte und meine Beine betrachtete, entfuhren mir ein paar Worte, die ich hier nicht wiedergeben kann. Carmel war nicht minder entsetzt. Sie hatte den Fels zwar gesehen, aber offensichtlich nicht bemerkt, dass er mich getroffen hatte. Auch der Brocken, mit dem ich die Böschung herabgerollt war, hatte seine Spuren hinterlassen. Aber die Schwellung war im Vergleich zu meinem rechten Bein geradezu winzig.

Carmel und ich schauten uns an, und sie sprach aus, was wir beide dachten: »Wenn das Shey sieht …« Shey und Andrzej hatten nach ihrem Unfall wiederholt darauf bestanden, dass die Studienleitung uns nicht beauftragen könne, uns auf gefährliches Terrain zu begeben. Sie hatten dabei bisher einzig von den Geologie-Projekten gesprochen und unseren Zwanzig-Minuten-Aufgaben, aber wenn die beiden jetzt erfuhren, dass mir ein Lavabrocken aufs Bein gefallen war, würden sie in Zukunft mit Sicherheit auch gegen unsere Ausflüge protestieren.

Das Einfachste schien uns zu sein, den beiden nichts zu sagen. Ich war zurück ins Habitat ohne fremde Hilfe gekommen, also konnte es so schlimm ja wohl nicht sein; der Knochen war mit Sicherheit noch heil. Carmel schaute, ob die Luft rein war, und als sie mir ein Zeichen gab, flitzte ich nach oben in mein Zimmer. Cyprien kümmerte sich um meinen Anzug, den ich ungesäubert zurückgelassen hatte,

und Carmel holte mir Eiswürfel aus der Küche. Da wir alle
ziemlich erschlagen waren, fiel es nicht weiter auf, dass ich
mich für den Rest des Nachmittags unter meiner Bettde-
cke verkroch und es abends nur mit Mühe die Treppe hinunter und bis zum Küchentisch schaffte.

Beim Essen schwärmten wir vom Goldenen Kanal und
zeigten unsere mitgebrachten Schätze. Wir schauten uns
unseren zurückgelegten Weg an und fanden heraus, warum wir nur so wenige Skylights gesehen hatten. Wir hatten falsche Maßstäbe in unseren Köpfen gehabt, waren
nicht weit genug in das glatte Lavafeld hineingegangen.
Noch ein-, zweihundert Meter weiter, und wir wären auf
jene großen Skylights gestoßen, die wir auf den Satellitenfotos entdeckt hatten. Das Skylight, in dem ich den Unfall
gehabt hatte, wirkte auf den Fotos im Vergleich zu unserem eigentlichen Ziel nahezu winzig. Sofort waren wir
vier uns einig, dass wir unbedingt in dieses Lava-Wunder-
land mussten. Nur einen besseren Weg dorthin, den mussten wir vor dem nächsten Versuch unbedingt finden.

Auch an unserer Ausrüstung mussten wir feilen. Wir
hatten Shey zuliebe einen kleinen Beutel mitgenommen,
der ein Erste-Hilfe-Set enthielt, das sie zusammengestellt
hatte. In dem Set befanden sich Pflaster, kleinere Verbände
und Cremes und Salben. Cyprien und Tristan hatten sich
mit dem Tragen des Beutels abgewechselt. Das hatte aber
zu dem einen oder anderen Sturz mit beigetragen, da der
Träger einen Wanderstock in der einen und den Beutel in
der anderen Hand hielt. So hatte er keine Hand mehr frei
gehabt, um sich abzufangen. Wir hätten den Beutel an einen unserer Anzüge schnallen können, aber dann wäre die
Bewegungsfreiheit des Anzugträgers eingeschränkt gewesen.

Dabei wussten wir nicht erst seit meiner Begegnung mit

dem Felsbrocken, dass wir im Zweifelsfall mit diesem kleinen Erste-Hilfe-Set ohnehin nichts ausrichten konnten. Einen Verband kann man schließlich nicht mit Handschuhen anlegen, und für ein Pflaster würden wir nicht die Simulation unterbrechen und unsere Handschuhe ablegen. Doch Shey sah das anders und bestand als Sicherheitsbeauftragte und Crewärztin darauf, dass wir das Erste-Hilfe-Päckchen mitnahmen. Sie musste es ja auch nicht selbst tragen. Um Streit zu vermeiden, lösten wir das Problem, indem wir den Beutel ab sofort, sobald wir die Luftschleuse verlassen hatten, neben der Tür zum Habitat deponierten.

Vielleicht hätten wir mehr Energie in eine echte Lösung des Erste-Hilfe-Problems gesteckt, hätte Shey mit sich reden lassen. Wir wollten mit Respekt behandelt werden, doch es wurde immer offensichtlicher, dass es ihr daran mangelte. Sie unterstellte uns Inkompetenz. Mit Cyprien redete sie wie mit einem Kind. Von mir verlangte sie plötzlich Fachartikel, um »nachvollziehen« zu können, ob eine von mir geplante Studie überhaupt »durchführenswert« sei. Dabei war sie nicht die Wissenschaftlerin innerhalb der Crew. Wir fühlten uns durch ihr Verhalten herabgesetzt.

Im Gegenzug lästerten wir über sie, doch nach einiger Zeit wurde es langweilig. Außerdem brachte uns das Lästern nicht weiter und half ganz sicher nicht dabei, die Spaltung in der Crew zu überwinden. So vergingen Wochen, in denen wir alle versuchten, uns neu zu sortieren. Wir waren jetzt seit über fünf Monaten zusammen, und mittlerweile war auch der letzte Fetzen Motivation, für die anderen über den eigenen Schatten zu springen, verschwunden.

Je häufiger Carmel, Tristan, Cyprien und ich beispielsweise Andrzej baten, doch mal mit uns mit in eine Höhle zu kommen, umso geringer wurde die Wahrscheinlichkeit, dass er sich tatsächlich anschloss. Uns wunderte das, denn er hatte nur noch wenige Aufgaben zu verrichten, da seine Drohne bei einem Einsatz abgestürzt war und ihre Propeller eingebüßt hatte. Es sollte noch mehr als einen Monat dauern, bis er neue bekam. Sicher, er hatte jetzt draußen nichts, worauf er sich freuen konnte, im Gegenteil. Aber nur im Habitat herumzusitzen, konnte nicht wirklich befriedigend sein.

Die Gründe, mit denen er sich auch aus den Geologie-Projekten herausreden wollte, wurden immer fadenscheiniger. Mal konnte er nicht nach draußen, weil seine Hände in den Handschuhen litten, mal war ihm das Gestein nach einem nächtlichen Regenguss zu rutschig. Dann wieder konnte er ein Projekt nicht übernehmen, weil er der Ansicht war, dass er als Ingenieur dafür nicht qualifiziert wäre, obwohl es um eine Volumenbestimmung gegangen war. Jeder Handschlag, den er zusätzlich erledigen sollte, musste ihm in mühsamen Diskussionen abgerungen werden.

Dabei war Andrzej nicht wirklich faul, seinen Pflichten als Crewingenieur ging er geflissentlich nach. Die Fragebögen für die Wissenschaftler füllte er von uns allen wohl am gewissenhaftesten aus. Er hatte seine Armbanduhr so programmiert, dass sie ihn an jeden Fragebogen zur rechten Zeit und am richtigen Tag erinnerte. Doch Carmel schaffte es nicht, ihm eine sinnvolle Aufgabe aufzutragen, an der er langfristig arbeiten und wachsen konnte. Eine Aufgabe, die seine Langeweile vertrieb, sodass er keine Zeit mehr hatte, stundenlange Diskussionen darüber zu führen, warum er eine Aufgabe von fünf Minuten nicht erledigen konnte.

Doch es gab auch Lichtblicke in der Beziehung zwischen »den vieren« und »den zweien«. Etwa, als wir das Habitat wegen eines (simulierten) Sonnensturms evakuierten. Ob man ein Habitat auf dem Mars so bauen würde, dass man es bei ein bisschen Zunahme der Weltraumstrahlung gleich verlassen muss, sei einmal dahingestellt. Sicher gibt es auch andere Gründe, aus denen eine Ausquartierung für eine gewisse Zeit notwendig erscheint.

Am Tag der Evakuierung nervte uns Shey morgens, weil sie trotz Anweisung der Studienleitung, sich von uns fernzuhalten (sie sollte wegen ihrer Knieverletzung allein im Habitat bleiben), für uns Frühstück machte und Andrzej beim Anziehen seines Anzugs half. Als wir aber nach Aufhebung der Evakuierung und einem langen, öden Tag in einer der Höhlen, in die wir »geflüchtet« waren, zum Habitat zurückkehrten, überraschte sie uns mit der Verkündung, dass alles schon geputzt sei. Normalerweise hätte jeder von uns an diesem Tag – es war unser Putztag – einen Teil des Habitats reinigen müssen, doch sie hatte das komplett für uns übernommen. Mehr noch, sie hatte uns sogar etwas zum Essen zubereitet! Nun musste man immer etwas vorsichtig sein, wenn Shey kochte, aber an jenem Abend gab es Sushi, das uns allen super schmeckte.

Trotz aller Reibereien einte Shey, Andrzej und mich zudem die Faszination für den Sternenhimmel über Hawaii. Nach unserem Desaster mit dem Teleskop im September hatten wir einige Male versucht, es draußen einzusetzen, aber mit einem Helm vor der Nase war es sehr schwer, durch ein Objektiv zu schauen. Dazu machten uns immer wieder Wolken einen Strich durch die Rechnung, monatelang ließen wir deswegen den Himmel vor lauter Frustration links liegen.

Doch nun sollten fünf Planeten gleichzeitig am Nachthimmel zu sehen sein, und das konnten wir uns dann doch nicht entgehen lassen. Obwohl bekennender Morgenmuffel, stand ich morgens um halb vier auf, um das Schauspiel zu verfolgen. Jedoch ließen wir das Teleskop Teleskop sein und gingen, nur mit unseren Kameras bewaffnet, nach draußen. Diesmal spielte das Wetter mit, und wir hatten eine fantastische Sicht nach Osten. Mit etwas Suchen und Rätselraten fanden wir schließlich alle fünf Planeten: Merkur, Venus, Mars, Jupiter und Saturn. Wir scherzten, ob es eigentlich als Simulationsbruch zählt, wenn man vom simulierten Mars aus den echten Mars betrachtet.

Danach schauten wir uns noch den Sonnenaufgang an. Anschließend beendete ich zusammen mit den anderen Crewmitgliedern, die inzwischen für Shey und Andrzej nach draußen gekommen waren, einige Feldmessungen für ein Geologie-Projekt. Den Rest des Tages verbrachte ich im Halbschlaf, aber trotzdem hatte mich das frühe Aufstehen nicht nachhaltig abgeschreckt

Nur eine Woche später beobachteten wir schon wieder einträchtig den Sternenhimmel, wenn auch nur noch mit drei Planeten. Mal machten wir Fotos, mal legten wir uns einfach auf den Rücken und blickten nach oben. Es war kalt, aber in unseren Anzügen waren wir mit mehreren Lagen Kleidung dick eingemummelt. Im Ohr summte der Ventilator, und den Himmel sahen wir durch unsere mittlerweile schon arg zerkratzten Visiere. Doch das alles verstärkte nur unser Gefühl, allein zu sein. Allein unter diesem riesigen funkelnden Sternenmeer, allein unter der Milchstraße, allein vor dem Sonnenaufgang. Wir hörten und sahen niemanden, nur uns. Selten fühlte sich das Leben hier so echt an wie auf dem richtigen Mars.

Viele Menschen, wenn sie allein sind, schaffen sich ein Haustier an, und wohl jeder aus der Crew hätte gern ein Haustier gehabt. Unsere Vorgänger hatten einen Fisch, da man Fische auch mit ins All nehmen kann. Aber den Fisch gab es nicht mehr, außerdem fanden wir Fische doof, da waren wir uns einig. Wir beschlossen, um eine Maus zu bitten. Doch diese Bitte wurde uns abgeschlagen, da die Gefahr bestand, dass wir sie in unsere Gruppe integrieren und wie ein siebtes Crewmitglied behandeln würden. Also fragten wir nach einem Regenwurm, denn den würde niemand von uns mit ins Bett nehmen wollen. Er hatte auch den Vorteil, dass er unseren Pflanzen guttun würde. Wir hatten sogar schon einen Namen für ihn, Eddie the Earthworm. Doch Tierhaltung auf Hawaii ist nicht ganz einfach, es gelten strenge Regeln zur Einfuhr, ebenso zur Haltung. Und in diesem Fall gab es zudem logistische Probleme. Eddies Umzug verzögerte sich immer wieder, bis wir endlich einsahen, dass vor dem Ende der Mission wohl kein Regenwurm bei uns einziehen würde.

Als Ersatz für Eddie schenkte mir Cyprien einen Pappkarton, auf dem »7+ Jahre« stand. »Sieben Jahre Spaß«, sagte er und sah mir zu, wie ich mein neues Haustier auspackte. Das befand sich noch in seinem Ei, in einer Tüte, die neben einigen weiteren sandkorngroßen Eiern gleich ein wenig Nahrung für die ersten Wochen beinhaltete.

Die Mischung schüttete ich in ein Wasserglas – und wartete, dass wenigstens ein Tierchen aus den Eiern schlüpfte. Nach ein paar Tagen weichten die getrockneten Eier auf, erkannten, dass sie sich endlich in lebensfreundlicher Umgebung befanden, und dann konnte ich es kaum glauben: Im Wasser schwamm ein winziger Urzeitkrebs.

Ganz langsam wuchs er heran, Millimeter um Millimeter, und mit der Zeit konnte ich Augen erkennen und einen

Schwanz. Er war schwer inmitten seiner Essenskrümel auszumachen, denn er war nicht nur sehr klein, sondern auch furchtbar schnell. Er flitzte durch sein Zuhause und wirbelte die Krümel auf. Begeistert schaute ich unserem neuen Mitbewohner zu, und weil mir nichts Besseres einfiel, taufte ich ihn »Fish«. Dabei war Fish viel besser als ein richtiger Fisch, der ja den ganzen Tag nichts anderes macht, als vor sich hin zu schweben und dumm zu glotzen. Da lobte ich mir doch den hochaktiven Fish.

Wegen seines Namens sollte er noch einige Verwirrung stiften. Shey, die immer nur »Fish« hörte, jedoch nie das Tier gesehen hatte, erwähnte einen »Fisch« in einem Bericht an unser Mission-Support-Team, den ein Crewmitglied hielt. Kim dachte prompt an Carmel, die ein Fisch-Projekt hatte betreiben wollen, es aber wegen der hawaiianischen Tierhaltungsregeln aufgegeben hatte. Hatte sie etwa hintenherum doch einen Fisch aufgetrieben? »Ich bin nicht sauer auf euch, nur: Wie um alles in der Welt habt ihr das geschafft?«

Carmel, die Fish persönlich kannte, konnte das Missverständnis schnell aufklären. Fishs Anwesenheit war dann kein Problem mehr, da Urzeitkrebse schon erfolgreich auf der ISS mitgeflogen waren und damit als alltauglich galten. Fish jedenfalls durfte bei uns bleiben, sehr zu meiner Freude. Der kleine Wusel war mir inzwischen richtig ans Herz gewachsen.

Als Fish eine gute Woche alt war, hatte sich auch mein Bein wieder einigermaßen erholt, und Carmel und ich konnten zur nächsten Erkundungstour aufbrechen. Um es nach dem letzten großen Ausflug etwas langsamer angehen zu lassen, beschlossen wir, nur einen kurzen Ausflug nach Süden zu machen. Dort hatten wir auf Satellitenaufnahmen eine Handvoll kleinerer Skylights entdeckt, insbesondere zwei unmittelbar benachbarte Löcher hatten unsere Neugierde geweckt. Wirklich viel versprachen wir uns davon zwar nicht, aber dafür war der Weg dorthin vergleichsweise unkompliziert.

Unterwegs fanden wir einige flache Lavaröhren, in die wir jeweils einen Abstecher machten. Trotzdem dauerte es keine Stunde, bis wir die beiden »Schwestern«, wie wir das Doppel-Skylight getauft hatten, nach gemütlichem Schlendern erreicht hatten. Ohne ein einziges Mal hinzufallen. Die Freude war groß, als wir erkannten, dass beide Skylights zugänglich waren. Zuerst stiegen wir in das linke, das nicht viel mehr als eine Delle im Boden war. An einer Seite gab es aber ein Loch, in dem es senkrecht mehrere Meter nach unten ging. Eine Lavaröhre! Vielleicht konnten wir irgendwo in der Umgebung einen weniger gefährlichen Einstieg finden.

Bei der rechten Schwester fanden wir Höhleneingänge auf beiden Seiten, einer davon führte womöglich unter der ersten Schwester hindurch und in genau die Lavaröhre, die wir eben von oben gesehen hatten. Wir hoben uns die, wie wir dachten, spektakulärere Höhle für den Schluss auf, und wandten uns dem anderen Eingang zu. Wir beide vermuteten, dass wir in dieser Höhle nur wenige Minuten verbringen würden.

Ein großer Irrtum. Nachdem wir über einen Geröllhaufen balanciert waren und an den Eingang kamen, sahen wir, dass dort ein großer Spalt klaffte. Groß genug, um hindurchkrabbeln zu können. Carmel kroch behände voran, und als ich ihr gerade folgen wollte, winkte sie mir schon aufgeregt zu. Schnell schob ich mich in die Lücke.

Der Spalt wurde bald größer und höher, sodass ich mich schon nach ein paar Metern auf die Füße stellen und gebückt weitergehen konnte. Eine Taschenlampe hatten wir leichtsinnigerweise nicht mitgenommen, da wir hier keine Höhle vermutet hatten, aber die brauchten wir auch nicht. Ich war inzwischen zu Carmel aufgeschlossen. Wie sie legte ich den Kopf in den Nacken. Wir standen in gleißendem Sonnenlicht, jedoch fast zehn Meter unter der Erdoberfläche!

Die Kammer, in der wir uns befanden, war wie eine Kuppel, so als hätte sich in der unterirdischen Lavaströmung an dieser Stelle eine große Blase gebildet. An der Decke war ein Teil der dünnen Kruste herausgebrochen und abgestürzt, und durch das entstandene Loch fiel ein breiter Sonnenstrahl. Wir konnten unser Glück kaum fassen, dieser Ort war magisch. Eine natürliche Kathedrale und alles andere als unspektakulär.

Nachdem wir uns vorläufig sattgesehen hatten – es war klar, dass wir hierher zurückkommen mussten –, suchten wir an der Rückseite der Kammer einen Ausgang. Den fanden wir auch, und er war auf Knien ebenfalls problemlos zu passieren. Der Engpass mündete in einen weiteren Deckeneinbruch. Begeistert rief ich: »Hier gibt es sogar einen Ausgang!«

Zuvor mussten wir aber den steilen Geröllhaufen erklimmen, über den wir später nach draußen klettern wollten und der uns den Weg zur weiteren Lavaröhre versperrte. Auf der Rückseite des Geröllhaufens stiegen wir dann vorsichtig wieder herab und näherten uns dem Eingang. »Carmel, hier Cookies«, funkte ich, »ich will hier rein.«

Es würde eng werden, und ohne Lampe konnte ich auch nicht weit kommen. Aber ich wollte sehen, ob es sich lohnte, an diesen Ort zurückzukehren. Ich setzte mich auf einen großen Lavablock, von dem aus ich in die Höhle hineinrutschen wollte. Ich streckte die Beine nach vorn, dabei stieß ich an die Höhlendecke. Ein Felsbrocken löste sich und fiel mir auf den Fuß. Ich schaute mir die Wände an, sie sahen tatsächlich nicht sehr vertrauenerweckend aus. Wenn hier ein paar größere Lavabrocken absackten, gab es so schnell kein Entkommen, selbst wenn ich nicht getroffen wurde. Noch etwas erschrocken, funkte ich: »Carmel, hier Cookies, ich will nicht mehr rein.«

Wir krabbelten also wieder den Geröllhaufen hinauf und fanden eine Stelle, an der er bis fast an den Rand des Skylights reichte. Das lose Gestein gab bei jedem Schritt unter uns nach, aber schließlich erreichten wir doch festen Halt und kletterten nach draußen. Aufgeregt liefen wir zu den beiden »Schwestern« zurück und begaben uns nun in die linke Höhle. Dort lagen überall riesengroße Lavabrocken, um die wir navigieren mussten; gleichzeitig ging es steil bergab. Aber auch hier war es hell, und zwanzig Meter hinter dem Eingang erkannten wir auch, warum: Beide Skylights gehörten zur selben Höhle und waren einzig durch einen Zwischenboden getrennt, der sich im Laufe der vielen Male, in denen die Höhle zu unterschiedlichen Zeiten aktiv war, gebildet haben musste.

Die Kammer war fantastisch. Glatte, braune Wände waren mit einer rauen, weißen Kruste überzogen, und weil das Sonnenlicht nur indirekt in die Höhle fiel, war sie in geheimnisvolles, diffuses Licht getaucht. Überall waren Lavatrümmer, die der Höhle ein wildes Aussehen gaben.

Wir folgten ihr noch ein wenig weiter, doch schon bald wurde es zu dunkel und der Boden zu uneben, als dass ein weiteres Vordringen sinnvoll gewesen wäre. Wir lernten unsere Lektion: nie wieder ohne Taschenlampe aufbrechen!

Später kamen wir zusammen mit Cyprien und Tristan hierher, und wir fanden heraus, dass die Höhle sich über hundert Meter fortsetzte und die weißen Salzablagerungen noch dichter und flächendeckender wurden. Überall war es weiß, an den Wänden, an der Decke, und selbst auf dem Boden wuchsen unzählige Salzkristalle. Sie glitzerten im Taschenlampenlicht und wirkten zauberhaft, ein wenig wie Schneeflocken. Allerdings waren sie auch so zerbrechlich wie diese, und jeder unserer Schritte zerstörte einige von ihnen. Deshalb kehrten wir nach diesem zweiten Besuch auch nie wieder in die »Weiße Höhle« zurück.

Zwischen den beiden Besuchen in der »Weißen Höhle« lag noch ein wichtiges Ereignis: unser Bergfest am 28. Februar 2016. Die Hälfte der Mission war geschafft, und wir hatten uns eine Belohnung redlich verdient. Bloß womit konnten wir uns auf dem simulierten Mars belohnen? Außenstehende fragten, ob wir eine große Party schmeißen würden, eine naheliegende Frage. Doch wir konnten niemanden einladen, und mit sechs Leuten ist ein fröhliches Hüte-Tragen und Luftschlangen-Werfen nicht fröhlich, sondern vor allem traurig. Alkohol hatten wir auch nicht, der war verboten, und das Tanzen hatten wir ja vor Kurzem aufgegeben. Was also dann?

Es gab tatsächlich etwas, das wir schon seit 183 Tagen nicht mehr gehabt hatten, sich aber auf dem simulierten Mars in gewissen Grenzen einrichten ließ: einen freien Tag!

Der 28. Februar war ein Sonntag, da gab es sowieso weniger als sonst zu tun, und somit war es abgemachte Sache: Wir würden uns den Tag freinehmen! Und wennschon, dann richtig. Keine Computer waren erlaubt, jedenfalls nicht zum Arbeiten, höchstens um Filme anzugucken oder etwas zu spielen. Und bei der Kommunikation mit unserem Mission-Support-Team wollten wir uns auf das Allernotwendigste beschränken, ihnen nur Hallo und Tschüss schreiben. Und da alle freihaben sollten, hatte auch niemand Küchendienst. Wir wollten Reste essen. Nur unsere Fragebögen füllten wir wie vorgesehen aus, sonntags hatten wir sieben Stück davon, die zusammen vielleicht eine halbe Stunde ausmachten.

Als der freie Tag da war, blieb ich bis fast Mittag im Bett, dann brunchte ich mit den anderen in der Küche. Anschließend joggte ich eine Stunde lang auf dem Laufband und wechselte hinterher Fishs Wasser, bevor ich mit den anderen Pandemic Legacy spielte. Zuletzt tanzten wir Salsa, und weil Tristan aus irgendeinem Grund Carmel gerade aus dem Weg ging, tanzte ich mit Tristan und Cyprien mit Carmel.

Den Grund für die Verstimmung erfuhr ich später. Carmel berichtete mir, sie hätte morgens zusammen mit Tristan einen Brotteig angesetzt, der wundervoll aufgegangen war. Sie hatte dann auf ihn gezeigt und zu Tristan gesagt: »Schau, wie gut er wächst, fast als wäre er unser kleines Baby.« Tristan war daraufhin in Panik geraten und schreiend davongelaufen. Während Carmels Erzählung brach ich in schallendes Gelächter aus. Armer Tristan, dabei war doch ohnehin längst allen klar, dass es für ihn derzeit nur eine Frau gab, auch wenn die kein Interesse an ihm zeigte.

Der erste Tag nach unserem Bergfest war übrigens auch ein besonderer Tag, denn wir befanden uns in einem Schaltjahr, und der 29. Februar führte dazu, dass unsere Mission nicht 365 Tage, sondern fast 366 dauerte: Sie begann am Nachmittag des 28. August 2015 um 15 Uhr und endete am Morgen des 28. August 2016 um 9 Uhr – nach exakt 365 ¾ Tagen.

9
MÄRZ.
FLUCHT

Carmel hatte Geburtstag und dafür mit mir Großes geplant: über sechs Kilometer Laufdistanz in einem Rundweg. Das war länger als alles, was wir bisher an einem Stück zurückgelegt hatten, aber größtenteils kannten wir das Terrain und wussten, dass man bis auf das letzte Viertel gut vorankommen konnte. Vor allem die erste Strecke würden wir zügig bewältigen können, denn sie verlief über unsere Zufahrtsstraße. Diese Straße war für Autos eine Herausforderung, selbst für geländegängige Fahrzeuge, aber für uns Fußgänger um Längen besser als unbearbeitete Lava, die unter einem einbrechen oder verrutschen konnte.

Zu Beginn unserer Tour wollten wir schnell unsere Zwanzig-Minuten-Aufgabe erledigen, kurz einen Blick auf das Wasserexperiment werfen, und dann nichts wie los. Blieben noch dreieinhalb Stunden, das sollte zu schaffen sein! In einem nicht so schwierigen Gelände schaffte man zu Fuß etwa sechs Kilometer in der Stunde – wenn wir uns ranhielten, hatten wir sogar genügend Zeit, die Skylights unterwegs zu begutachten.

So viel zum Plan. An diesem Tag aber hatten wir Funkprobleme, so schlimm, dass unsere eigentliche Zwanzig-Minuten-Aufgabe mehr als vierzig Minuten in Anspruch nahm. Als ich draußen ankam, waren Carmel und Cyprien gerade mit dem Wasserexperiment fertig geworden, und Cyprien ging in die Luftschleuse. Jetzt konnten

Carmel und ich endlich aufbrechen. »Habcom, hier Cookies, wir sind unterwegs.« Der Außeneinsatz dauerte nun schon eine knappe Stunde.

Etwa einhundert Meter weit waren wir gekommen, als mir auffiel, dass weder Carmel noch Habcom Tristan auf meinen Funkspruch reagiert hatten. Nochmals versuchte ich, Carmels Aufmerksamkeit zu erregen. Vergeblich. Stattdessen hörte ich durch meinen Anzug, dass sie selbst einen Funkspruch absetzte, der aber nicht bei mir ankam. Ich informierte Carmel mit Handzeichen und versuchte, sie zu überreden, einfach mit mir weiterzugehen. Doch sie ließ sich nicht darauf ein, und wir kehrten um. Dabei waren ausgefallene Funkgeräte fast schon Routine.

Wir warteten, bis Cyprien von der Luftschleuse ins Habitat gewechselt war. Doch statt nach einem neuen Gerät greifen zu können, rüttelten wir an der verschlossenen Tür. Wir stöhnten, informierten Habcom Tristan und warteten erneut fünf Minuten, bis die Schleusenzeit beendet war und Cyprien die Tür aufschließen konnte. Eine einzelne Luftschleuse war entschieden zu wenig!

Es war nicht das erste Mal, dass diejenigen, die als Erstes ins Habitat zurückkehrten, aus Versehen die Tür verschlossen, obwohl noch ein Team draußen war. Wir hatten sogar ein rotes Schild über dem Türknauf angebracht, aber das wurde häufig einfach übersehen. Die zusätzliche Wartezeit nutzten wir meist, um uns in die Sonne zu legen oder die Landschaft zu betrachten. Doch heute hatten wir einen weiten Weg vor uns, und die Verspätung betrug nun schon weit mehr als eine Stunde. Nachdem die Schleuse wieder auf »Außen« gestellt war – noch einmal fünf Minuten –, griff ich mir Cypriens Funkgerät, und sogleich liefen Carmel und ich los.

An der eisernen Kette, die Unbefugten den Zutritt zum

Gelände verwehren sollte, bogen wir ins Lavafeld ab. Bald darauf fanden wir das erste Skylight. Es war ziemlich klein, aber die Höhle dahinter war von der Höhe, der Länge und vom Aussehen her passabel. Sie hatte sogar einen Ausgang. Eine richtige Höhle zum Warmwerden. Überall lagen riesige Felsbrocken herum, über die wir balancieren mussten. Und auf einer Seite gab es eine Einbuchtung, die vielleicht im Begriff gestanden hatte, ein Seitenarm zu werden, als der Lavafluss stoppte.

Munter zogen wir weiter, passierten ein Skylight ohne Höhlenzugang, dann fanden wir eins, das mit ein wenig Baucheinziehen zugänglich sein konnte. Doch lohnte sich die Mühe? Das konnte man nur wissen, wenn man nachsah. Mit den Beinen voran kroch ich in die Höhle, allerdings erst, nachdem ich kraftvoll gegen die Decke getreten hatte. Noch einmal sollte mir kein Fels auf den Fuß fallen. Die Decke hielt, und so wand ich mich wie ein Wurm vorsichtig über einen steil bergab gehenden Geröllhaufen herunter, die Decke eine Handbreit über meinem Visier.

Meter um Meter ging es langsam vorwärts. Immer wieder überprüfte ich die Decke über und den Geröllhaufen unter mir. Nach fünf anstrengenden Metern musste ich nach links abbiegen, denn die Lücke unmittelbar vor mir war zu eng. Doch hier gähnte hinter einer Steinkante ein schwarzer Abgrund, und aus meiner Position auf dem Rücken konnte ich nicht erkennen, wie weit es nach unten ging. Wahnsinnig tief konnte es nicht sein, denn die gegenüberliegende Wand war nur etwa einen Meter entfernt. Aber schon zwei Meter konnten zu viel sein.

Also legte ich mich auf die Kante und streckte meine Beine nach unten. Ein Horrorfilm fiel mir ein, in dem ein Monster nach seinen unschuldigen Opfern greift, die arglos ihre Beine irgendwo herunterbaumeln lassen. Ich stieß auf etwas mit meinen Füßen, das sich nicht bewegte. Gut. Noch ein wenig Tasten und Winden, und schon stand ich unten. Die Kante befand sich nun auf Brusthöhe, problemlos sollte ich sie auf dem Rückweg erklettern können.

Ich selbst stand auf dem Boden einer halb zugeschütteten Lavaröhre. Stromaufwärts war sie verstopft, aber stromabwärts schien sie weiterzugehen. Allerdings musste ich zuerst an einem koffergroßen Felsen vorbei. Ich funkte Carmel an, beschrieb ihr, was ich sah, schätzte, dass ich in zwei Minuten sagen könne, ob es sich für sie lohnen würde, nachzukommen. Fünf Minuten später stand sie neben mir. Und wie es sich lohnte!

In dieser Höhle gab es keine gigantischen Kammern und auch keine magischen Lichtstrahlen, die durch die Decke fielen. Diese Höhle war nahezu gleichförmig grau. Aber sie war verwinkelt und verzweigt, völlig anders als die höchstens leicht geschwungenen Höhlen aus einer Röhre, die wir bisher erkundet hatten. Wir probierten jede Abzweigung aus, es waren alles Sackgassen, aber das machte nichts. Die Höhle war ein großartiger Spielplatz.

Der Ausstieg ging recht zügig voran, wir wussten ja, dass der Geröllhaufen unter uns nicht nachgeben würde. Doch inzwischen war so viel Zeit vergangen, dass es unrealistisch geworden war, unseren Rundweg wie geplant zu vollenden. Also sahen wir uns noch die Höhle auf der anderen Seite des Skylights an, die nicht groß, dafür aber hübsch war. Anschließend begaben wir uns wieder an die Oberfläche.

Carmel stand schon oben an der Skylightkante, als mir einfiel, dass mein Wanderstock noch am Höhleneingang lehnte. Carmel informierte Habcom Tristan, dass wir uns gleich auf den Rückweg machen würden, während ich abermals nach unten kletterte. Als ich wieder neben ihr stand, mit Stock, sagte sie:»Wir haben nur noch zwanzig Minuten.« Wir nahmen die Strecke, die wir gekommen waren, und erreichten das Habitat mit nur sieben Minuten Verspätung.

Auf der Karte sah unser abseits der Straße zurückgelegter Weg ziemlich mickrig aus, vor allem im Vergleich zu dem, was wir uns vorgenommen hatten. Bei der Nachbesprechung des Außeneinsatzes kommentierten wir das so:»Wir wurden von ein paar Skylights abgelenkt.« Und letztlich war es darum ja gegangen: Skylights zu erkunden.

Der Rundweg hatte es wirklich in sich. Wir sollten noch mehrere Male umkehren, statt ihn zu vollenden. Er schien wie verflucht: Immer wenn wir die volle Länge laufen wollten und die ersten Skylights bewusst links liegen ließen, kamen wir früher oder später doch wieder an welchen vorbei, die wir noch nicht erkundet hatten und die uns so lange aufhielten, dass wir wieder vorzeitig umkehren mussten.

Eines der Skylights führte zu »Tristans Höhle«. Sie wurde nach ihm benannt, weil er, als er uns bei dem Ausflug begleitete, etliche Male enttäuscht ausrief:»Jetzt ist sie zu Ende!« Woraufhin ich an ihm vorbeiging und doch noch einen Durchschlupf fand. Nach mehr als siebenhundert Metern Länge endete sie aber letztlich doch in einer Sackgasse. Es gab dort nur ein winziges Loch in der Decke, in den Kammerwänden fand selbst ich keine Lücke mehr.

Monate später erhielt eine andere Höhle den Namen »Cypriens Höhle«, es war eine Höhle, die wir auf unserem Rundweg aus der entgegengesetzten Richtung erreichten. Als wir das zugehörige Skylight erreichten, wollten wir eigentlich rasch wieder umkehren, da die Zeit langsam knapp wurde. Aber während wir noch überlegten, ob man aus dem Skylight wieder herauskommen könnte, war Cyprien schon in dieses hineingesprungen. Er verschwand in einem der Hohlräume und tauchte erst nach ein paar Minuten aus einem anderen wieder auf. Er beschrieb die Höhle als nicht sonderlich groß oder sensationell, und so machten wir anderen uns nicht die Mühe, ihm zu folgen. Stattdessen ließen wir eine Strickleiter herab, die wir ausnahmsweise dabeihatten. An ihr kletterte Cyprien hoch.

Seine Höhle war eine der wenigen, die ich nicht mit eigenen Augen gesehen hatte. Dabei entdeckten wir in den nächsten vier Monaten annähernd einhundert Höhlen und Höhlenabschnitte, die in irgendeiner Form zugänglich waren. Mir kam zugute, dass ich die Kleinste und Schlankeste in der Crew war. Häufig kroch ich voran, und nur wenn ich mich ohne große Probleme durch einen Spalt zwängen konnte, gab ich den anderen das Zeichen, mir zu folgen. Ich lernte schnell abzuschätzen, wo ich mit meinem Anzug noch hindurchpasste und wo nicht. So erkundeten wir mehr als einmal hinter Engpässen, vor denen die anderen ohne mich längst kapituliert hätten, riesige Kammern, mystische Lichtverhältnisse oder ausgefallene Gesteinsformationen.

Bald hatte ich auch heraus, was meine Kameraden meistern konnten und was eher nicht. Vor allem aber lernte ich, den anderen zu vertrauen. Nicht selten machte ich mir in einem engen Durchgang Gedanken, während ich meinen Anzug von einem Felsvorsprung befreite oder während meine Arme ermüdeten, wenn mal wieder die Geometrie der Höhle nicht zu der Geometrie meines Körpers passte und ich unfreiwillig minutenlang in der Liegestütz-Position zubringen musste. Mir war immer bewusst, dass ein Unfall in dieser Situation fatale Folgen haben konnte.

Ohne Vorwarnung konnte ein Stück Decke herunterfallen und den Durchgang zwischen den anderen und mir verschütten. Nicht, dass das sehr wahrscheinlich wäre, da die Höhlen, in denen wir uns aufhielten, ausgesprochen stabil waren; die Deckeneinbrüche, die wir passierten, waren jahrzehnte-, wenn nicht jahrhundertealt. Sollte hinter mir trotzdem ein Eingang zusammenfallen, war ich jedoch in akuter Lebensgefahr, selbst wenn ich unverletzt blieb.

Doch ich wusste, dass Carmel jeden Stein zur Not per Hand und allein zur Seite räumen würde, um mich zu befreien. Cyprien und Tristan ebenso. Carmel dachte immer mit, war, wo es möglich war, in Funkreichweite. Oder sie lief zum nächsten Skylight, um mich dort zu erwarten, wenn sie mir nicht durch die Höhle folgte. Im Gegenzug gab ich ihr, so gut ich konnte, Einschätzungen durch, wie weit es noch war, wie eng und wie lange ich voraussichtlich brauchte. Und ob es sich für sie nicht doch lohnte, mir zu folgen.

Bei anderen Gelegenheiten halfen wir uns gegenseitig über hohe Felshindernisse hinweg oder achteten auf unsere Ausrüstung. Und weil ich so leicht war, durfte ich häufig auf eine Räuberleiter klettern, um nachzuschauen, ob es sich lohnte, etwa einen Steinhaufen aufzubauen, damit die anderen einen Seitenarm auch erkunden konnten.

Unsere Abenteuer blieben Shey und Andrzej nicht verborgen, im Gegenteil. Gerade wenn Carmel und ich allein unterwegs gewesen waren, mussten sich die beiden zusammen mit Cyprien und Tristan während der Nachbesprechung endlose Schwärmereien über die x-te Höhle anhören und die y-te Ladung an Gesteinsproben bestaunen. Glänzende Steine hier, ein Stück Lava dort, das beim Flug durch die Luft die Form eines Hakens angenommen hatte. Lava mit Poren so groß wie ein Fingernagel und leicht wie eine Feder, daneben Lavabomben faustgroß und schwer wie ein Bowlingball, überzogen mit einem feinen Muster aus Salzkristallen, das die Risse im Gestein nachzeichnete.

Andrzej wollte nach wie vor lieber im Habitat bleiben, da fühlte er sich wohl. Unsere Ausflüge unterstützte er, indem er nahezu jedes Mal die Aufgaben des Habcom übernahm und das Funkgerät im Habitat überwachte. Shey wäre gern mitgekommen, allerdings musste ihr Knie erst wieder belastbar werden.

Die vielen Außeneinsätze machten natürlich hungrig, und das Essen wurde für uns immer wichtiger. Aufläufe, Fleischbällchen, Sushi, Spaghetti mit Tomatensoße, Kartoffelbrei oder Quiche – alles war willkommen. Carmel versorgte uns weiterhin mit Salat, Kresse und Radieschen, leider nur gelegentlich, dann, wenn geerntet werden konnte. Sie selbst hatte die ungewöhnlichsten Essgewohnheiten von uns. Egal was gekocht wurde, sie aß fast immer eine Schüssel Spinat dazu. Als sie im Frühjahr Dutzende unserer Vier-Liter-Konservendosen mit Spinat allein aufgegessen hatte, stieg sie überraschend für den Rest der Mission auf Brokkoli um. Doch ihre Affinität zu Grünzeug war nicht das Einzige, was bei ihr ungewöhnlich war. Aßen andere zu den üblichen Mahlzeiten, nahm Carmel den Großteil ihrer Kalorien zwischen diesen zu sich. Kam ich in die Küche, und sie trieb nicht gerade Sport, stand sie eigentlich immer in unserer Vorratsecke und stopfte irgendetwas in sich hinein. Sie nahm nur nicht zu, weil sie sich so viel körperlich bewegte.

Cyprien dagegen favorisierte Frühstücksfleisch, Spam genannt. Am Anfang aß er es so, wie es aus der Dose kam, aber irgendwann einmal zeigte ihm Shey, dass man das

Fleisch auch braten konnte. Von dieser Variante konnte er nicht genug essen. Den Hauptspeisen konnten wir kein Frühstücksfleisch hinzufügen, da Andrzej es nicht mochte, aber man konnte es ja als Beilage servieren. Von unseren unzähligen Dosen, die wir im Laufe der Mission verdrückten, landeten mindestens drei Viertel in Cypriens Magen. Tristan wiederum liebte Chex, gepuffte Frühstückszerealien, die er stundenlang in Milch aufweichte. Außerdem aß er gern Eiscreme. Genau genommen mochte er die Creme mehr als das Eis, denn dass musste ebenfalls erst einmal lange angetaut werden, bevor er es verspeiste.

Neben der Cookies- war ich auch die Brezelkönigin. Wir hatten große Plastikbehälter, die gut zehn Liter Wasser fassten, oder eben Hunderte kleiner Brezeln. Richtig toll schmeckten die zwar nicht, aber ich knabberte nun mal gern. Außerdem waren die Plastikbehälter unglaublich praktisch. Nach ihrem Erstleben als Brezelverwahrstätte fungierten sie als Aquarium für Cypriens Bakterien, als Sammelbehälter für meine Destillen oder als Wohnzimmer für eine riesige Spinne, die wir gefangen hatten, dann aber doch wieder freiließen.

Von Ausrutschern abgesehen, war unser Essen sehr gut. Wir mussten gelegentlich immer noch einzelne Zutaten improvisieren, aber das brachte uns auch dazu, mehr Gedanken auf unser Essen zu verwenden, als wir das auf der Erde getan hätten. Viele von uns nutzten daher den Aufenthalt im Habitat, um etwas mehr auf die eigene Gesundheit und Fitness zu achten. Vier von uns hatten sich vorgenommen abzunehmen, und waren damit auch mehr oder weniger erfolgreich.

Tristan stieg einmal vor dem Abendessen auf die Waage und heulte, dass er immer noch 148 Pfund wiegen würde: »Was habe ich bloß getan?« Als wir fragten, was daran so schlimm sei, entgegnete er: »Na, wenn ich auf dem Mars schon 148 Pfund wiege, dann wiege ich doch auf der Erde über 400 Pfund!« – womit er im Prinzip recht gehabt hätte, wenn wir uns auf dem echten Mars befunden hätten, wo die Anziehungskraft nur ein Drittel der Kraft ausmacht, die auf der Erde herrscht (und die Waage auf dem Mars tatsächlich 148 Pfund angezeigt hätte). Dabei näherte er sich schon zielstrebig seinem Idealgewicht und machte täglich mehrere Stunden Sport – zusammen mit Carmel.

Sie trainierten zu einer Reihe von Fitnessvideos mit dem einprägsamen Namen *P90X*. Cyprien und ich versuchten uns auch mal daran, gaben aber vor lauter Langeweile bald wieder auf. Ein paar Monate später wechselten Tristan und Carmel zu einem Fitnessprogramm, das sie »Jeff-Workout« nannten, nach einem Freund Carmels, der als Fitnesscoach arbeitet. Das Programm bestand aus zahlreichen Folterübungen, die man jeweils eine Minute lang durchführte, gefolgt von einer Pause von zehn Sekunden. Insgesamt war man mit dem Programm eine knappe Stunde beschäftigt und hinterher ziemlich k. o.

Carmel reichte das nicht, sie fuhr zusätzlich noch Fahrrad. Und irgendwann begann sie, für einen Marathon zu trainieren. Und weil das Joggen auf dem Laufband nach so viel Spaß aussah, beschloss bald auch Tristan, für einen Marathon zu trainieren.

Beide rannten mindestens einen Marathon, noch bevor die Mission beendet war. Der erste HI-SEAS-Marathon jedoch ging auf Cypriens Konto, der, hart im Nehmen, wie er war, die Strecke ohne großes vorheriges Training lief. Sehr zu unserer Belustigung, denn anschließend konnte er fast eine Woche lang nicht mehr normal gehen.

Als Carmel und Tristan das Laufband immer länger für

sich beanspruchten, wurde es schwieriger, dass auch andere auf ihm trainieren konnten. Nicht selten waren die Nachmittagswolken aufgezogen, bevor alle gelaufen waren. Dabei hatten wir etwas bekommen, das uns eigentlich ein wenig Wolkenpuffer bescheren sollte: einen dritten Hauptakku.

Mit den beiden schon vorhandenen Akkus hatten wir ja ausreichend Energie für die Nacht und den frühen Morgen. Mit dem dritten konnten wir auch mal einen Tag überbrücken, an dem die Wolken etwas früher aufzogen als sonst. Doch irgendwie gab es diesen dritten Akku nicht. Nach wie vor lebten wir nach Andrzejs strenger Energiesparpolitik, die vorsah, Luxusaktivitäten wie das Laufen auf dem Band nur auszuüben, wenn die Akkus voll geladen waren und die Sonne weiterhin schien. Nach Sonnenuntergang oder wenn die Wolken so dicht waren, dass die Solarpaneele keinen Strom mehr hergaben, sollten wir so wenig Energie wie möglich verbrauchen.

Da nun aber fünf Leute auf dem Laufband trainieren wollten, reichte die Sonnenzeit nicht mehr. Wir setzten uns hin und rechneten durch, welchen Akkustand wir zu bestimmten Uhrzeiten mindestens haben mussten, um das Laufband nutzen zu können, ohne Gefahr zu laufen, dass uns nachts der Strom ausging. Wenig überraschend: Mit unserem dritten Akku konnten wir selbst bei leichter Bewölkung noch laufen.

Ich war darüber erleichtert, denn ich hatte mich in den vergangenen Monaten zu wenig bewegt. Das merkte ich vor allem daran, dass ich bei Außeneinsätzen immer häufiger hinter Carmel und Tristan zurückblieb. Generell fühlte ich mich träger, und mein Körper begann, sich auf seine Weise zu beschweren. Ein Wehwehchen hier, ein Wehwehchen dort. Ständig tat etwas weh, obwohl es nie eine erkennbare Ursache dafür gab. Wochenlang schmerzte mir beispielsweise der Rücken, bis mir eines Tages auffiel, dass ich nach besonders langen Außeneinsätzen beschwerdefrei war. Versuchsweise erhöhte ich daraufhin an Tagen ohne Außeneinsatz mein Pensum auf dem Laufband, und siehe da, meine Rückenschmerzen verschwanden vollständig.

Einen Tag nachdem ich vom Gehen aufs Laufen umgestiegen war, fing auch Shey wieder zu rennen an, die bis dahin ihr Knie geschont hatte. Tristan kommentierte das so: »Und wenn du aufs Klo gehen würdest, würde sie dir hinterherkommen, nur damit du nichts tust, was sie nicht auch tut.« Er spielte damit auch auf einen Vorfall an, der sich kurz zuvor ereignet hatte. Ich hatte für ein Motiv meine Kamera mit Stativ aufgebaut. Noch während ich das Stativ ausrichtete, stellte Shey sich mit ihrem Stativ daneben. Irritiert fragte ich, was das soll, woraufhin sie schnippisch antwortete, dass ja wohl jeder ein Foto machen dürfe. Womit sie nicht unrecht hatte, weshalb Tristan und Cyprien ihre Kameras zwischen unseren beiden Stativen aufstellten, was Shey mit einem säuerlichen Gesicht quittierte.

Doch wieder hatte ich mich von ihr kopiert und kontrolliert gefühlt. Dann wollte sie mir in ein Projekt hineinreden, das sie kurz zuvor selbst noch entnervt abgetreten hatte. Es kam zu einem kurzen, aber heftigen Schlagabtausch, in dem ich ihr klarmachte, dass sie sich aus meiner Arbeit heraushalten soll. Hinterher kam sie zum wohl ersten Mal während der Mission in mein Zimmer. Wir sprachen noch einmal über jenes Projekt, dann über den nächsten Außeneinsatz. Den Streit selbst sparten wir aus, aber immerhin: Wir lachten wieder zusammen. Trotzdem war ich zum ersten Mal seit der Halbzeit froh, dass der größere Teil der Zeit hinter uns lag.

Das gefürchtete dritte Viertel – wir waren mittendrin. Während wir draußen die tollsten Entdeckungen machten, ging es drinnen nur schleppend voran.

Der Großteil unserer Pflanzen war mittlerweile trotz liebevoller Pflege dahingesiecht, was nicht gerade die Stimmung hob. Die Pflanzen waren außer uns die einzigen Lebewesen im Habitat, und es schmerzte, ihnen beim langsamen Sterben zuschauen zu müssen. Doch der größte Tiefschlag kam, als Fish starb. Es war ihm offensichtlich schon seit Tagen schlecht gegangen, und wäre er ein Mensch gewesen, hätte er bestimmt gesagt, er hätte Schmerzen. Er wand sich regelrecht vor Krämpfen. Obwohl: Bei einem Urzeitkrebs konnte ich das nicht so genau sagen. Doch Fish schleppte sich nur noch mühsam durchs Wasser. So gern hätte ich dem kleinen Kerlchen geholfen. Ich versuchte es mit einem vorsichtigen Wasserwechsel, gab ihm frisches Futter, stellte sein Becken an den wärmsten Ort in meinem Zimmer. Doch alles war vergeblich, und das Schlimmste war, dass ich ihn nicht einmal trösten konnte. Eines Abends fand ich ihn dann leblos im Wasser treibend.

Es dauerte ein paar Tage, bis ich den Zusammenhang zwischen den sterbenden Pflanzen und dem toten Urzeitkrebs herstellte. Doch als Carmel von Atemproblemen berichtete und ich selbst unter Kopfschmerzen litt, obwohl ich überhaupt nicht für Kopfschmerzen anfällig bin, schrie mich die Erklärung regelrecht an: Vergiftung.

Unsere Pflanzen gingen wegen einer Fliegenplage ein, deren Larven die jungen Wurzeln anknabberten. Und weil alle anderen Mittel nichts geholfen hatten, setzten wir ein Insektenvernichtungsmittel ein. Unserer Crewärztin und Sicherheitsbeauftragten hatten wir aufgetragen, eines zu finden, das in Gebäuden bedenkenlos benutzt werden könne. Sie hatte eins ausgesucht. Erst als ich darauf bestand, dass wir Anzeichen einer Vergiftung zeigten, Shey aber beteuerte, dass das nicht an dem Insektengift liegen könne, forschten wir nach. Schon der erste Fachartikel bestätigte unseren Verdacht. Was auch immer Shey glaubte, gelesen zu haben, traf nicht zu. Weder war das Mittel völlig unbedenklich, noch baute es sich in einer sonnenlichtfreien Umgebung ab.

Das Fliegenproblem bestand aber weiterhin. Da Fish tot war, wir Menschen aber unsere Symptome im Auge behalten konnten, entschlossen wir uns, das Insektengift wohl oder übel weiter zu verwenden, nur in einer viel niedrigeren Dosierung als bisher.

Diese neuerlichen Konflikte waren jedoch bald wieder vergessen, denn auf uns wartete unsere nächste Nachschublieferung Ende März. Kim hatte uns aufgetragen, nicht für zwei Monate, sondern für vier Monate im Voraus zu planen. Dafür reichte es nicht, alle Mengen an Lebensmitteln, die uns demnächst ausgingen, einfach zu verdoppeln. Wir mussten vorausschauen, was uns in den nächsten vier Monaten ausgehen würde. Es war ein Kraftakt, und Carmel und ich, die die Liste größtenteils erstellten, vernichteten dabei so manche Packung Süßigkeiten.

Als die Lieferung dann kam, standen wir vor einem Problem: Der Platz in unserem Lagercontainer war noch der gleiche, aber wir hatten nun das Doppelte der sonstigen Menge unterzubringen. So begannen wir damit, alles, was sich irgendwie komprimieren ließ, zu komprimieren. Eingeschweißte Lebensmittel wurden von ihren zusätzlichen Kartons befreit, unnötig aufgeplusterte Tüten wurden geöffnet und neu versiegelt. Vieles in Kartons wurde in Tüten umgepackt, denn die nahmen weniger Platz weg.

Unter der Kiste, die unsere MX-C-Anzüge enthielt, schichteten wir Mehlsäcke und Nudeltüten. Auf dem Verschlag um die Wasserpumpe stapelten wir Toilettenpapier und Küchentücher. Unter die Behältnisse in der Luftschleuse mit den Ersatzteilen für unsere Anzüge schoben wir weitere Kartons mit Nudeln. Gefriergetrocknete Äpfel landeten im Regal unterhalb der Treppe, in dem schon das Aquarium mit Cypriens Cyanobakterien stand. Und ein riesiger Sack mit gefriergetrocknetem Brokkoli fand seinen Platz in dem Stauraum über unseren Zimmern. Wir bekamen alles irgendwo unter, irgendwie. Andrzej mochte Rosinen? Sehr gut, dann konnte er ein paar Beutel vorübergehend bei sich lagern. Tristan liebte Cornflakes? Noch besser, dann waren sie in seinem Zimmer ohnehin am besten aufgehoben.

Nach dem großen Einsortieren kehrte der Alltag wieder in unser Habitat ein. Wir redeten über das, worüber wir ständig sprachen, den nächsten Außeneinsatz oder die nächste Reparatur. Aber vermehrt fingen wir auch an, unsere Pläne für die Zeit nach dem Ende der Mission preiszugeben. Tristan plante eine Reise zu einer großen Höhle in Südostasien. Ich selbst wollte wieder in den Norden Europas, und Cyprien, ganz nüchtern, hatte vor, seine Doktorarbeit zu Ende zu bringen.

Meist führten wir solche Gespräche in der Luftschleuse, wo Cyprien und ich häufig unser Mittagessen einnahmen. Sie war einer der hellsten Orte im Habitat, da der Durchgang zwischen ihr und der eigentlichen Kuppel auf einer Breite von einem halben Meter nur mit einer einzelnen Plane überdacht war statt wie die restliche Kuppel mit zwei.

Die Luftschleuse war einer meiner Lieblingsorte, eben

weil es dort vergleichsweise hell war. Obwohl wir auch dort die Sonne nicht sehen konnten, war sie doch spürbar, wenn sie durch die einzelne Plane in den Eingangsbereich der Luftschleuse fiel.

Doch ich mochte die Luftschleuse noch aus einem anderen Grund: Dort führten wir unsere Virtual-Reality-Experimente durch. Dazu setzten wir eine 3-D-Brille auf und machten es uns in einem Liegestuhl bequem. Von dort aus reisten wir zurück auf die Erde, besuchten Strände, Wälder und Städte. Ich fand diese Ausflüge sehr angenehm, sie brachten ein Gefühl von Heimat ins Habitat. Aber sie führten uns auch buchstäblich vor Augen, wie weit entfernt wir von alldem wirklich waren.

Während der Experimente war mir immer bewusst, dass ich alles durch eine Brille sah, und sobald ich sie absetzte, war die Welt voller Grün, voller Wasser und Menschen wieder verschwunden. Es war alles nur eine Illusion, eine feinkörnige Abbildung der fernen Realität. Wie ein Fremdkörper hing die Brille auf meiner Nase und zeigte mir dicht belaubte Bäume, dabei erstreckte sich um mich herum karges, zerklüftetes Lavagestein bis zum Horizont. Das Gestein war wirklich, das irdische Leben nur ein bewegtes Bild.

Sosehr ich die Außeneinsätze wegen ihres Abenteuercharakters auch genoss, in einem Punkt ließen sie mich doch unbefriedigt. Die Landschaft vor unseren Augen war zum Greifen nah, und doch konnten wir sie nicht berühren. Nichts konnten wir draußen spüren bis auf das ewig gleiche Innere unserer Anzüge. Es war fast so, als wären wir gar nicht hier, sondern nur in einer virtuellen Realität. Irgendwie war es ja auch so. In dieser Zeit fühlte ich mich weder auf dem Mars wirklich daheim noch auf der Erde.

Einzig unser Habitat war unser Zuhause, das war greifbar, das war unsere Welt.

Sollten die Menschen jemals zum echten Mars fliegen, werden sie für sehr lange Zeit dort nur zu Gast sein. Ein Gast, der sich immer eine Distanz zu seiner Umgebung bewahrt, egal wie vertraut sie ihm geworden ist.

Aber auch die Erde würde nicht mehr ihr Zuhause sein, denn zu fern war alles, räumlich und zeitlich. Ich selbst merkte, wie mich Nachrichten aus der Heimat nur wenig berührten, sie waren seltsam zeitlos. In ihnen war oft von »gestern Abend« die Rede, gemeint war unser Heute, aber draußen schien doch noch die Sonne.

Und für die Erdlinge war ich auch nicht mehr da. Am Anfang der Mission bekam ich mehr neugierige E-Mails, als ich beantworten konnte. Doch jetzt, nach fast sieben Monaten, war die Mission nichts Neues mehr, und kaum einer interessierte sich für uns. Selbst von meiner Familie kamen weniger Mails. Ich fühlte mich vergessen.

Dabei stand uns die schwerste Prüfung noch bevor.

10
APRIL.
TIEFE SPALTUNG

Eines späten Abends Ende März hatte ich einen – wie ich fand – großartigen Einfall. Kichernd trat ich in Carmels Zimmer. Sie saß auf ihrem Bett, Füße auf einem Hocker und arbeitete an ihrem Bericht für den Tag. Tristan fläzte neben ihr, seinen Laptop auf dem Schoß, und sah mich neugierig an, als ich die Tür hinter mir schloss – gewöhnlich ein Zeichen dafür, dass ich etwas zu besprechen hatte, das nicht jeder im Habitat sofort hören sollte.

Ohne Umschweife verkündete ich, was mir auf dem Herzen lag: »Ich habe die perfekte Idee für einen Aprilscherz.« Tristan, für einen Spaß immer zu haben, war sofort ganz Ohr. Als ich meinen Einfall erläuterte, weiteten sich seine Augen vor vergnügtem Entsetzen. Carmel krümmte sich vor Lachen.

In den vergangenen Monaten waren wir ständig gefragt worden, ob sich im Habitat Beziehungen gebildet hätten und wie wir andernfalls denn mit so einer langen sexfreien Zeit umgingen. Davon abgesehen, dass wir dieses Einmischen in unser Intimleben ziemlich unverschämt fanden, verwunderte uns die Ignoranz der Fragesteller. Als ob jeder Mensch seinen Trieben jederzeit nachgehen könnte. Schließlich gibt es etliche Menschen, die längere Zeit ohne Beziehung sind oder ohne die räumliche Nähe des Partners auskommen müssen. Einige von uns lebten vor dem Einzug ins Habitat schon seit Jahren entweder als Single oder in Fernbeziehungen.

Da nun aber viele Menschen eine Antwort auf diese Frage zu erwarten schienen, wollten wir ihnen die nicht länger vorenthalten, erst recht nicht, da der 1. April unmittelbar bevorstand: Zwei von uns sollten sich klischeehaft in der Pose glücklicher, werdender Eltern aufbauen, und um das Paar herum die anderen vier Crewmitglieder, die Begeisterung ins Gesicht geschrieben. Das Foto wollten wir mit einem pseudo-ernsten Hinweis auf die bevorstehende Vergrößerung der Crew veröffentlichen.

Als ich meinen Vorschlag tags darauf der restlichen Mannschaft präsentierte, stieß er auf Widerstand. Die Medien könnten das ausnutzen und die Privatsphäre Einzelner verletzen. Selbst beim Mission-Support-Team könnte dieser Scherz riskant sein, denn bevor der Aprilscherz als solcher enttarnt wäre, würde es zu viel Gerede geben. Ich traute meinen Ohren nicht, konnte aber aushandeln, Kim um Erlaubnis zu bitten, das Foto an Mission Support zu schicken. Das würde zwar Kim den Spaß verderben, aber hoffentlich auch verhindern, dass jemand das Foto den Medien steckte.

Die Diskussion hielt ich für absurd, da sämtliche Kommunikation innerhalb der Missions-Kanäle ohnehin vertraulich war. Aber an Absurditäten hatte ich mich längst gewöhnt. Das Mission-Support-Team jedenfalls nahm das »Werdende-Eltern«-Foto überaus sportlich auf, und selbst nachdem es enttarnt war, gaben alle gern zu, dass sie hereingefallen waren. Sie lobten den Scherz sogar als einen der besten an diesem Tag.

Beziehungen sind aus missionsplanerischer Sicht durchaus interessant, aber in anderer Hinsicht, als die meisten das vielleicht erwarteten. Auf das, was während einer Mission passiert, haben Planer keinen Einfluss mehr, wohl aber auf die Zusammenstellung der Crew vor ihrem Beginn: Sollte man lieber Singles oder Verheiratete auswählen?

Die Vorteile von Singles liegen auf der Hand: Sie haben außer guten Freunden oder einzelnen Familienmitgliedern niemanden, nach dessen Nähe sie sich sehnen können. Sie brauchen auch nicht die Eifersucht der Daheimgebliebenen zu befürchten. Anders bei verheirateten Crewmitgliedern, da kann eine Beziehung in die Brüche gehen, falls diese mit einem Kollegen oder einer Kollegin anbandeln.

Shey und Andrzej waren in unserer Crew die beiden einzigen verheirateten Crewmitglieder. Die Vorteile der Singles hatten sie nicht, stattdessen konnten sie sich aber nach Missionsende auf jemanden freuen. Auf jemanden, der sehnsüchtig auf ihre Rückkehr wartete und mit dem sie ihre Gedanken und Gefühle austauschen konnten. Nicht, dass ich das mit Carmel oder Cyprien nicht auch getan hätte. Aber da wir von Ereignissen im Habitat immer gemeinsam betroffen waren, verlagerte sich etwaiges Ausheulen schnell aufs Lästern oder gegenseitiges Schulterklopfen. Eine nüchterne Reflexion war so schwieriger.

Außerhalb des Habitats hatte ich niemanden, dem ich meine Sorgen und Nöte hätte anvertrauen können. Zwar stand ich mit diversen Freunden und meiner Familie in Kontakt, aber nicht so eng, dass sie diese Sorgen und Nöte hätten nachvollziehen können. Einige Male versuchte ich es trotzdem und ließ ein paar Kommentare in E-Mails einfließen. Doch diese eher zaghaften Versuche gingen unbemerkt unter oder wurden als harmlose Beschwerde à la »Mein Zug hatte heute wieder fünfzehn Minuten Verspätung« missverstanden – wenn ich doch eigentlich mitteilen wollte, dass der Zug am Entgleisen war.

Diese Unbedarftheit nahm ich niemandem übel, wie

auch. Wir waren hier auf dem simulierten Mars, und das Leben auf der Erde ging weiter. Ohne uns. Zur Arbeit gehen, am Abend Essen auf den Tisch stellen, den nächsten Urlaub planen. Vielleicht zwischendrin ein paar Gedanken an die Freundin oder Verwandte auf dem Mars. Aber wirklich verstehen, wie es ihr gerade ging, das konnte im Grunde keiner, zu verschieden waren unsere Welten. Mir wurde bewusst, worin die Einsamkeit auf dem Mars besteht: Es gibt auf der Welt nur sehr wenige Menschen, die Ähnliches durchgemacht haben und sich in unsere Lage hineinversetzen können. Im Umkehrschluss hieß das jedoch, dass wir uns in einer einmaligen Lage befanden. Uns standen Möglichkeiten offen, von denen die meisten Wissenschaftler nur träumen konnten. Im April hatten wir immer noch mehr Zeit übrig, als die ersten beiden HI-SEAS-Missionen jeweils gedauert hatten, nämlich über vier Monate. Genug, um ein paar letzte Abenteuer zu starten, aber definitiv zu wenig, um in Selbstmitleid zu zerfließen.

Cyprien, unser Astrobiologe, und ich planten ein neues Experiment. Das sollte zwar erst im Juni beginnen, aber bis dahin mussten wir einiges vorbereiten: Wir nahmen ein wenig »Marsboden« und versetzten ihn mit Perchloraten. Das Gestein des Mauna Loa ähnelt ja dem echten Marsgestein, nur eine Zutat fehlt ihm, um als solches durchzugehen, und das ist Perchlorat, ein leider giftiges Salz.

Ohne dieses Salz wäre echter Marsboden erstaunlich gut geeignet, um Pflanzen anzubauen, denn er enthält viele wichtige Mineralien. Im Labor brachte das Mauna-Loa-Gestein, versetzt mit ein wenig Wasser und Dünger, schon erste Nutzpflanzen hervor. Um auf dem Mars

Ackerbau zu betreiben, müsste man also keine Erde mitbringen, sondern könnte den vorhandenen Marsboden nutzen. Wenn er denn keine Perchlorate enthielte. Doch wie stark verseucht müsste der Boden mit diesen Salzen sein, damit überhaupt keine Pflanzen mehr auf ihm wachsen können, trotz guter Düngung und ausreichend Wasser? Und sollten Pflanzen tatsächlich wachsen, wie viel Perchlorat nehmen sie dann auf?

Um das herauszufinden, betätigten Cyprien und ich uns als Gärtner. Anders als der »Marsianer« hatten wir geruchsneutralen Dünger zur Verfügung, und wir bauten auch keine Kartoffeln an, sondern Radieschen. Die brauchten natürlich auch eine gewisse Zeit zum Wachsen, und so sollte das Pflanzexperiment bis zum Schluss der Mission dauern, bis wenige Tage vor unserem Auszug.

Neben den Vorbereitungen für unsere Perchlorat-Radieschen beschäftigten wir uns mit den physikalischen Herausforderungen für biologische Experimente im Weltraum. Statt um Radieschen ging es hierbei um Cyanobakterien, die üblicherweise in Wasserbehältern gezüchtet werden. Überall im Habitat hatte Cyprien kleine Aquarien und Erlenmeyerkolben verteilt, die mit einer grünen, trüben Suppe gefüllt waren, sie sah wie veraltetes Wasser aus. Doch Wasser im All bringt seine eigenen Schwierigkeiten mit sich.

Wasser auf der Erde hat die angenehme Eigenschaft, sich in der Regel entweder am Boden oder auf dem Weg dorthin zu befinden. Im Weltraum jedoch gibt es kein Oben oder Unten, wohin das Wasser sich begeben könnte, und so schwebt es in der Luft herum. Gießt man auf der Erde den Inhalt eines Reagenzglases in ein anderes, würde man im All, im Raumschiff, mit der gleichen Handbewegung ein waberndes, nasses Etwas erzeugen, das sich früher oder später in die elektronischen Systeme des Raumschiffs verirren und technische Störungen hervorrufen kann. Wenn selbst die Luft, die man atmet, technisch aufbereitet werden muss, möchte man entsprechende Störungen natürlich vermeiden. Alternativ kann sich der Wasserball auch in kleinere schwebende Tröpfchen zerteilen, die vielleicht noch herumschwebenden Unrat aufsammeln und sich in Augen oder Nase der Astronauten begeben. Kurz gesagt: Flüssigkeiten verhalten sich im Weltall anders als auf der Erde, und das muss bei Experimenten berücksichtigt werden, wenn man die Gesundheit der Astronauten nicht aufs Spiel setzen möchte.

Das eigenwillige Verhalten von Flüssigkeiten ist nur eines von vielen Problemen, die man berücksichtigen muss, möchte man Cyanobakterien mit ins All nehmen. Doch warum möchte man das überhaupt? Wozu Bakterien mit zum Mars nehmen?

Cyanobakterien sind verantwortlich für das wohl größte Massensterben der Erdgeschichte. Vor ungefähr 2,4 Milliarden Jahren begannen sie als Erste mit der Herstellung von Sauerstoff, als Abfallprodukt ihres Stoffwechsels. Anfangs störte das kaum ein anderes Lebewesen, doch irgendwann hatten die rücksichtslosen Bakterien mit ihrem Treiben die Konzentration des Sauerstoffs in der Atmosphäre so weit erhöht, dass die meisten ihrer Zeitgenossen an Vergiftung starben.

Für uns Menschen war das aus zweierlei Gründen gut. Zum einen, weil wir dank der rücksichtslosen Cyanobakterien überhaupt existieren, zum anderen, weil diese egoistischen Bakterien auf dem Mars genau das Gleiche tun könnten wie auf der Erde, nämlich Sauerstoff produzieren. Im Prinzip könnte man Sauerstoff auch aus der kohlendioxidhaltigen, veratmeten Luft mithilfe von spezieller

Technik zurückgewinnen, und genau das wird auf der Internationalen Raumstation auch gemacht. Doch Bakterien haben gegenüber Geräten einen großen Vorteil: Sie können sich regenerieren. Selbst wenn man fast die komplette Bakterienkolonie auslöschte, benötigt man nur ein paar Individuen, um eine neue Sauerstofffarm zu züchten. Ein wenig Licht, ein wenig Nahrung, und flugs ist aus scheinbar klarem Wasser wieder eine grün-trübe Flüssigkeit geworden. Klappt bei stehenden Gewässern auf der Erde ja auch.

Und anders als wir Menschen überleben Cyanobakterien auch extreme Bedingungen. Sie brauchen kein Habitat mit gemäßigten Temperaturen und Druckverhältnissen, wie sie an der Erdoberfläche bestehen. Sie überstehen einen niedrigen Luftdruck, wie er auf hohen Bergen und in der oberen Atmosphäre herrscht, antarktische Temperaturen, extreme Trockenheit oder sogar eine erhöhte Strahlenbelastung – kurz, sie können Bedingungen aushalten, wie sie auf dem Mars vorzufinden sind. Bislang wurde zwar noch kein Bakterium entdeckt, das alle Extrembedingungen gleichzeitig übersteht, aber dem kann mit gezielter Züchtung oder gentechnischer Manipulation abgeholfen werden. Zumindest aber würde es den Bau eines Bakterienhabitats schon ungemein vereinfachen, wenn man bei den Wachstumsbedingungen mehr Flexibilität hätte.

Der Aufwand einer Bakterienzucht wäre also gar nicht so groß, der Nutzen dafür immens. Neben Sauerstoff scheiden manche Cyanos nämlich auch Stoffe aus, die auf andere Weise hilfreich sein können: als Nahrungsmittel, als Dünger für Pflanzen, oder sogar als Treibstoff für den Rückflug. Und das Beste: Cyanos finden fast alles, was sie zum Überleben brauchen, auf dem Mars vor. Anders als Pflanzen brauchen sie nämlich keine Unmengen an Dünger, der teuer mitgebracht werden müsste. Sie holen sich ihre Nährstoffe direkt aus dem Marsgestein.

Die Nutzung von Rohstoffen vor Ort hat sogar einen wissenschaftlichen Namen, der ein ganzes Forschungsfeld in der Raumfahrt beschreibt: In-Situ Resource Utilization (ISRU). Dazu zählen ebenso Vorhaben wie das 3-D-Drucken von dicken Mauern aus Marsboden, die das Habitat vor der Weltraumstrahlung schützen sollen, oder die Gewinnung von Wasser aus dem Marsboden. Letztlich setzt die bemannte Raumfahrt damit das fort, was wir Menschen seit Jahrtausenden machen: vorhandene Rohstoffe nutzbringend einsetzen.

Mehr noch: Sie entwickelt Technologien, die uns – ganz bodenständig – auf der Erde helfen könnten, mit unserer eigenen Rohstoffknappheit klarzukommen. Wir wollen nachhaltige Energiequellen erschließen? Wir sind auf bessere Speicher angewiesen, damit wir die tagsüber erzeugte Energie auch nachts nutzen können? Wir benötigen neue Ansätze, um die größtenteils unbewusste Verschwendung von kostbarem Trinkwasser einzudämmen? Uns fehlen Nahrungsmittel, die Menschen langfristig gesund halten, aber gleichzeitig wenig Platz, wenig Wasser, wenig Wärme zum Wachsen brauchen? Klingt alles irgendwie vertraut, oder?

Die Raumfahrt kann nicht alle diese Probleme lösen, zumindest nicht allein. Aber sie arbeitet auch nicht an der Lösung von Problemen, die man ohne sie gar nicht hätte. Können wir auf dem Mars leben, können wir auch nachhaltig auf der Erde leben. Das zu lernen, haben wir als Menschen dringend nötig, und die Raumfahrt kann dabei helfen.

Neben diesen hehren Zielen begann ich, zusammen mit Carmel noch ein viel praktischeres, kurzfristigeres Ziel zu verfolgen: unsere Toiletten zu entlasten. Die funktionierten in den letzten Monaten zwar immer besser, aber noch nicht so, wie sie sollten. Außerdem wollten wir beim nächsten Beinahe-Überlauf besser vorbereitet sein. Daher suchten wir nach einer Möglichkeit, unseren Urin anderweitig loszuwerden. Unser Plan: Wir wollten eine Urindestille bauen.

Das Prinzip war denkbar einfach: Wir konstruierten einen Kasten mit leicht schrägem Plexiglasdach, durch das die Sonne den Urin aufheizen sollte. Da der Kasten draußen stand, wir aber drinnen auf Toilette gingen, sammelten wir unseren Urin in einigen unserer alten Vier-Liter-Konservendosen, trugen ihn nach draußen und gossen ihn durch ein Seitenfenster in den Kasten hinein. Durch die Sonneneinstrahlung würde das Wasser aus dem Urin verdunsten, am kühlen Glasdach kondensieren und von dort in eine Sammelrinne und schließlich in einen Sammelbehälter laufen – ähnlich wie bei meinen Pyramiden, nur dass die Quelle des Wassers dort eine andere war.

Die Teile für die Destille hatten wir mit der letzten Nachschublieferung erhalten – genau genommen für zwei Destillen, denn um all unseren Urin zu verdunsten, benötigten wir entweder eine große oder zwei kleine Destillen, und die große hätte nicht durch unsere Luftschleusentür gepasst.

Ein paar Tage bastelten Carmel und ich an der ersten Destille, sägten, schraubten, hämmerten, bis das Grundgerüst stand und der Kasten mit dicker Folie ausgekleidet war. Denn war das Wasser aus dem Urin verdunstet, würde ein ziemlich übel riechender und klebriger, brauner Bodensatz zurückbleiben. Ihn wollten wir am Ende der Mission zusammen mit der Folie entsorgen.

Gemeinsam trugen wir die Destille nach draußen, stellten sie auf ebenen Untergrund und richteten das Plexiglasdach nach Süden aus. Anschließend füllten wir den Kasten vorerst mit klarem Wasser – das würde einen Rücktransport ins Habitat erleichtern, falls wir noch etwas umbauen mussten. Wir waren noch dabei, den Kasten zurechtzurücken, da beschlug zu unserer großen Freude schon das Plexiglas. Da wir hier vorerst nichts weiter tun konnten, kümmerten wir uns um meine Pyramiden, kehrten aber eine halbe Stunde später zurück zur Destille.

Unsere anfängliche Freude schlug jedoch in Sorge um: Stirnrunzelnd betrachteten wir das Plexiglas, an dem die ersten großen Tropfen hingen, die zwar wie erwartet an der Schräge herabliefen, aber viel zu früh herabfielen und damit wieder im Urinbecken landeten.

Als wir während eines anderen Außeneinsatzes, ein paar Tage waren seitdem vergangen, wieder nach der Destille schauten, bestätigten sich unsere Befürchtungen. Der Sammelbehälter war nur halb gefüllt, damit enthielt er weniger Wasser, als meine Pyramiden an guten Tagen produziert hatten – und die standen über trockenem Gestein statt über einem Urinsee. Ganz klar, wir mussten unser Design noch einmal überdenken.

Beim zweiten Versuch stellten wir das Dach steiler auf. Da unsere Plexiglasplatten schon zugeschnitten waren, mussten wir die Grundfläche des Kastens verkleinern. Zusätzlich nahmen wir noch einige weitere kleinere Anpassungen vor. Die Änderungen machten sich draußen sofort bemerkbar: Die Scheibe beschlug schneller, und jetzt lief das Wasser auch vollständig die Schräge hinab, von wo es, wie erhofft, in die Sammelrinne tropfte und in den Sammelbehälter floss. Unser Urinproblem war gelöst!

Das Wasser, das wir aus dem Sammelbehälter entnahmen, war destilliert und daher sehr sauber. Auch Messungen ergaben keine Hinweise auf Verunreinigungen. Trotzdem roch es etwas unappetitlich – in Anbetracht der Verbindung zwischen Urinbehälter und Auffangbehälter nicht weiter verwunderlich. Trinken wollte (und durfte) es keiner, aber gegen die Verwendung als Wasser für unsere Pflanzen hatte niemand etwas einzuwenden, und dafür nutzten wir es dann auch.

Auf der Internationalen Raumstation wird schon ein System benutzt, das menschliche Exkremente wiederverwertet. Das Wasser, das ihnen entzogen wird, bereitet man so auf, dass es bedenkenlos trinkbar ist. Dazu kommt Wasser, das aus der Raumluft gewonnen wurde, als verdunsteter Schweiß oder aus dem Atem der Astronauten. Dem Endprodukt, dem. klaren Trinkwasser, merkt man seine Herkunft nicht mehr an. Im Vergleich dazu war unser Wasserrecyclingsystem ausgesprochen rudimentär, dafür aber erstaunlich effektiv. Wir erhielten mehr als neunzig Prozent des Urinvolumens als Wasser zurück.

Während wir auf die Ergebnisse unserer ersten Designs warteten, saßen wir nicht untätig herum. Cypriens Cyanobakterien brauchten ein neues Zuhause. Der Inkubator, sozusagen der Brutkasten für die Cyanos, war kaputt. Licht und etwas Wärme war alles, was die Cyanos benötigten, und beides konnte der Inkubator nicht mehr spenden. Aus alten Ersatzteilen und einer leer geräumten Vorratskiste bastelten wir dann einen neuen: mit einer Infrarotlampe, einer unbenutzten LED-Platte, einem kleinen Tischventilator und einem Thermostat. Die Kiste stellten wir in Cypriens Zimmer, das ohnehin zur Rumpelkammer umfunktioniert worden war. Das Labor war ja schon mit unseren Radieschen belegt.

Den Cyanos ging es in der Vorratskiste jedenfalls hervorragend, sie vermehrten sich schneller als Kaninchen. So rasch, dass Cyprien sein Cyano-Experiment noch vor Missionsende abschließen und ein paar Salatpflanzen mit Cyano-Dünger erfolgreich aufziehen konnte. Schade nur, dass wir diese nicht essen durften, weil sie getrocknet und gewogen werden mussten. Angesichts der paar Salatblätter, die wir alle paar Wochen auf unseren Tellern hatten, wog der Verzicht auf die Laborpflanzen umso schwerer. Was man nicht alles für die Wissenschaft über sich ergehen lässt …

Ich selbst hatte noch einige andere Studien durchführen wollen, doch bei ihnen hatte es viel Gegenwind gegeben. Eine Studie zu unserem Wasserverbrauch etwa gab ich auf, weil der Crewingenieur mir »nicht erlauben« konnte, in das Wassersystem des Habitats einzugreifen, dabei hatten sowohl Studienleitung als auch der Besitzer des Habitats längst zugestimmt. Eine andere Studie über unsere Crew passte ich nach der Beschwerde eines einzelnen Crewmitglieds entsprechend an, das am Ende aber trotzdem die Teilnahme an der Studie verweigerte. Mal wieder war die Crew gespalten: Da waren die einen, die der Wissenschaft gern ein paar mehr Minuten ihres Tages opferten, und die anderen, die sich gegen jede Mehrarbeit mit Händen und Füßen wehrten.

Sogar die Studien, die wir für die HI-SEAS-Wissenschaftler durchführten, waren davor nicht mehr sicher. Plötzlich hieß es, unsere Geologie-Projekte seien nutzlos und wegen des Terrains außerdem viel zu gefährlich. Es sei völlig verantwortungslos, uns so etwas überhaupt aufzutragen. Unser Einwand, sie seien von zwei verschiedenen Ethikkommissionen genehmigt worden, wurde mit dem Argument vom Tisch gefegt, die hätten gar nicht gewusst, was sie da unterschrieben, sie kannten das Terrain doch gar nicht. Dass wir selbst einen Vertrag unterschrieben hatten, in dem ausdrücklich auf mögliche Gefahren hingewiesen wurde, war vergessen. Dazu ertappten wir immer wieder dieselbe Person, wie sie Proben falsch abgab oder in Fragebögen falsche Angaben eintrug. Das Verhalten konnte ich mir nicht anders erklären, als dass die Person versuchte, sich in besserem Licht dastehen zu lassen, vielleicht um ihre Chancen bei der Bewerbung als Astronaut zu erhöhen. Selbst in meiner eigenen Schlafstudie bemerkte ich Auffälligkeiten: Während die Daten für die meisten von uns ein charakteristisches Schlafverhalten zeigten, war bei dem Muster eines Crewmitglieds sofort klar, dass geschummelt worden war.

Als wissenschaftliche Koordinatorin musste ich diese Beobachtungen an die jeweiligen Wissenschaftler weitergeben. Deren Reaktionen waren meist neutral, sie waren darauf bedacht, die Crew und damit die eigene Studie nicht von außen zu beeinflussen. Trotzdem wurde deutlich, dass ihnen selbst schon längst Ungereimtheiten aufgefallen waren.

Akut wurde die Situation, als zwei Crewmitglieder in Aktionismus ausbrachen und nach immerhin acht Monaten Simulation begannen, sich für Sicherheitspläne zu interessieren. Zusammen entwarfen sie Evakuierungspläne für verschiedene mehr oder weniger realistische Szenarien, erneut mit der unterschwelligen Unterstellung, die Studienleitung und die Ethikkommissionen hätten ja keine Ahnung. Der Rest von uns versuchte gegenzusteuern, zu beschwichtigen, verteidigte die Wissenschaftler. Die Diskussionen zogen sich oft über mehrere Stunden hin, und mehr als einmal gaben wir auf und überließen es der

Studienleitung, die Bedenken der beiden zu zerstreuen. Das schien nicht sonderlich gut zu klappen, da die langen und meist fruchtlosen Diskussionen mit uns nicht aufhörten.

Es hieß, alles würde nur zu unserem Besten geschehen, denn wir hätten längst den Bezug zur Realität verloren und hielten uns auf der Lava für unbezwingbar. Dabei hätte ich ja noch verstanden, wenn unsere Ausflüge zu Höhlen angegriffen worden wären, die teilweise nur über schwierigstes Terrain erreichbar waren, aber wieso sollte man Furcht vor den Geologie-Projekten haben? Sie fanden fast ausschließlich an der Oberfläche und auf vergleichsweise leichtem Terrain statt.

Es war nur eine Frage der Zeit, bis Carmels Fähigkeit als Kommandantin erneut infrage gestellt wurde, denn sie versuchte, die Sicherheitsbedenken zu zerstreuen und unser Recht auf Außeneinsätze zu verteidigen. Und schon kamen die Spitzen: Carmel besäße keinerlei Autorität, eine Kommandantin würde man nur durch Führungsqualitäten, nicht durch Ernennung einer Studienleitung. Ich verteidigte daraufhin Carmels Position und war bald diejenige, die »blind jedem Befehl« folgte. Bei einer dieser Auseinandersetzungen wurde schließlich sogar behauptet, dass wir alle bei der NASA angestellt seien, nicht bei Kim. Bei so viel Realitätsverlust klappte mir die Kinnlade herunter. Vermutlich war hier der Wunsch, NASA-Astronaut zu werden, Vater des Gedanken gewesen.

An diesem Punkt verabschiedete ich mich geistig aus der Diskussion. Kurze Zeit später auch körperlich, kopfschüttelnd ging ich zur Toilette. Als ich zurückkam, hatten sich die anderen ebenfalls vom Tisch entfernt und wuschen ihr Geschirr.

Die Stimmung war danach gedrückt. Doch nicht lange, und jeder war wieder mit seinen eigenen Sorgen beschäftigt: diesmal mit der Steuererklärung. Es war meine erste US-amerikanische Steuererklärung, und mir graute vor ihr. Wie sich herausstellte, völlig zu Recht. Es fing damit an, überhaupt erst einmal das richtige Formular zu finden. Obwohl ich auf US-amerikanischem Boden residierte, zählte ich zu den Non-Residents, musste also Formular 1040NR ausfüllen. In diesem kämpfte ich mich durch das schönste Kauderwelsch steuerrechtlicher Feinheiten und erhielt am Ende als Belohnung die Aufforderung, meine eigenen Steuern auszurechnen, siehe Tabelle 62 auf Seite 134 des Anhangs 5-8B. Oder so ähnlich.

Nach etlichen Stunden Haareraufens und verzweifelter Konsultationen bei meinen muttersprachlichen Crewkollegen hatte ich 1040NR endlich ausgefüllt. Nur abschicken konnte ich es nicht, denn ich hatte keine Steuernummer. Die hatte ich zwar vor Missionsbeginn beantragt, aber nie erhalten. Nach einigen E-Mails erklärte sich jemand aus dem Mission-Support-Team bereit, einen Ausdruck des Formulars 1040NR per Post an die Bundesfinanzbehörde zu schicken. Anscheinend war das der richtige Weg, denn einige Wochen später erhielt ich eine vorläufige Steuernummer und eine Korrektur meiner Steuerberechnung. Wäre ja auch zu schön gewesen, auf ein mickriges Gehalt keine Steuern zahlen zu müssen.

Das Steuer-Thema war damit aber noch nicht abgeschlossen. Nachdem ich mich tagelang mit der Bundessteuer herumgeschlagen hatte, kam die Landessteuer für den Bundesstaat Hawaii dran. Dafür gab es das Formular N-15. Zum Glück brauchte ich für N-15 nur einen einzigen Arbeitstag.

Eine Woche, nachdem ich mit allen US-Steuern fix und

fertig war, erhielt ich einen Brief von der finnischen Finanzbehörde, den meine Eltern mir gescannt und gemailt hatten. Es ging um meine Steuererklärung für die Zeit bis zu meinem Wegzug aus Finnland. Ein ausgefüllter Vordruck lag bei, ich sollte mich nur melden, falls etwas fehlte oder korrigiert werden müsste. Etwa zehn Minuten und einige im elektronischen Wörterbuch nachgeschlagene Wörter später wusste ich, dass alles stimmte. Ich freute mich auf die in dem Brief angekündigte Steuerrückzahlung am Jahresende.

Ende April war der nervtötende Papierkrieg zu Ende, es war höchste Zeit, endlich wieder auf einen längeren Außeneinsatz zu gehen. Carmel und ich hatten uns seit unserem ersten Versuch, den Rundweg zu laufen, schrittweise in Richtung Süden vorgearbeitet. Es fehlte uns nur noch der südlichste Zipfel, den wollten wir nun nachholen.

Um keine Zeit mit unserer Zwanzig-Minuten-Aufgabe und den Pyramiden zu verlieren, beschlossen wir, unseren Ausflug an einem Freitag durchzuführen, an dem normalerweise keine Außeneinsätze stattfanden. Den Skylights am Südzipfel wollten wir uns aber nicht wie sonst von Norden her, über recht einfaches Terrain, nähern, sondern von Westen, über einige Hundert Meter scharfkantiger 'A'ā-Lava. Vier Stunden hatten wir Zeit, und wir schätzten, dass wir etwa eine Stunde für den Hin- und eine Stunde für den Rückweg brauchen würden. Über die genaue Route waren wir uns schnell einig geworden, wir wollten so lange wie möglich über Pāhoehoe-Lava nach Süden laufen, was einen kleinen Umweg bedeutete, und erst am Ende des Pāhoehoe-Feldes Richtung Osten einschwenken.

Gesagt, getan. Wie erwartet kamen wir auf der Pāhoehoe-Lava sehr zügig voran. Nicht erwartet hatten wir, unterwegs auf Skylights zu stoßen. Sie waren so klein, dass sie auf unseren Satellitenbildern nicht erkennbar gewesen waren. Dennoch waren sie tief und einladend und zu allem Überfluss auch noch zugänglich. Keine Frage, wir mussten sie uns ansehen.

Während ich noch unseren Standort an Habcom durchgab, kletterte Carmel schon die ersten fünf Meter hinab. Ich folgte ihr, und dort unten stand, unter einem Überhang, der den Höhleneingang für Satelliten unsichtbar gemacht hatte, ein Drache. Es war ein etwa zwei Meter hoher, dunkelroter und grauer Drache mit einem riesigen, grimmig dreinschauenden Auge, der den Eingang bewachte. Hinter dieser verblüffenden Gesteinsformation ging es weitere fünf Meter steil in die Tiefe und von dort nach links in eine Lavahöhle.

Die hatte es in sich. Sie war etliche Meter hoch und beinhaltete ein Labyrinth aus Lavabänken und dünnen Lavaplatten, die von der Strömung teilweise senkrecht aufgestellt und in dieser Position beim Erkalten fixiert worden waren. Doch das wirklich Beeindruckende an dieser Höhle war ihre Decke. Die jagte uns beiden einen kalten Schauer über den Rücken.

Die Höhlendecke wies einen etwa handkoffergroßen Bereich auf, der von einem Netz aus leuchtenden Streifen durchsetzt war. Die Stelle lag gut zwei Meter über unseren Köpfen, und die Streifen leuchteten, weil sie in Wahrheit Risse waren, die einen Blick auf den Himmel freigaben. Die Risse waren sogar so breit, dass wir die Dicke der Lavadecke erkennen konnten: Sie betrug nur wenige Zentimeter. »Aus der Richtung sind wir gerade gekommen«, sagte ich. Carmel verstand sofort, was ich meinte. Womöglich waren wir über diese fragile Deckenstelle gelaufen, ohne es zu wissen.

Natürlich war uns klar, dass es Höhlen mit einsturzge-
fährdeter Decke in unserem Bereich gab. Auf wahrscheinlich Hunderte waren wir schon getreten, und gelegentlich
waren wir auch eingebrochen. Doch meist waren die darunterliegenden Hohlräume nur einige Zentimeter hoch,
sodass wir den Sturz jedes Mal problemlos hatten abfangen können. Ein Sturz in diese Höhle jedoch hätte zu zwei
gebrochenen Beinen geführt. Wenn nicht noch mehr.

Nachdem Carmel und ich vorsichtig aus der Drachenhöhle herausgeklettert waren und einigen anderen kleinen
Höhlen einen kurzen Besuch abgestattet hatten, bogen wir
nach Osten ab, um etwas Zeit an unserem eigentlichen
Ziel zu haben. Am Südzipfel des Rundwegs schafften wir
es jedoch gerade, zwei Höhlen zu erkunden, die sich nach
der Drachenhöhle geradezu unscheinbar ausnahmen und
uns dazu auf Knien über scharfkantiges Gestein zwangen.
Wieder hatten wir uns nicht alle verbliebenen Höhlen ansehen können. Verflixter Rundweg, irgendwann würden
wir ihn noch abschließen. Die Skylights um die Drachenhöhle jedenfalls nannten wir, weil sie uns von unserem
eigentlichen Ziel etwas abgebracht hatten, die »Ablenkungs-Skylights«.

Am Abend sprachen wir mit Cyprien und Tristan über Si-
cherheitsmaßnahmen in den Lavafeldern. Was konnten
wir tun, wenn einer von uns einbrach? Kontakt mit der
wahrscheinlich verletzten Person aufnehmen, Funkspruch
ans Habitat absetzen, versuchen, einen sicheren Eingang
zu finden. Auf keinen Fall sich allein der Einbruchstelle
nähern. Davon abgesehen, beschlossen wir, im Lavafeld
grundsätzlich mehrere Meter Abstand zu halten. Noch etliche Male kehrten wir übrigens zu diesem Lavafeld zurück, oft mit einem mulmigen Gefühl. Wir trösteten uns

damit, dass wir schon über deutlich labiler aussehende Lavabrücken gelaufen waren, die uns auch wider Erwarten gehalten hatten.

Shey und Andrzej hatten wir bei dieser Unterredung ausgeschlossen. Aber nicht nur, weil sie keine nennenswerten Bergerfahrungen hatten und daher ohnehin nichts zu unseren Überlegungen beitragen konnten. Vor allem wollten wir weitere Eskalationen vermeiden. Wir befürchteten, dass demnächst unsere lieb gewonnenen Exkursionen angegriffen werden würden, und selbst wenn wir am Ende das Fortsetzen der Ausflüge durchsetzen konnten, hatten wir nicht vor, Sheys und Andrzejs Zweifel noch weiter zu schüren.

Überhaupt redeten wir nicht viel, ganz im Gegensatz zu den beiden. Deren Rededrang führte immer wieder zu Belustigung, besonders wenn sie über Funk stundenlang über dieses und jenes diskutierten. Dagegen wäre nichts einzuwenden gewesen, hätte das nicht die Leitung blockiert. Funkgeräte können entweder senden oder empfangen, und ein Funkgerät, das gerade endlose Dialoge auffängt, kann dementsprechend nicht senden.

Einmal musste sich Habcom Tristan sogar bei zwei Außeneinsatzteilnehmern entschuldigen, er hätte sich nicht früher melden können, er sei einfach nicht durchgekommen. Ein anderes Mal versuchten Carmel und ich verzweifelt, etwas zu besprechen, kamen aber nicht zu Wort. Glücklicherweise hatten wir Zettel und Bleistift dabei und konnten unser Problem schriftlich lösen. Und mehrmals passierte es, dass wir eine an uns gerichtete Frage völlig verpassten, weil wir das Geplapper im Hintergrund schon längst ausgeblendet hatten.

Carmel und ich waren das genaue Gegenteil. Wir kommunizierten bei Außeneinsätzen vor allem mit Handzeichen und Blicken. Nur wenn das nicht reichte, benutzten wir die Funkgeräte. Gelegentlich beschwerte sich ein Habcom deswegen, er müsse bei uns ja nachfragen, ob alles noch in Ordnung sei.

Die vielen Diskussionen hatten auch dazu geführt, dass unser traditionelles monatliches Gruppenfoto ausfiel. Und das ausgerechnet in dem Monat, in dem unsere Simulation die längste wurde, die auf amerikanischem Boden bislang stattgefunden hatte, nur die russische Mars-500-Mission hatte länger gedauert. Eigentlich ein Grund zum Feiern.

Doch unsere Crew war gespalten – in die, die sich selbst ironisch »die Unbezwingbaren« nannten, und die »Sicherheitsbesorgten«. Wir fühlten uns nicht als zusammengehörige Crew und verspürten deswegen auch keinerlei Motivation, so zu tun, als wären wir eine.

Anders als in den vorangegangenen Monaten hatten beide Gruppen damit begonnen, sich gegenseitig Steine in den Weg zu legen. Darunter litten wissenschaftliche Projekte, im Gegenzug wurden Informationen vorenthalten, die zwar nicht missionskritisch waren, aber das Leben der anderen Gruppe erleichtert hätten. Beispielsweise hatten wir irgendwann webarchive.org entdeckt, womit Websites gespeichert und auch nach Abschalten verfügbar gehalten werden konnten. Auf dieses Archiv hatten wir Zugriff, denn im Prinzip macht es das, was ein Server auf dem Mars machen würde, nämlich den Inhalt von in der Vergangenheit gespeicherten oder hochgeladenen Websites bereitstellen. Das Archiv war deutlich einfacher zu bedienen als die als PDF abgespeicherten Seiten, die wir bis dahin genutzt hatten. Und welche der eine Teil der Crew auch weiterhin benutzte, da der andere keinen Anlass sah, sie über diese Entdeckung zu informieren.

Selbst unsere gemeinsamen Spielabende litten unter der Spaltung. Mittwochs trafen Cyprien und ich uns nur noch in der Küche mit Shey und Andrzej, um Pandemie oder etwas anderes zu spielen. Und montags verabredeten wir uns mit Carmel und Tristan in meinem Zimmer. Nur wenn es um von den Wissenschaftlern gestellte Aufgaben ging, arbeiteten wir nach wie vor zusammen.

Doch ich fragte mich, wie stark sich unsere persönliche Distanz auf unsere Leistungsfähigkeit als Gruppe auswirkte. Wir steckten mittendrin in der Simulation, keiner von uns konnte einschätzen, ob wir produktiver geworden waren, weil wir uns jetzt besser kannten, oder ob wir nachgelassen hatten, weil wir gespalten waren.

Wer konnte, lenkte sich mit persönlichen Projekten von der schwierigen Situation ab. Carmel und Tristan nutzten Außeneinsätze und Sport, Cyprien und ich Außeneinsätze und wissenschaftliche Projekte, und Andrzej flog im Flugsimulator.

Carmel gab offen zu, keine Energie mehr zu haben, um den Riss in der Crew kitten zu wollen. Langfristig war diese Situation nicht haltbar. Die Diskussionen der letzten Wochen hatten bestenfalls oberflächlich zu Lösungen geführt. Wir steuerten auf einen neuen Krach zu. Die Frage war nur, ob wir ihn bis nach dem Ende der Mission hinauszögern und damit vermeiden konnten, oder ob der Krach früher kommen würde.

11
MAI.
ABGLEITEN

Carmel und ich heckten schon wieder das nächste Abenteuer aus. Bei den Ablenkungs-Skylights hatten wir eine Höhle mit einem unscheinbaren, halb versteckten Eingang gefunden, die sich nach den ersten fünf Metern enorm vergrößerte und für uns damals an einer Kante endete, an der es drei Meter senkrecht nach unten ging. An der linken Seite ging der Zwischenboden, auf dem wir hereingekommen waren, in eine schmale Ausstülpung über, leider zu schmal, als dass wir dort hätten entlangrobben können. Zu groß war die Gefahr, dass wir abrutschten und drei Meter in die Tiefe stürzten.

Die Höhle war überall mit dünnflüssiger Lava überzogen, was die Wände unglaublich stabil machte. Nirgendwo sahen wir heruntergefallene Lavabrocken, alles erschien geradezu sauber und aufgeräumt. Nur am Eingang, kurz vor der Kante, da ragte ein Fels aus dem Untergrund hervor, der durch den Überzug fest mit dem Boden verankert war. Ein idealer Fixpunkt für ein Seil.

Seile hatten wir genug, nur keine Klettergurte. Die wären mit den Anzügen auch schwierig zu benutzen gewesen. Aber wir hatten Wanderstöcke und das Webarchiv, und Carmel fand eine einfache Möglichkeit, wie wir die Wanderstöcke so in die Seile knoten konnten, dass sie die Stufen einer Strickleiter bildeten. Wir testeten die Leiter am Geländer auf dem oberen Treppenabsatz – und befanden sie für vertrauenswürdig. Die Knoten waren so einfach, dass wir sie selbst mit Handschuhen schafften, und nach etwa zwanzig Minuten Bastelei hatten wir eine Leiter hergestellt, die vom Fixpunkt bis zum Boden der Höhle reichte.

Carmel kletterte nun auf unserer großartigen Konstruktion als Erste herab, gefolgt von Cyprien, Tristan und mir. Es war etwas ungewohnt, den dünnen Stöcken zu vertrauen, aber die Leiter hielt problemlos unserem Gewicht stand. Und sie war auch nötig gewesen, wie wir nun erkannten. Die Wand, die wir herabstiegen, war unglaublich glatt, keine Lücke bot Händen oder Füßen Halt.

Dann sahen wir uns um. Die Höhle war den Aufwand definitiv wert gewesen. Unterhalb des Zwischenbodens führte ein zweiter Hohlraum in eine kleine Kammer. Die Kammer selbst stellte sich als Sackgasse heraus, vermutlich befand sie sich kurz vor dem Eingang zur Drachenhöhle. Doch auf dem Weg in die Kammer kamen wir an einer Formation vorbei, die wie ein Boot aussah. Die Lava musste an der Oberfläche schon begonnen haben zu erstarren, als sich der Strom noch einmal verstärkte und die nach wie vor weichen Platten nach oben drückte. Ähnliche Formationen hatten wir schon häufiger gesehen, aber die hier war besonders groß. Als wir über die Bugwand stiegen, musste ich halb springen, um über sie zu gelangen.

Auf der anderen Seite der Höhle gab es oberhalb des Zwischenbodens einen kleinen Seitenarm, groß genug, um bequem hindurchrobben zu können. Der Zwischenboden war hier etwas niedriger, und so hoben und schoben mich Cyprien und Tristan hinauf, damit ich nachschauen konnte, ob es lohnte, weiter vorzudringen. Dann half Tristan Cyprien herauf, der sich an meiner Hand festhielt, und nacheinander krochen wir zwei in den Seitenarm. Weit führte er nicht, aber er war an der Decke über und über mit Lavazapfen verziert, die mit einer dicken Schicht Salz-kristalle überzogen waren. Als ich mich umdrehte und zum Ausgang zurückkroch, war es ein wenig wie im Mär-chenwald: Hinter den Zapfen öffnete sich die Haupthöhle, und die leuchtete in einem blassen, bläulichen Licht.

Cyprien sprang von dem Vorsprung herunter, wo er von Tristan und Carmel in Empfang genommen wurde, dann hob er mich mit Tristan zusammen herab. Ein Fahrstuhl wäre nicht sanfter gewesen. Mithilfe der Leiter waren wir anschließend im Nu wieder draußen. Sie hatte ihre Feuer-probe bestanden, und wir hatten eine scheinbar unzugäng-liche Höhle erfolgreich gekapert.

Im Laufe der Zeit hatten sich Vorlieben herauskristalli-siert, was unsere Außeneinsätze betraf. Carmel und ich nahmen an den mit Abstand meisten Unternehmungen teil und legten dementsprechend auch die größten Distan-zen zurück. Überhaupt hatten wir sämtliche Außenein-satz-Rekorde von HI-SEAS-Crews gebrochen – und das lag nicht nur daran, dass wir die längste Mission waren.

Bei unseren Ausflügen waren meist Cyprien und Tristan mit von der Partie, da beide ähnlich unternehmungslustig waren wie wir. Cyprien hatte jedoch nur selten Zeit, weil er sich inzwischen intensiv mit seiner Doktorarbeit be-schäftigte, und Tristan kam nur mit, wenn es sich lohnte. Er hasste die Anzüge, er zog sie einzig an, wenn es ihm nötig erschien. Daher ließen sich die zwei häufig nur dann zu Touren überreden, wenn sie genau wussten, dass sie eine spektakuläre Höhle erwartete. Bei neuem Terrain schreckte sie die Gefahr ab, stundenlang über anstrengen-de Lava zu laufen, um am Ende vor einem Skylight zu ste-hen, das unzugänglich war.

Shey und Andrzej hingegen waren bei unseren Erkundungstouren praktisch nie dabei. Shey kämpfte immer noch mit ihrem Knie, und Andrzej hatte generell kein Interesse, die Umgebung zu erkunden. Er war lieber Habcom und unterstützte die Ausflügler am Funkgerät. Diese Aufgabe musste ihm auch nicht zweimal angetragen werden, im Gegenteil, häufig bot er sich unaufgefordert von selbst an.

Die meisten seiner Außeneinsätze führte Andrzej durch, wenn unser Notgenerator angeschaltet werden musste. Ohne die Vor- und Nachbereitungen dauerte so ein Einsatz nur etwa fünf Minuten. Und weil er die Stromversorgung als eine seiner Aufgaben als Crewingenieur ansah, gab es auch nie Diskussionen, wer den Generator an- und ausschalten sollte. Gelegentlich wechselten seine Begleiter – niemand ging allein nach draußen, auch nicht, wenn es nur wenige Schritte zum Generator waren –, aber am häufigsten begleitete ihn Shey.

Bei der Zuteilung von Außeneinsätzen nahmen wir natürlich Rücksicht auf persönliche Präferenzen. So liefen unsere Einsätze inzwischen meist so ab, dass wir erst unsere Zwanzig-Minuten-Aufgabe erledigten, danach schaute ich nach meinen Destillationsexperimenten, während Andrzej seine mittlerweile reparierte Drohne flog. Über die Monate hinweg waren wir auf dem Terrain in der Nähe unseres Habitats auch so sicher geworden, dass wir uns gelegentlich aufteilten und einzelne Crewmitglieder allein arbeiteten – wenn jeder genau wusste, wo die anderen waren. Jeder kannte die Standorte der Experimente, und bevor jemand einen solchen Ort verließ, informierte er die anderen per Funk darüber, zu welchem er sich als Nächstes begeben würde. Nach dem Ende der Standardarbeiten brachen die Abenteurer auf, während der Rest ins Habitat zurückkehrte.

Das funktionierte alles ganz gut, schwierig wurde es nur, wenn erfahrene Crewmitglieder mit unerfahrenen zusammenarbeiten sollten. Bei einem Geologie-Einsatz beispielsweise warf Shey das Handtuch und brach eine Messung ab, noch bevor ich überhaupt ins Schwitzen gekommen war. Carmel und ich unterschätzten auch regelmäßig die Zeit, die Shey und Andrzej brauchten, um zu ihrer jeweiligen Einsatzstelle zu kommen. Wenn ich in einem für mich gemütlichen Schlenderschritt voranging, beschwerten sich Shey und Andrzej oft über das irrsinnig hohe Tempo.

Doch nicht nur die beiden hatten manchmal Probleme, auch Cyprien und Tristan. Zeigte ich mit meinem Wanderstock in die Richtung, in die ich gehen wollte, schaute ich Carmel fragend ins Gesicht – und setzte mich dann einfach in Bewegung, nachdem sie genickt hatte. Dabei vergaßen wir aber häufig, dass die anderen keine Gedanken lesen konnten und Erklärungen brauchten. Dazu sahen sie beim Blick auf das Lavagestein um uns herum nicht dasselbe wie wir. Weil Carmel und mir vieles so offensichtlich vorkam, sprachen wir nicht mehr darüber, sondern stiegen direkt bei Detailfragen ein, die den anderen verständlicherweise kryptisch vorkamen.

Daraufhin versuchten wir, Geologie-Einsätze schon im Voraus in Einzelheiten zu besprechen, damit die anderen zumindest verstehen konnten, worum es ging. Die Reaktionen waren gespalten. Manche wurden dadurch motiviert, anderen war es weiterhin egal. Was war denn daran so interessant, welcher Stein zuerst da war? Und was war überhaupt spannend an Steinen?

Durch ihre mangelnde Erfahrung auf der Lava kamen Shey und Andrzej nicht nur langsam voran, sondern brauchten für jede Messung länger als die anderen. In einem Fall etwa wollten wir Gestalt und Ausdehnung einer Gesteinsformation bestimmen. Nach einigem Hin und Her hatte Shey die Führung für dieses Projekt übernommen, weil Andrzej sich nicht qualifiziert genug fühlte. Sie wollten sich an einer Seite der Gesteinsformation entlangarbeiten, Cyprien und ich waren auf der anderen tätig. Beide Teams begannen im Norden und wollten sich gut einhundert Meter später am südlichsten Punkt der Formation treffen.

Cyprien und ich arbeiteten still vor uns hin, da wir die Vorgehensweise vorher ausführlich besprochen hatten – und weil wir ohnehin nicht zu Wort gekommen wären. Shey und Andrzej diskutierten unentwegt Details jeder einzelnen Messung, ob das Maßband einen Meter weiter rechts oder links angelegt werden sollte, und diktierten jeden einzelnen Messwert in ihr Funkgerät. Der eine las ab, und der andere wiederholte den Wert zur Kontrolle. Wer schon einmal versucht hat, Zahlen per Funk zu übermitteln, wird sofort verstehen, dass sie wegen des Rauschens mehrmals vorgelesen werden mussten. Außerdem bestand Andrzej darauf, die Maße millimetergenau durchzugeben – wieder ein Fall, in dem Carmel und ich unbewusst zu viel vorausgesetzt hatten, denn das Maßband ließ sich nicht auf Millimeter anlegen, dafür war die Gesteinsoberfläche viel zu rau. Die letzte Messziffer war in unseren Augen vergeudete Zeit.

Cyprien und ich zeigten uns die Maße mit unseren Fingern an. »Zwei«, »Sieben« und »Null« hieß: zweihundertsiebzig Zentimeter. »Acht« und »Fünf«: fünfundachtzig Zentimeter. Dass die Formation hier nicht acht Meter fünfzig hoch war, sah der Aufschreiber ja selbst. Einen Messpunkt nach dem anderen arbeiteten wir so ab, ständig

Sheys und Andrzejs Geplapper im Ohr. Als wir sie hinter einem Bogen auftauchen sahen, hatten wir drei Viertel des gesamten Umfangs erledigt – in derselben Zeit, die Shey und Andrzej für ihr Viertel gebraucht hatten.

So oder ähnlich liefen viele Geologie-Einsätze ab. Andrzej und Shey kamen meist nur langsam voran, so langsam, dass ein anderes Zweierteam später noch einmal aufbrechen musste, um die ausstehenden Messungen abzuschließen. Immer häufiger entschlossen Carmel und ich uns daher, gleich selbst rauszugehen, das war weniger Aufwand. Oder wir waren Anführerinnen von Zweierteams mit Cyprien und Tristan.

Letztere Konstellation wählten wir auch für ein Geologie-Projekt, das uns nochmals in das wundersame Lavafeld im Westen führen sollte. Schon einige Male hatten wir mit einem erneuten Ausflug dorthin geliebäugelt, und mittlerweile hatten wir uns auch eine bessere Route überlegt. Statt direkt nach Westen zu gehen, wollten wir einem Kanal folgen, der Richtung Norden verlief. Seine glatten Ufer, das wussten wir, würden uns ein schnelles Vorwärtskommen ermöglichen. Der Kanal endete dort, wo er später von neuerer 'A'ā-Lava überspült worden war. Es war genau die Lava, die wir auch überqueren mussten, doch am Kanalende war dieser 'A'ā-Strom am schmalsten und sollte deshalb rascher zu überqueren sein als im Süden, wo wir beim ersten Ausflug entlanggegangen waren. Einmal auf der anderen Seite angekommen, müssten wir nur noch der Blauen Lava nach Südwesten folgen, bis wir unser Ziel erreichten. Die gesamte Strecke war mehr als doppelt so lang wie der direkte Weg, aber deutlich einfacher zu gehen.

Was wir aber außen vor gelassen hatten, war Murphys Gesetz: Was immer schiefgehen kann, wird schiefgehen, und das zur unpassendsten Zeit. Unsere Zwanzig-Minuten-Aufgabe, die wir vor dem Geologie-Projekt noch durchführen mussten, dauerte mal wieder deutlich länger als geplant, weshalb wir fast eine Stunde verloren. Hinzu kamen noch Probleme mit einem Anzug, und schließlich brachen wir anderthalb Stunden nach Beginn des Außeneinsatzes in Richtung der westlichen Lavafelder auf. Eine knappe Stunde sollte es dauern, bis wir den Ort erreichten, an dem wir die Lava untersuchen wollten, und wenn wir eine Stunde für den Rückweg berechneten, blieb uns gerade eine halbe Stunde für die eigentliche Arbeit.

Carmel und Andrzej, unser Habcom, tauschten sich aus. Wir hatten genügend Wasser und Ersatzakkus, um noch ein wenig länger als die geplanten vier Stunden draußen zu bleiben. Das Beste wäre, die genehmigte Zeit zu überziehen und die Untersuchungen fertigzustellen. Andrzej schickte eine E-Mail an das Mission-Support-Team, in der er um eine Verlängerung des Einsatzes bat. Die Antwort würde erst eintreffen, wenn wir schon längst auf dem Rückweg sein müssten, aber im Zweifel waren es unsere Knochen, die bei der Überquerung der ʻAʻā-Lava draufgingen. Wir hofften jedenfalls auf die Zustimmung vom Mission Support.

Das Team war von unserer Anfrage nicht sonderlich überrascht. Zuvor hatte ich schon mit der Studienleitung verhandelt, ob wir unsere Maximalzeit nicht verlängern konnten, von vier auf sechs Stunden. Wir wollten uns überhaupt nicht weiter vom Habitat entfernen, nur eben nicht immer so über das schwierige Terrain hetzen. Und wir wollten an unserem Ziel auch mehr Zeit zur Verfügung haben. Die Studienleitung hatte nichts dagegen gehabt, da die längere Zeit uns die Möglichkeit gab, Pausen einzulegen, was wiederum die Sicherheit unserer Einsätze erhöhen würde. Das Mission-Support-Team genehmigte daher unsere Bitte um Verlängerung prompt. In Ruhe beendeten wir unsere geologische Arbeit, dann machten wir uns auf den Rückweg. Nach sechseinhalb Stunden Außeneinsatz waren wir wieder zurück im Habitat, hungrig und erschöpft, aber auch zufrieden und erleichtert, dass wir nicht noch einmal über die 'A'ā-Lava mussten.

Der nächste Außeneinsatz fand vier Tage später statt, an einem Mittwoch. Er war ebenfalls etwas Besonderes, obwohl wir uns zu meiner Enttäuschung nur in unmittelbarer Nähe des Habitats aufhielten. Da alle an ihm teilnehmen sollten, kam nur einfaches Terrain infrage – es war nämlich unser einhundertster Außeneinsatz. Aus diesem feierlichen Anlass hatten wir die Ausnahmegenehmigung erhalten, das Habitat zu sechst zu verlassen.

Erst erledigten wir unsere Zwanzig-Minuten-Aufgabe, danach gesellten sich Shey und Carmel zu uns, die während dieser Zeit im Habitat gewesen waren. Wir besaßen noch einen abgelaufenen Feuerlöscher, den wir nun im Rahmen eines »Sicherheitstrainings« sprichwörtlich verpulverten. Natürlich nur in eine ausgebreitete Plane, denn wir wollten – und durften – den Berg nicht verschmutzen. Wir alle drückten ab, außer Tristan. Der fand die Aktion doof und ließ sich auch durch unser Bitten nicht dazu bewegen, an ihr teilzunehmen. Wenigstens ließ er sich dazu breitschlagen, sich für ein Gruppenfoto vor dem Habitat aufzustellen. Und schon war unser einhundertster Außeneinsatz wieder vorbei.

Zwischen Andrzej und Shey musste es bei diesem irgendein Missverständnis gegeben haben, und sie stritten sich kurz über Funk. Im Habitat flammte der Streit erneut auf. Keiner von uns fühlte sich wohl dabei. Aber ein wenig erleichtert waren wir schon, da er uns eine kurze Verschnaufpause gab. Ausnahmsweise diskutierten sie miteinander statt gegen uns.

Doch schon am nächsten Tag gab es einen neuen Vorfall, und zwar zwischen Shey und Carmel. Cyprien und Tristan hatten ihn mitverfolgt und erzählten mir hinterher davon. Erst schaute ich sie ungläubig an, nachdem sie ihren Bericht beendet hatten, dann suchte ich Carmel in ihrem Zimmer auf und ließ mir ihre Sicht wiedergeben. Es war abermals um ihre Kompetenz als Kommandantin gegangen, doch auf einem so niedrigen Niveau, dass ich mir ernsthaft Sorgen um den weiteren Verlauf der Mission machte. Ich umarmte Carmel, aber sie winkte nur müde ab. »Ist doch nichts Neues, und außerdem ist es in einhundertundacht Tagen vorbei.«

Ich war erstaunt, dass sie genau wusste, wie viele Tage uns noch blieben, aber sie erklärte, sie und Tristan würden schon lange zählen. Mir fiel dabei auf, dass ich selbst keine genaue zeitliche Vorstellung von unserer Mission hatte. Natürlich sah ich an meinem Computer das aktuelle Datum, und ich hätte die Tage bis zu unserem Auszug nachrechnen können. Doch diese Zahlen kamen mir immer sehr abstrakt vor, ohne Bedeutung für mich. Selbst bei den Nachlieferungen dachte ich nur daran, dass wir noch so und so viel Wochen hatten, bis die dritte Liste erstellt sein musste. Oder: Dann und dann müssen die letzten Pakete eingetroffen sein. Genauso gut hätte ich eine dieser Aufgaben lösen können, wo vier Männer acht Tage für den Bau einer zehn Kilometer langen Straße brauchen. Wie lange brauchen dann acht Männer für fünf Kilometer? Es berührte mich nicht persönlich.

Für mich waren andere Zeitskalen wichtig; ich lebte von Tag zu Tag, von Woche zu Woche. Morgen ist ein Außeneinsatz, übermorgen mein Küchendiensttag. Das waren die Daten, die entscheidend waren. Alles dahinter verschwamm im Nebel. War Weihnachten jetzt vor fünf Wochen oder fünf Monaten gewesen? Wann war noch mal der letzte Nachschub gekommen? Ich hatte mein Gefühl für die Zeit verloren.

Woran hätte ich sie auch festmachen sollen? Ich wusste, dass es bald Abendessen gab, aber hatten wir Sommer oder Winter? Auf der Erde sind die Bäume mal grün, mal bunt, mal kahl. Mal blühen Blumen, mal liegt alles unter einer weißen Decke begraben. Hier auf dem kahlen Berg sah es immer gleich aus, das Gestein kannte keine Jahreszeiten. Auf der Erde, das ist für mich vor allem Mittel- und Nordeuropa, sind die Tage länger oder kürzer. Doch in Äquatornähe waren sie praktisch gleich. Und inmitten dieser zeitlosen Umgebung stand unser Habitat, wo es immer gleich roch, immer das gleiche diffuse Licht schien und es immer gleich klang. Jeder Tag wie der vorhergehende, jede Woche wie die vergangene. Die Mission schritt voran, aber genauso gut hätten wir uns in einer Zeitschleife befinden können.

Selbst die Diskussionen beim Abendessen waren stets gleich. Sicherheit war das dominierende Thema. Sicherheit bei den Geologie-Projekten, Sicherheit bei Außeneinsätzen, Sicherheit beim Werkzeuggebrauch. Ich vermutete, dass diejenigen, die sich am meisten um unsere Sicherheit sorgten, unsicher waren. Und Unsicherheit führt zu Unfällen. Diejenigen, die nämlich am meisten auf Sicherheit bedacht waren, waren zugleich diejenigen, denen die meisten Missgeschicke widerfuhren.

So verletzte sich Shey erneut am Knie. So sehr, dass sie

befürchtete, ihr Knie müsste operiert werden. Sie konnte zwar nach wie vor unsere Treppe hoch- und wieder runtergehen, aber wir bestanden nun darauf, sie aus den Zwanzig-Minuten-Aufgaben und der Feldarbeit herauszunehmen, da wir nicht noch eine weitere Verletzung riskieren wollten.

Benutzten wir im Habitat Werkzeuge, mussten wir neuerdings Schutzbrillen tragen. Carmel und ich waren mit Säge, Akkuschrauber und Hammer aufgewachsen und hatten noch nie eine Schutzbrille getragen, wenn wir etwas sägten oder schraubten. Doch wir waren der ewigen Diskussionen müde … und verzogen uns zum Werkeln in den Lagercontainer.

Nur unsere zweite Urindestille konnten wir dort nicht aufbauen, der Platz war nicht ausreichend. Wir mussten dafür in den großen Aufenthaltsraum umziehen. Dort stellten wir vier Kisten auf den Boden und legten die große Holzplatte, die wir zersägen wollten, darüber. Dann sägten wir, mit Schutzbrille. Und Andrzej und Shey beschwerten sich. Darüber, dass wir so leichtsinnig waren, die Platte zu zersägen, auf der wir knieten. Stattdessen sollten wir die Platte senkrecht stellen, einer hält, einer sägt. Natürlich weigerten Carmel und ich uns, ihnen Folge zu leisten, und boten den beiden an, statt ständig über unseren angeblich gefährlichen Werkzeuggebrauch zu mäkeln, selbst Hand anzulegen und uns zu zeigen, wie man es angeblich richtig macht. Das taten sie auch, und endlich verstand ich, warum wir Sicherheitsvorkehrungen für alles brauchten: Ich hatte ihnen die Aufgabe zugeteilt, kleine Schräubchen durch eine Plane hindurch mit einem Akkuschrauber ins Holz zu drehen. Dieser Tätigkeit gingen sie gewissenhaft mit Schutzbrille auf der Nase und einer Umdrehung pro Minute nach. Höchstens.

Danach wurde es etwas ruhiger um die Werkzeugbenutzung, aber das Thema Sicherheit war noch längst nicht vom Tisch. Shey und Andrzej hatten ihre persönliche Aufgabe gefunden und arbeiteten mit Feuereifer daran; immer wieder fanden sie neue Schwachstellen im Sicherheitskonzept von HI-SEAS. Zum Beispiel hatten wir keine Laborkittel, was bisher auch nicht nötig gewesen war, da wir hauptsächlich mit harmlosen Chemikalien wie Flüssigdünger oder Kochsalzlösung hantierten. Doch in ein Labor gehörten Kittel, also hatte die Studienleitung gefälligst dafür zu sorgen, dass wir Kittel zur Verfügung hatten. Ob wir sie anzogen, war dahingestellt, sie mussten zur Verfügung stehen.

Der Vulkan, auf dem wir uns aufhielten, war natürlich auch gefährlich. Sie dramatisierten den letzten Ausbruch von 1984 auf eine Art und Weise, die deutlich machte, dass sie keine Ahnung von Vulkanen hatten. Sie nahmen an, dass wir schon morgen und ohne die geringste Vorwarnung in Lavafluten versinken könnten. Carmel versuchte meist noch, die Fakten richtigzustellen – Ausbrüche würden nur in der Endphase recht plötzlich stattfinden, vorher kündigen sie sich monatelang an, und beim Mauna Loa könnte man keinerlei Anzeichen für einen unmittelbar bevorstehenden Ausbruch entdecken. Aber immer häufiger gab sie resigniert auf und leitete die Bedenken direkt an die Studienleitung weiter.»Lasst uns Kim und Bryan fragen«, hörten wir sie öfter resigniert sagen. Doch wenn wir deren Antwort am nächsten Abend besprachen, war sie natürlich nie zufriedenstellend ausgefallen.

Ich überlegte, ob Shey und Andrzej das größere Problem mit uns oder eher mit der Studienleitung hatten. Die Studienleitung reagierte bewundernswert geduldig. Unter normalen Umständen hätten sie vielleicht klare Worte gesprochen, aber sie wussten, in welch psychisch schwieriger Situation wir alle steckten. Eine deutliche Ansage konnte enormen Schaden anrichten, und deshalb hielten sie sich bedeckt.

Aber als Shey per E-Mail zum fünften Mal eine Meinung in derselben Sache forderte und die Studienleitung zum fünften Mal dasselbe mit anderen Worten schilderte, hielt ich es nicht mehr aus. Ich äußerte meinerseits »Sicherheitsbedenken« gegenüber der Studienleitung, und zwar hinter dem Rücken der Crew. Die Reaktion war kurz und knapp – und belustigt. Carmel, der ich die E-Mail zeigte, kommentierte trocken: »Die wissen genau, wo die wirklichen Probleme liegen. Ich berichte ihnen seit Monaten haarklein, was hier vor sich geht.«

Aber was genau ging denn vor sich? Offensichtlich kehrte die Langzeitisolation die schlechtesten Eigenschaften in uns hervor, und zwar in uns allen. Kleine Probleme, an denen sich Menschen normalerweise begrenzt reiben, führten hier zu enormem Frust, und größere Probleme erschienen plötzlich unlösbar. Die psychische Belastung war gewaltig, und ich fragte mich jetzt häufiger, wie Shey und Andrzej eigentlich damit fertig wurden, von uns nicht verstanden zu werden und darüber hinaus so weit getrennt von ihren Ehepartnern zu sein. Für mich war es belastend, ständig mit ihren eigenen Schwierigkeiten und Ängsten konfrontiert zu werden, die ich nicht nachvollziehen konnte. Ich wollte ja unsere Konflikte lösen, aber wir fanden nicht so weit zueinander, dass sie sich von mir – oder jemand anderem in der Crew – hätten helfen lassen.

Carmel versuchte, eine Idee vom Beginn der Mission wiederzubeleben, und schrieb mir einen kleinen Zettel mit einer netten Nachricht. Ich sollte danach eine andere Person auswählen und der ebenfalls eine nette Nachricht übergeben. Diese Person müsste dann der nächsten etwas schreiben und so weiter. Beim letzten Versuch waren die Nachrichten nach der dritten oder vierten Person bei Tristan abrupt versiegt. Aber man könnte es ja noch mal ohne ihn probieren. Nur, an wen sollte ich als Nächstes schreiben? Eine Nachricht an Cyprien kam mir wie Schummeln vor, und Carmel konnte ich ja nicht zurückschreiben. Blieben Shey oder Andrzej. Sosehr ich mir das Gehirn zermarterte, mir fiel partout nichts Nettes ein, das ich ihnen sagen konnte und wollte, und so ließ ich es schließlich.

Shey und Andrzej hatten, ich sagte es schon, einfach zu viel Zeit, um nach immer neuen »Problemen« zu suchen, und projizierten immer offensichtlicher ihre Selbstzweifel auf die Mission. Wenn sie zusammen in Sheys Zimmer saßen, verstärkten sie ihre Meinung gegenseitig. So sehr, dass Andrzej sich sogar vor dem Überqueren eines Grats fürchtete, den er noch einige Monate zuvor problemlos gemeistert hatte.

Ich begann, bei unseren Diskussionen abzuschalten. Es war eh immer dasselbe, und was Carmel und ich sagten, wurde ohnehin mit Skepsis betrachtet, wenn nicht komplett ignoriert. Ich wich Shey und Andrzej aus, wo immer ich konnte. Der gemeinsame Brettspielabend fühlte sich mittlerweile mehr wie eine Pflichtübung denn wie ein gemütliches Beisammensein an.

Manchmal graute mir schon am Nachmittag vor dem Abend. Wir mussten gar nicht mehr diskutieren, damit ich mich gestresst fühlte, mittlerweile reichte die Aussicht auf das Abendessen. Statt auf das Beste zu hoffen, befürchtete ich jeden Abend das Schlimmste, und war dann bestenfalls ein wenig erleichtert, wenn das Essen unerwartet glimpflich vorübergegangen war, was selten genug vorkam.

Dummerweise war das Abendessen unsere größte und wichtigste Mahlzeit, und immer häufiger verging mir die Lust darauf. Die Speisen, die die anderen kochten und die mir bisher ganz gut geschmeckt hatten, verloren ihren Reiz. Carmel und Cyprien versuchten gegenzusteuern und bereiteten vermehrt meine Lieblingsgerichte zu, aber das reichte nicht: Ich nahm ab. War mein Gewicht bislang relativ stabil geblieben, zeigte die Waage jetzt jeden Tag einen niedrigeren Wert an, bis ich nach einigen Wochen leicht untergewichtig war. Da ich ohnehin wenig Reserven hatte, machte sich der Verlust von knapp zehn Prozent meiner Körpermasse bemerkbar. Ich spürte, wie ich an Ausdauer verlor und immer erschöpfter von Ausflügen zurückkam.

Ich trieb mehr Sport. Durch die vermehrte Bewegung war ich hungriger, und es fiel mir leichter, größere Portionen auch tagsüber in mich hineinzuschaufeln. Ich fing an, auf dem Laufband nicht nur zu gehen, sondern zu rennen. Dazu begannen wir, Müsli- und Proteinriegel mit auf unsere Außeneinsätze zu nehmen. Vier Stunden waren gerade verkraftbar gewesen, aber sechs Stunden Kletterei auf anspruchsvollem Berggelände ließen sich nicht ohne Snack durchstehen. Ich transportierte meine Riegel in einer Seitentasche meines Trinkrucksacks, Tristan nutzte seine Hosentaschen. Ähnlich wie für die Akkus zogen wir zum Essen unsere Arme aus den Ärmeln in das geräumige Innere des Anzugs. So konnte der komplett geschlossen bleiben.

In einem echten Marsanzug hätte man wohl keinen Platz, die Arme nach innen zu ziehen. Allerdings hätte eine Mars-Crew mit Sicherheit andere Möglichkeiten, etwas Nahrhaftes während eines Außeneinsatzes zu sich zu nehmen. Das Einfachste wäre ein zweiter Trinkrucksack, in dem sich kein Wasser, sondern eine Nährflüssigkeit befindet. Doch einen solchen zweiten Rucksack hatten wir nicht, und deshalb behalfen wir uns mit den Riegeln.

Während unserer Außeneinsätze sahen wir übrigens nie größere Tiere. Die einzigen Lebewesen, die sich regelmäßig hierher verirrten, waren ein paar Insekten, vor allem Fliegen und Spinnen. Das Nächstgrößere, was uns begegnete, waren Skelette von Bergziegen. Ich selbst habe auf dem Mauna Loa nie eine lebende Ziege gesehen, aber einige der älteren Höhlen hatten sich für die Tiere als Todesfallen erwiesen, insbesondere jene Höhlen, bei denen der Einstieg so tief und steil war, dass selbst wir uns gegenseitig helfen mussten, wieder herauszukommen.

Dem Zustand der Skelette nach zu urteilen, konnte es hier nicht viele Aasfresser geben. Hinzu kam, dass die Überreste so trocken waren, dass wir unmöglich bestimmen konnten, wie viele Jahre oder Jahrzehnte die Ziegenkadaver schon dagelegen hatten.

Einer Maus waren wir bisher draußen nicht begegnet, obwohl es Gerüchte gab, dass in der Nähe des Habitats schon mal eine gesichtet worden war. Aber drinnen entdeckten wir in diesem Monat entsprechende Anzeichen: Nach über acht Monaten hatten wir zum ersten Mal einen pelzigen Gast. Abends, wenn wir still in der Küche saßen und arbeiteten, hörten wir manchmal etwas verstohlen rascheln. Einmal war es auch so, als hätten wir einen Schatten davonhuschen sehen. Also legten wir Fallen aus, und tatsächlich, kurz darauf stand Cyprien plötzlich spätabends in meinem Zimmer und hielt ein verschrecktes kleines Fellknäuel in der Hand.

Ich folgte ihm ins Labor, und nun konnte ich die Maus erst richtig betrachten. Sie hatte sich auf einem klebrigen

Pappstreifen, der eigentlich für Kakerlaken und Ähnliches gedacht worden war, verfangen. Cyprien versuchte, den Schwanz und die Gliedmaßen des Nagers zu befreien, aber der zappelte zu sehr.

Cyprien zog dicke Handschuhe über, um nicht aus Versehen gebissen zu werden, dann tauchte er ein Wattestäbchen in Aceton. Mit dem Lösungsmittel konnte er die Pfoten der Maus von der Pappe lösen, aber sie wand sich so sehr, dass jede Pfote, die wir lösten, sofort wieder an der Pappe klebte. Also zerschnitten wir die Pappe, und jedes Teil, das wir von der Maus trennten, warfen wir sofort weg. Zuletzt haftete nur noch eine Pfote an der Pappe, und die saß richtig fest. Cyprien tunkte den Wattestab wieder und wieder ins Aceton, um sie zu befreien, jedoch vergeblich. Schließlich kippte Cyprien das Lösungsmittel direkt auf die Pfote. Jedenfalls war das sein Plan gewesen, tatsächlich war hinterher die ganze Maus in Aceton getränkt.

Zumindest war das Zappeln nun vorbei, die Maus war betäubt, und wir konnten endlich die klebrige Pappe von ihr entfernen. Danach spülten wir sie gründlich mit Wasser ab und wickelten sie in ein paar Küchentücher. Während Cyprien versuchte, die Maus in seinen behandschuhten Händen warm zu halten, holte ich aus dem Lagercontainer einen Eimer und etwas Sägespäne, die für unsere Komposttoiletten gedacht waren. Damit kleideten wir den Boden des Eimers aus, anschließend legten wir die Maus vorsichtig darauf. Erst einmal lag sie weiterhin betäubt und hilflos auf der Seite. Da sie immer noch nass war und das Labor recht kühl, schalteten wir eine Infrarotlampe an, die eigentlich für eins unserer Experimente gedacht war und so etwas wie Sonnenstrahlung imitieren sollte.

Langsam kam die Maus wieder zu sich. Wir legten ihr

noch ein paar Pappschachteln in den Eimer, ein Schälchen mit Wasser sowie Nüsse. Erleichtert beobachteten wir, wie sie vorsichtig anfing, ihre Gliedmaßen zu sortieren, dann ihre neue Umgebung erkundete und sich schließlich, sehr zu unserer Enttäuschung, in einer der Schachteln versteckte.

Damit sie nicht erfror, beschlossen wir, sie bei uns im Zimmer übernachten zu lassen. Den Rest der Nacht raschelte sie in den Sägespänen und suchte nach einem Ausgang. Den fand sie recht zügig, denn ich hörte, wie sie mehrmals versuchte, über den Eimerrand zu springen. Ihren Schock hatte sie offensichtlich längst überwunden.

Am nächsten Morgen berichteten wir Carmel von der Maus, und unsere Kommandantin informierte das Mission-Support-Team. Uns war klar, dass wir den kleinen Nager nicht behalten durften.

Wenige Stunden später stand fest, dass unser Gast von einem Mission-Support-Mitglied abgeholt werden würde, allerdings würde es womöglich ein paar Tage dauern. Wir boten an, sie zu den westlichen Lavafeldern zu bringen, über die 'A'ā-Lava würde sie nicht so schnell zurückkommen. Und in einer der Höhlen würde sie bestimmt auch genug Wasser und Nahrung zum Leben finden. Aber das war dem Mission Support nicht weit genug.

Also behielten wir sie vorerst. Wir hatten ihr auch schon einen Namen gegeben; wegen des Problems mit ihrem Fuß tauften wir sie Big Foot. Sie, die eigentlich ein Er war, bekam ein größeres Zuhause, eine unserer Vorratskisten. Dazu ein paar größere Pappkartons, eine leere Klopapierrolle zum Spielen und ein paar zerrissene Küchentücher, um ein Nest zu bauen, was Big Foot auch umgehend tat. Er zog in eine leere Dose ein, die noch ein paar Krümel Parmesan enthielt, und kleidete sie mit den Küchentüchern aus. Zu den Nüssen legten wir ein paar gefriergetrocknete Krümel Cheddar-Käse.

Big Foot freute sich über all die tollen neuen Dinge in seinem Zuhause, und besonders nachts raste er gern durch die Kiste, knabberte an seinen Mandeln und platschte durch sein Wasserschälchen. Die meiste Zeit aber verbrachte er damit, auf einen der Kartons zu klettern und von dort nach oben zu springen. Wohlweislich hatten wir ein Netz aus feinem Draht über die Kiste gespannt. Big Foot war nicht nur ein guter Springer, sondern auch ein exzellenter Kletterer. Minutenlang konnte er sich kopfüber an diesem Netz entlanghangeln und nach einer Lücke zwischen Draht und Kistenrand suchen.

Alle mochten Big Foot, und er veränderte tatsächlich die Gruppendynamik. Plötzlich tauchte Tristan wiederholt in meinem Zimmer auf, und selbst Andrzej ließ es sich nicht nehmen, Big Foot zu besuchen. Beide Männer waren ganz verrückt nach dem Pelztierchen. Tagsüber versteckte sich Big Foot meist, aber wenn ich nach dem Abendessen leise ins Zimmer kam, sah er sich schnuppernd in seiner Kiste um, und dann rief ich Andrzej und Tristan. Für Carmel waren Mäuse lediglich lästiges Ungeziefer, deshalb interessierte sie sich nicht sonderlich für unseren Neuzuwachs.

An dem Tag, an dem Big Foot abgeholt wurde, hatte ich viel zu erledigen. Das war vielleicht auch ganz gut so, denn so hatte ich gerade genug Zeit, um seine Kiste in den Teleporter-Raum zu tragen und ihm zum Abschied schnell zuzuwinken. Kurz traten mir Tränen in die Augen, aber die blinzelte ich weg. Und dann war Big Foot fort.

Der Abholer hatte versprochen, uns ein Video von seiner Freilassung am Fuße des Mauna Loa zu schicken, doch angeblich regnete es an dem Tag. Der Abholer besaß übrigens eine Katze … Was aus Big Foot wirklich geworden ist, habe ich nie erfahren, aber ich hoffe, dass er es sich mit einer Big-Foot-Dame in Küstennähe gemütlich gemacht hat, wo es deutlich mehr Nahrung für ihn gab als auf dem kahlen Lavagestein. Zwei Wochen später hatten wir erneut bepelzten Besuch. Unsere zweite und letzte Maus fingen wir in einer Lebendfalle, und während Cyprien sie problemlos in die vorbereitete Vorratskiste entließ, kommentierte er dies in Anspielung auf den Fantasy-Film *Kampf der Titanen* mit unheilschwangerer Stimme: »Befreie den Kraken.« Er war auch der Meinung, dass der Neue Kraken heißen sollte. Ich fand Jolly Jumper viel passender, weil die Maus in der Vorratskiste sofort wie verrückt begann, an den Wänden wie ein Gummiball hochzuspringen, immer und immer wieder. Dagegen war Big Foots Verhalten regelrecht bedächtig gewesen.

Doch schon ein paar Stunden später verkroch sich Jolly Jumper in seinem Karton und kam nur noch nachts heraus. Dann sprang er wie verrückt, aber er versuchte nie, am Drahtnetz zu klettern. Springen macht hungrig, und er fraß ein Vielfaches dessen, was Big Foot verdrückt hatte. Zu unserem Bedauern bekamen wir Jolly Jumper bis zu seiner Abholung ein paar Tage später nicht mehr zu sehen. Wenigstens fiel uns dadurch der Abschied von ihm leichter.

12
JUNI.
DIE WENDE

Die entfernten westlichen Lavafelder ließen uns keine Ruhe. Seit wir wussten, dass es eine gangbare Route gab, und wir nun bis zu sechs Stunden für einen Einsatz zur Verfügung hatten, wirkte der Weg dorthin nicht mehr so abschreckend. Es war nur eine Frage der Zeit, bis wir zur schönen, glänzenden Lava zurückkehrten.

Im Laufe der nächsten Wochen verbesserten wir die gefundene Route zur Überquerung der 'A'ā-Lava, unter anderem fanden wir Inseln aus rauer Pāhoehoe in dem Meer stacheliger 'A'ā, die sich an einigen Stellen wie eine Schutzschicht über diese gelegt hatte. Die Inseln waren ausgesprochen uneben und buckelig, aber im Vergleich zum tobenden Meer ringsum ein himmlisch stabiler Untergrund, auf dem wir zügig vorankamen. Von den mörderischen sechzig Minuten, die wir beim ersten Ausflug gebraucht hatten, blieben am Ende gut zwanzig übrig. Dazu kamen vom Habitat bis zur 'A'ā-Lava noch zwanzig Minuten über recht einfaches Terrain hinzu, sodass der Gesamtweg zur Blauen Lava jetzt vierzig Minuten betrug. Der Weg nach Westen war also immer noch weit, jetzt aber leichter und ungefährlicher.

Die Skylights, die wir dort auf Satellitenaufnahmen gesehen hatten, hatten es in sich. Besonders beeindruckende lagen entlang einer leicht geschwungenen Linie, wie Perlen auf einer Kette aufgereiht. Die meisten Perlen waren unzugänglich, eröffneten aber einen Blick tief ins Innere der Lava. Dort sah es aus wie in einem Schlund, blutrot die Wände und dahinter gähnende Schwärze. Hier und da war das Rot bis kurz vor den Rand der Skylights hochgequollen. Und bei Weitem waren nicht alle durch Einsturz entstanden, sondern aus Stellen, wo die Lavadecke entweder nicht vollständig erstarrt war oder von darunter hinwegfließender Lava wieder aufgeschmolzen wurde. Auf jeden Fall waren die Ränder hier vergleichsweise glatt statt brüchig wie bei unseren bisherigen Skylights.

Drei Stellen boten einen Zugang zu der Lavaröhre, die sich entlang der Perlenkette von einem Skylight zum nächsten schlängelte. Und das, was wir in der Röhre fanden, war die Mühen über die ʻAʻā hundertmal wert: Wir ernannten sie einstimmig zum »Train Tunnel«, zum Eisenbahntunnel. Sie war gigantisch, so groß, dass ein Zug in sie hineingepasst hätte. Ach was, gleich drei Züge! Nebeneinander! Hier gab es genug Platz, um ein ganzes Haus reinzubauen.

Nicht überall aber war die Röhre so geräumig, sie enthielt auch einige Engpässe. Einen fanden wir unmittelbar vor einem Ausgang, nachdem wir knapp einen Kilometer unterirdisch zurückgelegt hatten. Dieser Engpass hatte es in sich, denn er war eine der engsten Stellen, denen wir bisher begegnet waren. Doch nach einem derart weiten Weg konnten wir so kurz vor dem Ziel nicht einfach umdrehen, also quetschten wir uns hindurch. Und wanden uns und drückten uns. Und mit viel Geduld tauchten wir auf der anderen Seite wieder auf, einer nach dem anderen, völlig verschwitzt und mit vor Anstrengung zitternden Armen. Aber auch überglücklich ob der gemeisterten Herausforderung.

Der »Train Tunnel« war insgesamt fast zwei Kilometer lang. Das waren zwei Kilometer voller riesiger Kammern und Röhren, mit Salz überzogenen Wänden und kathedralenartigen Hohlräumen, wie wir sie schon bei der Weißen Höhle entdeckt hatten. Hier gab es alles, was wir bisher angetroffen hatten, an einem Ort, wo wir nahezu überall aufrecht herumlaufen konnten. Ein Traum.

Solche Lavaröhren sind aber nicht nur willkommener Zeitvertreib für Crewmitglieder wie Carmel und mich, sondern sie sind für die Marsforschung und mögliche Marsbesiedelung von größter Bedeutung. Denn auf diesem Planeten gibt es wie auf der Erde sogenannte Schildvulkane, deren Form einem Schild ähnelt – daher der Name. Sie entstehen, wenn die Lava in relativ harmlosen Bächen die Bergflanken herabläuft, statt sich wie am Vesuv mit spektakulären Aschesäulen abzuwechseln.

Der Mauna Loa ist solch ein Schildvulkan, unter anderem deshalb ist er ja als Testgelände für eine Mars-Crew so gut geeignet. Dazu finden sich Lavaröhren, wie wir sie hier erkundeten, mit ziemlicher Sicherheit auch auf dem Mars. Auf Satellitenaufnahmen der Marsoberfläche hat man jedenfalls schon etliche Löcher entdeckt, die sich an Vulkanhängen wie an einer Kette aufgefädelt aneinanderreihen, so als wäre die Decke einer darunterliegenden Lavaröhre an verschiedenen Stellen eingestürzt – genau wie auf der Erde.

Doch die marsianischen Lavaröhren dürften sich in einer wesentlichen Eigenschaft von den irdischen unterscheiden: in der Größe. Wegen der geringen Anziehungskraft, die der Mars hat, können gigantische Formationen entstehen, die unter der Erdanziehungskraft zusammenbrechen würden. Während wir auf der Erde über unseren Eisenbahntunnel staunten, sind auf dem Mars Lavaröhren denkbar, in denen man ganze Siedlungen errichten könnte.

In Fachkreisen wird genau damit geliebäugelt: die ersten Marshabitate nicht an der Oberfläche zu bauen, wo sie sich fotogen in die Landschaft einfügen könnten, sondern unterirdisch. Dort gibt es dann leider kein Sonnenlicht, aber zum Glück auch (fast) keine andere Strahlung. Denn anders als die Erde hat der Mars kein Magnetfeld, das den Planeten vor der gefährlichen Weltraumstrahlung schützt. Höhlendecken wirken jedoch wie Strahlenschilde und können Lebewesen vor ebenjener Strahlung abschirmen.

Aus diesem Grund gehören Höhlen und insbesondere Lavaröhren zu den Orten, wo Astrobiologen die höchsten Chancen sehen, Überreste von marsianischem Leben zu finden. Womöglich in Form von Fossilien oder anderen Spuren, oder vielleicht sogar noch lebendig. Während an der Marsoberfläche das Erbgut von Lebewesen nämlich innerhalb kürzester Zeit zerstört wird, könnten Lebewesen geschützt in Höhlen durchaus überdauern. Außerdem dürften Höhlen genau wie auf der Erde zu den feuchtesten Orten des Planeten gehören. Denn an der Marsoberfläche kann flüssiges Wasser wegen der niedrigen Drücke und Temperaturen nicht lange bestehen. Aber genau wie nasse Wäsche in geschlossenen Räumen schlechter trocknet als draußen bei Wind, kann Wasser in Höhlen oder Nischen länger flüssig bleiben als draußen an der Oberfläche. Insgesamt sind Höhlen damit die sichersten und gemütlichsten Orte für Lebewesen, sowohl marsianische als auch eingeflogene irdische.

Neben den Städte fassenden Riesenhöhlen gibt es auf dem Mars und auf der Erde natürlich ebenso zahlreiche kleine Höhlen, und die sind deutlich in der Mehrzahl. Jede große Höhle hat einmal klein angefangen, und im Fall von Lavahöhlen kann man häufig an der Größe abschätzen, wie oft und lange sie aktiv gewesen waren.

Lavaröhren bilden sich ja, wenn ein Strom an der Oberfläche erstarrt und die darunter befindliche Lava noch flüssig ist. Fließt die Lava nun ab, bleibt ein sehr flacher Hohlraum zurück, einfach deshalb, weil der Lavastrom sich ja auch zur Seite ausbreitet. Lässt man etwa Honig ein Brett herablaufen, ist dieser Strom ja auch breiter als hoch. Fließt nun durch die flache Höhle weiterhin heiße Lava, schmilzt sie das umliegende Gestein wieder auf und spült es mit sich hinfort, vor allem aus dem darunterliegenden Gestein, denn das ist – anders als die Decke – ja noch nicht ausgekühlt.

Je mehr die flüssige Lava das umliegende Gestein aufschmilzt, umso tiefer gräbt sie sich in den Boden und in die Seitenwände. So verändert sich die Form der Höhle langsam, wird allmählich immer tiefer und auch ein bisschen breiter. Aus dem schmalen, waagerechten Schlitz wird so ein aufrecht stehendes Oval, das umso höher wird, je länger die Höhle aktiv ist. Zum Glück für uns Höhlenbesucher bleibt, wenn die Lava zum Schluss aus der Höhle abfließt, meist ein ebener Bodensatz zurück, auf dem man mehr oder weniger bequem gehen kann.

Der Eisenbahntunnel musste sehr, sehr lange aktiv gewesen sein, während kleine Hohlräume nur für relativ kurze Zeit durchflossen wurden. Ganz in Habitatnähe befanden sich ein paar dieser nur kurz aktiven Höhlen – wobei wir mittlerweile alles als »in der Nähe« betrachteten, das sich innerhalb von zwanzig Gehminuten erreichen ließ, selbst wenn es uns vor ein paar Monaten noch irrsinnig weit entfernt erschienen war.

Die kleinen Höhlen unweit unseres Habitats befanden sich im Norden von uns. Das Lavafeld dort bestand aus einem Wirrwarr aus kurzen, Zehen genannten, Ausstülpungen, die sich übereinander und umeinander verschlungen aufgetürmt hatten. Diese Zehen bilden sich oft, wenn sich heiße, nachfließende Lava ihren Weg wieder und wieder durch eine schon im Erstarren begriffene Pāhoehoe-Kruste bricht. Für ein früheres Projekt waren wir schon einmal durch dieses Feld gezogen und hatten dabei einige kleinere Lavaröhren entdeckt, die wir damals noch nicht vollständig hatten erkunden können.

Am 25. Juni, einem Samstag, wollten wir diese kleinen Höhlen endlich in Angriff nehmen. Ich hatte keine Zeit für einen großen, sechsstündigen Ausflug in die westliche Lava, aber ein Abstecher in das nördliche Feld, der war drin. Musste drin sein, denn zu meinem persönlichen hundertsten Außeneinsatz (statt den der gesamten Crew) wollte ich Höhlen erkunden, und die kleinen Löcher in dem buckligen Lavafeld schienen mir dazu die perfekte Abwechslung: Große Höhlen würden mich dort nicht erwarten, dafür wahrscheinlich eine körperliche Herausforderung.

Die Höhlen waren so eng, dass Carmel, die mich begleitete, bald beschloss, gar nicht mehr mit reinzukommen. Daraufhin wollte ich vorzeitig zum Habitat zurückkehren, um sie nicht ewig warten zu lassen, aber sie versprach mit einem Grinsen, dass sie froh sei, die Sonne genießen zu können, während ich mich unter Tage abquälte.

Die erste Höhle, in die ich stieg, begann relativ einfach. Sie war zwar ungewöhnlich schmal, aber ich konnte in nahezu aufrechter Haltung hindurchgehen. Doch schon bald wurde sie flacher, und ich musste mich auf Knien vorwärtsarbeiten, was bei den glatten Wänden ganz bequem hätte sein können, wenn der Boden nicht mit 'A'ā-Lava bedeckt gewesen wäre. Ich dachte jedoch, es wären nur ein paar Meter, dann würde sich die Höhle zu einer größeren Kammer erweitern, an deren Ende ein kleines Licht einen

Weg nach draußen versprach. Also biss ich die Zähne zusammen – und kroch.

Eigentlich ist es Pāhoehoe, die durch unterirdische Röhren fließt und sich von dort in große, weite Felder ergießt. Doch wenn sie abkühlt und ausgast und vielleicht noch über unebenes Terrain strömt, kann die Lava sprichwörtlich zerrupft und damit zur ʻAʻā werden. Und genau das musste in dieser kleinen Röhre passiert sein. Das mit den paar Metern bis zur Kammer stimmte. In ihr konnte ich kurzzeitig sogar im Entengang weiterlaufen, was in dem Anzug unglaublich albern ausgesehen haben musste. Aber zum einen sah mich hier ohnehin niemand, und zum anderen waren meine Schuhsohlen im Gegensatz zu meinen Knien und Schienbeinen an die ʻAʻā gewöhnt. Dummerweise entpuppte sich der Ausgang jedoch als zu klein. Vor mir lag ein nicht ganz körpergroßes Röhrchen, gut einen Meter lang, das sich nach außen noch weiter verjüngte. Da ich nicht viel Lust verspürte, über die ʻAʻā wieder zurückzukriechen, probierte ich es, meinen Kopf in das Röhrchen zu stecken. Der passte auch hinein, aber meine Schultern blieben stecken. Verdammt, ich musste umkehren.

Gerade hatte ich die enge Stelle hinter der Kammer passiert, als mir auffiel, dass meine Kamera verschwunden war. An dem vermeintlichen Ausgang hatte ich noch ein Foto gemacht und sie dann wie gewöhnlich in die Tasche gesteckt, die ich normalerweise an einem Riemen um den Hals trug. Doch jetzt konnte ich sie dort partout nicht ertasten. Ich wollte nicht noch einmal über die ʻAʻā, also fühlte ich noch fünfmal nach. Doch es half nichts, die Kamera blieb verschwunden, und sie aufzugeben, kam nicht infrage.

Unter Fluchen und Stöhnen krabbelte ich die etwa zehn Meter erneut über die ʻAʻā, fand meine Kamera, und kroch jammernd wieder zurück. In meiner Ungeduld wollte ich ein Hindernis aus größeren Lavabrocken möglichst schnell überwinden, blieb in der Eile aber an ihnen hängen. Für einen Moment fühlte ich Panik in mir aufsteigen. Plötzlich befürchtete ich, nicht mehr durch die Engstelle zu passen und in dieser Sackgasse gefangen zu sein. Aber dann rief ich mich selbst zur Vernunft, schließlich hatte ich das Hindernis gerade dreimal erfolgreich überwunden. Ich setzte noch mal neu an – und passierte das Hindernis ohne weitere Probleme. Nur meine Knie hatten mir den Ausflug über die 'A'ā übel genommen.

Das schreckte mich aber nicht ab, und zwanzig Minuten später steckte ich in der nächsten Höhle. Mit Carmel und Tristan war ich schon in ihr gewesen, aber damals hatten wir aus Zeitnot kehrtgemacht, bevor ich das Ende der Höhle eingehender nach einem Durchgang hatte absuchen können. Diesen fand ich nun, auch wenn es der mit Abstand schwierigste Durchgang werden sollte, den ich bislang passiert hatte. Er war gut einen Meter breit, und auf seiner rechten Seite steckte ein fast ein Meter breiter Felsen. Wenn die Wand und der Felsen nicht wie blank poliert gewesen wären, hätte ich keine Chance gehabt, da hindurchzukommen. Ich hangelte mich halb über den Felsen, halb an ihm vorbei, und hüpfte danach auf der anderen Seite etwa einen Meter herab.

Die Höhle dahinter ging noch ein ganzes Stück weiter, bis zu einer Stelle, an der sie scharf nach links abbog, einen kleinen Absatz nach unten machte und sich dann verengte. Die Versuchung war groß, sehr groß sogar. Auch hier waren die Wände glatt, ich wäre problemlos in diese Abbiegung hineingekommen. Und vielleicht führte die Röhre in eine größere Kammer. Doch was, wenn es dort unten nicht weiterging? Drehen konnte ich mich in der Enge nicht. Die

Röhre war gekrümmt, was, wenn ich mich rückwärts nicht rausfädeln konnte?

Es gab keinen Ausgang, dessen war ich mir sicher. Den hätten wir auf Satellitenfotos oder unterwegs sehen müssen. Alle anderen Höhlen in der Gegend endeten mit einer Verjüngung. Bestimmt zehn Minuten lang lag ich auf dem Bauch und haderte mit mir. Schließlich gab ich mir einen Ruck und krabbelte zurück. Wäre ich in Schwierigkeiten geraten, hätte mir wohl niemand rechtzeitig zu Hilfe kommen können.

Als ich später im Habitat meinen Anzug auszog, waren meine Schienbeine und Knie übersät mit roten und blauen Flecken und die Löcher in meiner EVA-Hose auf das Dreifache ihrer ursprünglichen Größe angewachsen. Dieser Höhleneinsatz war einer der anstrengendsten, die ich je unternommen hatte. Und trotzdem strahlte ich ob des gelungenen Jubiläums.

Einhundert Außeneinsätze in insgesamt zehn Monaten. So nüchtern durchgezählt, klang das nach nicht viel. Aber dahinter standen ein bis zwei größere Ausflüge pro Woche, die vor- und nachbereitet werden mussten. Dabei nahm das Reinigen und Instandhalten des Anzugs noch die wenigste Zeit ein, etliche Stunden gingen für die Planung der Aktivitäten und das Festlegen der Route drauf. Dazu kam das Auswählen und Packen der Ausrüstung. Bei geologischer Feldarbeit mussten wir die entsprechenden Instrumente zusammensuchen, Geologenhammer, Maßband, Kompass, Schreibzeug und Kameras. Für reine Entdeckungstouren führten wir gegebenenfalls Seile, Taschenlampen oder unsere Strickleiter mit. Die Arbeit war es mir jedoch wert: Schließlich ist der Hauptzweck einer Mission zum Mars schließlich, sich den Mars auch anzugucken und nicht den ganzen Tag im Habitat zu hocken.

Wenig überraschend: Nicht alle in meiner Crew waren dieser Meinung. Das Terrain sei zu gefährlich, die NASA würde eine Mars-Crew niemals einer solchen Gefahr aussetzen. Sie würde auch keineswegs durchgehen lassen, dass keine Schutzbrillen getragen werden, während man eine Säge benutzt. Die Themen waren bekannt, die Argumente stets gleich, nur der Ton hatte sich verschärft.

Mittlerweile fanden die Diskussionen nicht nur beim Abendessen statt, sondern vermehrt auch tagsüber. E-Mails machten die Runde mit Inhalten wie: »Wäre es nicht hilfreich, wenn es Richtlinien zur sicheren Werkzeugbenutzung gäbe? Oh, sieh an, so etwas gibt es ja schon, und ich habe gleich mal eine angehängt.«

Dazu kam, dass Carmels Laune immer schlechter wurde. Sie beschwerte sich, dass ich meinen Stuhl in der Luftschleuse herumstehen ließ, sie beschwerte sich, dass ich meine Klamotten auf einem Wäscheständer im Gemeinschaftsraum trocknete, sie beschwerte sich, dass ich noch einen benutzten Teller in meinem Zimmer stehen hatte. Bei den anderen war es das Gleiche, niemand konnte es ihr recht machen. Wiederholt erklärte sie, dass sie sich nicht von den Konflikten unterkriegen lassen wollte, aber ich war kaum davon überzeugt, dass ihr das gelang.

Mir selbst ging es nicht besser. Nicht nur Carmel fiel mir auf die Nerven, immer häufiger geriet ich mit Cyprien aneinander. Mal stand er mit seiner Kaffeetasse in der Hand im Weg, statt mir zu helfen, mal tat er etwas nicht so, wie ich es wollte. Inmitten dieser kleinlichen Streits kam irgendwann auch die Erkenntnis, dass wir nach der Mission wohl am besten getrennte Wege gehen sollten. Ich fragte mich, ob das die späten Auswirkungen des berüchtigten dritten Viertels waren oder ob die Crew ein ernsthaftes Problem hatte.

Wir hatten knapp dreihundert Tage der Mission hinter uns, das Ziel schien zum Greifen nah. Die Anzahl der noch verbliebenen Tage war zweistellig, das klang gar nicht nach so viel! Doch tatsächlich waren es noch knapp drei Monate, und ich hatte immer mehr das Gefühl, dass die Auseinandersetzungen Carmel und mich mehr stressten, als gut für uns war. Ich kontaktierte die Studienleitung, beschrieb die Situation, so neutral ich konnte, und bat um Hilfe.

Dabei wusste ich selbst, dass es nicht viele Handlungsoptionen gab. Alle psychologischen Tricks, die wir ausprobieren konnten, hatten wir schon versucht. Es blieben drastischere Maßnahmen, bloß welche? Carmel hätte aus der Schusslinie gehen und ihren Kommandantenposten an jemand anderen abgeben können. Aber wieso sollte sie bestraft werden, wenn sie doch gar nicht die Ursache unserer Streits war? Eine Person aus der Crew herauszunehmen, kam ebenfalls nicht infrage, da sie mit Sicherheit Negatives über HI-SEAS in den Medien verbreiten würde. Zu befürchten war, dass es Probleme für das Projekt geben könnte (»Ich wurde rausgeworfen, weil ich unbequeme Wahrheiten ansprach«). Selbst wenn sich die Vorwürfe als unzutreffend herausstellen sollten, bekäme HI-SEAS erst einmal negative Schlagzeilen und müsste vermutlich etliche Untersuchungen überstehen. Davon abgesehen, wäre das Herausholen einer einzelnen Person dem Versagen aller geschuldet. Als krasseste Maßnahme bliebe natürlich noch, das Experiment komplett abzubrechen. Aber das wollte doch erst recht niemand!

Noch einmal versuchten wir es also mit einer gegenseitigen Aussprache, mit Unterstützung durch einen Psychologen. Die Aussprache war freiwillig, ohne Zwang. Doch in Anbetracht der Ereignisse der vergangenen Monate verweigerten manche Crewmitglieder die Teilnahme. Es war zum Verzweifeln.

Doch war es zumindest eine große Erleichterung, dass unsere Probleme nun von außen wahrgenommen wurden. So lange hatten wir versucht, allein, gewappnet mit unserem Wissen aus den Trainingsprogrammen, oder zusammen mit unserem Psychologen mit den Schwierigkeiten fertigzuwerden. Ständig hatten wir uns gefragt, ob es nicht doch an uns lag und wir alles überbewerteten – genau das, wovor wir gewarnt worden waren. Schließlich fand das Experiment ja genau deswegen statt, um uns den psychischen Belastungen einer Langzeitmission auszusetzen. Nur, war unsere Belastung überhaupt noch im Rahmen des Geplanten?

Etliche E-Mails wurden zwischen uns und der Studienleitung, dem medizinischen Support- und dem Mission-Support-Team ausgetauscht. Deutlich wurde, dass die Studienleitung die Situation unterschätzt hatte, aber nicht völlig ahnungslos gewesen war. Wichtiger noch: Endlich konnten wir uns sicher sein, dass wir nicht durchgedreht waren und unsere Situation durchaus realistisch einschätzten. Das Problem bestand zwar immer noch, aber nun fühlten wir uns nicht mehr allein damit.

Dann, eines Morgens, fiel mir Sheys ausgesprochene Fröhlichkeit auf. Sie erschien mir ein wenig aufgesetzt, aber ich war froh, zur Abwechslung keiner offenen Aggressivität ausgesetzt zu sein. Dennoch war ich auch misstrauisch – wurde etwa gerade der nächste große Schlag vorbereitet?

Am Abend gab es keine Diskussion. Darüber war ich überrascht, gab mich aber keinerlei Illusionen hin. Dafür würde die Diskussion am nächsten Tag wieder heftiger ausfallen. Doch ich irrte mich, auch am folgenden Abend blieb alles friedlich. Ich war irritiert, wappnete mich für den nächsten Kampf. Der musste ja kommen. Doch er blieb aus.

Nach einer Woche war ich vollends verwirrt. Wir hatten ohne Vorwarnung von heute auf morgen aufgehört zu streiten, und das, nachdem sich unsere Konflikte über Monate zugespitzt hatten und unser letzter Versöhnungsversuch gescheitert war. Etwas musste passiert sein!

Was es genau war, fand ich nie heraus, aber irgendetwas (oder irgendjemand) sorgte dafür, dass sich Shey plötzlich zusammenriss. Wochenlang blieb ich noch misstrauisch, und gelegentlich kam eins der alten Themen wieder hoch, aber nie in dem Ausmaß wie zuvor. Ein Wunder war geschehen, oder zumindest fühlte es sich so an.

Wir versuchten, uns einer gewissen Normalität anzunähern. Da sich Carmel und Tristan zuletzt mit mir und Cyprien in meinem Zimmer zu Brettspielen getroffen hatten, baten Shey und Andrzej nun, dass wir die letzten Wochen wieder gemeinsam spielen sollten. Meist lief das darauf hinaus, dass Shey, Andrzej, Cyprien und ich nach wie vor mittwochs in der Küche spielten, während sich Carmel und Tristan verabschiedeten. Sie konnten einfach nicht mehr. Hatte es je eine Verbindung zwischen Shey/Andrzej und Carmel/Tristan gegeben, so war sie in den letzten Wochen endgültig zerstört worden. Die beiden machten keinen Hehl daraus, dass sie auf Gruppenaktivitäten keine Lust mehr hatten. Aber auch ich saß eher widerwillig am Küchentisch. Jegliches Interesse aneinander und jeglicher Respekt füreinander waren uns durch den Graben zwischen den beiden Crewhälften abhandengekommen. Aber wir stritten nicht mehr. Wir funktionierten, erledigten unsere Aufgaben.

Als hätten wir darum gebeten, um wieder zueinanderzu-finden, ging uns eines Tages das Wasser aus. Für Samstag-morgen hatten wir eine Lieferung bestellt, die unsere Trinkwassertanks wieder auffüllen sollte. Gewöhnlich hat-ten wir ein paar Tage vor solch einer Lieferung noch um die eintausend Liter im Tank, genug, dass jeder seine Wä-sche waschen und ausgiebig duschen konnte. Am Abend unmittelbar vor der Lieferung behielten wir meist rund vierhundert Liter im Tank, wovon mindestens zweihun-dert nötig waren, damit das Ventil, das – warum auch im-mer – etliche Zentimeter über dem Tankboden angebracht war, keine Luft in die Leitung zog.

Für die Wasserlieferung hatten wir unseren Außenein-satz von Samstag auf Freitag vorverlegt, damit wir – völlig verschwitzt bei unserer Rückkehr – noch einmal duschen konnten. Zumindest war das der Plan. Als wir nachmittags von unserem Einsatz zurückkamen, war der Wasserpegel, der am Morgen noch bei vierhundert Litern gelegen hatte, auf etwa dreihundert abgesunken. Wir staunten nicht schlecht. Als wir fragten, wo das ganze Wasser denn hin sei, erhielten wir zur Antwort: »Wir haben nur gekocht und abgewaschen, mehr nicht.« Daraufhin brauchte ich gar nicht mehr in die Schüssel im Waschbecken zu schau-en, die wir immer zum Abwaschen nutzten, tat es aber trotzdem. Sie war randvoll mit kaum benutztem Wasser.

Die meisten von uns kamen mit einer Handbreit Wasser in der Schüssel aus, um das Koch- und Essgeschirr der ganzen Crew abzuwaschen. Manche jedoch füllten die Schüssel, die acht Liter fasste, bis oben hin und wuschen trotzdem das Geschirr unter fließendem Wasser ab. Un-schwer zu erraten, zu welcher Gruppe die Person gehörte, die an diesem Freitag Küchendienst hatte.

Am frühen Nachmittag waren also schon einhundert

Liter verbraucht, die durchschnittliche Menge eines ganzen Tages, und der Freitag war gerade einmal zur Hälfte herum. Das Duschen wurde größtenteils verschoben.

Nach dem Abendessen war der Wasserstand noch weiter abgesunken, wir lagen nur noch knapp über den zweihundert Litern, die im Tank bleiben mussten. Carmel drehte sämtliche Wasserhähne im Habitat zu, damit niemand »versehentlich« weiteres Wasser verschwendete. Alle schauten sorgenvoll auf die Anzeigetafel neben der Küche, auf der unser aktueller Wasserstand mit einem dicken roten Balken angezeigt wurde. Dann gingen wir schlafen.

Der Morgen brachte eine böse Überraschung: Die Wasserlieferung musste wegen technischer Probleme verschoben werden. Da der nächste Tag aber ein Sonntag war und auch noch der Sonntag vor einem großen Feiertag, müssten wir gleich drei Tage ohne Wasser auskommen, falls der Defekt nicht rechtzeitig repariert werden konnte. Schnell trugen wir unsere im Habitat vorhandenen Wasserreste zusammen. Zwanzig saubere Liter hatten wir in einem Eimer, dazu einige in unseren Trinkrucksäcken und in noch vom Vortag herumstehenden Wassergläsern. Damit kamen wir einen Tag weit, wie wir von unseren künstlichen Wasserknappheitstagen wussten.

Gemeinsam besprachen wir unsere Optionen. Bekamen wir die Lieferung morgen, am Sonntag, war alles gut. Wenn nicht, hatten wir ein Problem. Meine Destillationsexperimente warfen zu wenig Wasser ab, die Pyramiden waren zu klein, der Prozess zu langsam. Aber wir hatten noch den Reservetank draußen vor dem Habitat. Der enthielt einen knappen Kubikmeter Wasser, war nicht an unsere Wasserleitung angeschlossen, konnte aber während eines Außeneinsatzes angezapft werden. Einen Außeneinsatz hatten wir ohnehin geplant, wir mussten nur um eine Verlängerung bitten. Oder vielmehr das Mission-Support-Team über diese informieren, denn es bestand kein Zweifel, dass man sie uns in diesem Notfall genehmigen würde. Nur: Das Wasser befand sich schon seit Jahren in dem Tank, vermutlich war es zurückgelassen worden, als das Habitat gebaut wurde. Niemand wusste, welche Qualität es heute noch besaß, bestimmt keine gute.

Zufälligerweise hatte ich einige Wochen zuvor eine weitere Destille gebaut, die aus einer Kochplatte unter einer Plastikplane bestand. Ich hatte sie genutzt, um Wasser für eins meiner Experimente mit Cyprien zu destillieren. Die Destille schaffte ungefähr einen halben Liter in der Stunde. Wenn wir sofort anfingen und unsere beiden Kochplatten in je einer Destille ununterbrochen betrieben, konnten wir an einem Tag genug Wasser destillieren, um uns einen weiteren durchzuschlagen. Zur Not mussten wir die Kochplatten über Nacht betreiben und auf unsere Back-up-Stromversorgung zurückgreifen. Wir überlegten noch, ob wir das destillierte Wasser denn wirklich trinken konnten, entschieden aber, dass kaum ein Keim stundenlanges Kochen überstehen würde.

Unser Plan stand. Und während die einen draußen Wasser in eine gereinigte Vorratskiste füllten, bauten die anderen unter meiner Anleitung im Habitat die Destillen auf. Vier Stunden später sammelten wir erstes destilliertes Wasser ein, das wir vor allem zum Abwaschen und Kochen nutzten, denn es schmeckte nach Plastikplane. Zum Trinken verwendeten wir vorerst das Wasser aus dem Eimer. Solange wir das hatten, gab es keinen Grund, das Plastikwasser herunterzuwürgen. Am Ende des Tages war sogar noch etwas Eimerwasser übrig – jetzt, wo es ums Ganze ging, waren alle eine Spur sparsamer mit dem Wasser umgegangen.

Gerade aufgewacht, schaute ich am nächsten Morgen –
ich lag noch im Bett – auf meinem Tablet nach dem aktu-
ellen Wasserstand. Erleichtert atmete ich auf, denn der
grüne Balken zeigte an, dass die Tanks in aller Herrgotts-
frühe nachgefüllt worden waren. Was für ein wunderschö-
ner Morgen: Wir hatten keine Wassersorgen mehr und
nebenher unsere Zuversicht für das Durchstehen der Mission wiedergewonnen.

Denn besser als der Erfolg der Destillen war die rei-
bungslose Umsetzung unseres Plans gewesen. Ausnahms-
los alle hatten mitgeholfen. Was immer getan werden
musste, war getan worden, zwischenzeitlich hatte es sogar
mehr Helfer gegeben als Arbeit. Jeder hatte sich um die
Destillen gekümmert, die etwas mühsam zu leeren waren.
Zum ersten Mal seit Langem hatten wir nicht diskutiert,
warum ein Lösungsansatz nicht funktionieren konnte,
sondern wie er zu modifizieren war, damit er funktionierte. Eine ungewohnte Einigkeit hatte geherrscht. Und obwohl sie nicht die Geschehnisse der letzten Monate auslöschte, hatte ich endlich wieder das Gefühl, dass wir es bis
zum Ende der Mission durchhalten konnten.

13
JULI.
OPFER UND VERZICHT

Hinter mir lagen über hundert Außeneinsätze und mindestens ebenso viele Höhlen. Einige wenige waren noch übrig, die wir, zwei Monate vor Ende der Mission, unbedingt erkunden wollten, aber deren Anzahl war überschaubar. Es wurde Zeit, dass alles bald vorbei war, schon allein deshalb, weil uns die Ausflugsziele ausgingen! Unser Radius betrug nicht mehr als zwei Kilometer. Das mag vielleicht überraschend wenig klingen, jedenfalls dafür, dass wir ein Jahr lang auf diese Fläche beschränkt waren. Doch wir konnten uns in den Anzügen ja nicht wirklich schnell über die Lava bewegen. Selbst auf der gutmütigsten Pāhoehoe erreichten wir höchstens eine Geschwindigkeit von vier Kilometern pro Stunde, auf 'A'ā-Lava kamen wir, unter günstigen Umständen, in der gleichen Zeit zwei Kilometer voran, aber erst nach zehn Monaten Übung.

Die Zwei-Kilometer-Beschränkung war aber auch eine Sicherheitsmaßnahme. Sowohl für uns selbst – je nach Terrain konnte diese Strecke weiter sein, als wir eine verletzte Person hätten zurücktransportieren können – als auch für unsere Isolation. Je weiter wir uns vom Habitat entfernten, umso größer war die Gefahr, dass wir in Sichtweite einer der – wenn auch schwach befahrenen – Straßen kamen.

Doch nun, da wir die letzten Winkel innerhalb unseres Kreises erkundeten, liebäugelten wir immer öfter mit ein paar Skylights, die ein- oder zweihundert Meter außerhalb des Radius lagen. Hier draußen gab es keinen Zaun. Auf der Suche nach neuen Skylights konnte es doch gut mal passieren, dass man ein wenig außerhalb des Radius geriet. Geschah schließlich auch, ganz aus Versehen natürlich. Carmel und ich erkundeten eine kurze Kette aus Skylights im fernen Südwesten unseres Kreises. Als wir den südlichsten Punkt erreichten, machten wir einen kleinen Abstecher Richtung Westen, zu einem Skylight, das sich etwa einhundert Meter hinter unserer unsichtbaren Grenze befand. Lange hielten wir uns dort nicht auf, brauchten wir auch gar nicht, denn es war nicht betretbar. Aufgrund seiner Lage nannten wir es das »Verbotene Skylight«.

Über diesen Ausflug schrieben wir wie gewöhnlich einen Bericht, er wurde ohne weiteren Kommentar entgegengenommen. Carmel und ich dachten, unser Übertreten wäre nicht aufgefallen. Aber nach der Mission erzählte uns Bryan grinsend, dass es sehr wohl bemerkt worden war, auch die zwei Male an anderen Stellen. Unsere Einsatzberichte waren also nicht ungelesen in irgendeiner elektronischen Schublade gelandet, wie von uns vermutet worden war. Denn man musste die Karte schon eingehend studiert haben, um das Übertreten zu bemerken.

Vielleicht hatte man sogar darauf gewartet, dass wir den Schritt über die Grenze wagten. Denn Carmel und ich hatten einen unbändigen Erkundungsdrang an den Tag gelegt, und hätte die Simulation noch deutlich länger gedauert, hätten wir uns sicher auch mit den paar verbotenen hundert Metern nicht mehr zufriedengegeben und um eine Erweiterung gebeten.

Einer echten Mars-Crew wird es womöglich einmal ähnlich ergehen. Spätestens wenn die Umgebung des Habitats erkundet ist, wird es die Astronauten weiter hinaus und zu neuen Abenteuern drängen. Außer sie sind wie Shey und Andrzej und bevorzugen die relative Sicherheit des Habitats. Eine Sesshaftigkeit, wie die beiden sie gezeigt hatten, bringt durchaus Vorteile mit sich: Sie würde dafür sorgen, dass die Astronauten während des Flugs zum Mars nicht unruhig werden, die Abwechslung durch Einsätze würde ihnen nicht fehlen.

Die Zeit der Untätigkeit ist nicht zu unterschätzen. Ein Astronaut, der zum Mars fliegen will, muss zwei auf den ersten Blick gegensätzliche Eigenschaften mitbringen: Abenteuerlust, um dorthin fliegen und Erkundungen vornehmen zu wollen, sowie Sitzfleisch, um den Flug von voraussichtlich acht Monaten überstehen zu können. Probanden für manche Weltraumsimulationen müssen Monate im Bett verbringen (liegend!), um längere Aufenthalte im All zu simulieren. Menschen mit großem Bewegungsdrang oder zu schwacher Motivation halten das nicht durch, brechen überdurchschnittlich oft die Simulation ab. Carmel und ich wären also gut geeignet, die Marsoberfläche zu erforschen, Shey und Andrzej vielleicht besser, um überhaupt erst einmal zum Mars zu kommen.

Carmel und ich starteten ein neues Erkundungsprojekt, dazu hätten wir Andrzej gut gebrauchen können, vor allem seine Drohne. Aber die ganze Angelegenheit schien ihm mal wieder viel zu gefährlich. Die Hügel-Raupe unmittelbar hinter unserem Habitat war ja eine Aneinanderreihung von etwa zehn Kratern, von denen die meisten zugeschüttet und nur noch als Trichter oder Senken erkennbar waren. Drei oder vier der Krater waren jedoch einigermaßen intakt, nur so steil und so tief, dass wir deren Boden von oben nicht ausmachen konnten. Hineinklettern kam nicht infrage, da die Wände aus extrem losem Material bestanden. Selbst wenn ein Kletterer dort mit einem Seil Halt gefunden hätte, wäre die Gefahr zu groß gewesen, dass sich Steine über ihm lösten und auf ihn herabstürzten. Stattdessen überlegten wir, ob nicht Andrzejs Drohne in die Krater fliegen könnte, aber er wollte nicht riskieren, dass sie sich an einem Überhang verfing und unwiederbringlich abstürzte.

Also bauten Carmel und ich ein Gestell für eine Go-Pro-Kamera und überredeten Cyprien und Tristan, uns beim Herablassen der Kamera in die Krater behilflich zu sein. Am Gestell befestigten wir ein Seil, mit dem es über eine Umlenkung senkrecht in die Tiefe gelassen werden sollte. Die Umlenkung bestand aus einem Metallring, durch den das Kameraseil lief und der mit drei weiteren Seilen in der Mitte der Krateröffnung gehalten wurde. Drei Seile, drei Helfer, und ich sollte die Kamera bewegen.

Zu viert postierten wir uns um den ersten Krater herum. Ich schaltete die Kamera ein und ließ sie vorsichtig herab. Nach etwa fünfzehn Metern verschwand sie aus meinem Blickfeld, jetzt konnte ich nur noch nach Gefühl arbeiten und musste auf das Beste hoffen. Sowohl das Gestell als auch die Kamera selbst waren sehr robust, es konnte also nicht viel passieren, auch die Knoten der Seile hatten wir mehrmals überprüft. Als die Kamera samt Gestell auf dem Boden aufgesetzt hatte und sich nicht weiter herabsenken ließ, zog ich sie wieder heraus.

Beim späteren Betrachten der Videos entpuppte sich der vermeintliche Boden, auf dem das Gestell aufgeschlagen war, als Felsvorsprung. Der Krater war noch tiefer. Aber umsonst war der Versuch trotzdem nicht gewesen: Der Felsvorsprung war voller Vegetation, etliches Gestrüpp, durch das die Kamera getaumelt war. Außerdem sahen wir, dass unser Krater mit seinem Nachbarn verbunden war.

Die vermeintliche Trennwand zwischen den beiden hatte in gut zehn Metern Tiefe ein etwa mannsgroßes Loch. Beim zweiten Versuch fädelten wir die Kamera durch ebendieses Loch, um den Felsvorsprung zu umgehen. Diesmal erreichten wir den Boden, in etwa dreißig Metern Tiefe. Und landeten im Grün! Von wegen trockene, karge Vulkanlandschaft. Da unten stand ein ganzer Urwald! Beim Betrachten des Videos fühlte ich mich ein wenig wie in einem Film, in dem in einer verlassenen Höhle Dinosaurier gefunden werden. Ich erwartete, dass jeden Moment eine Klaue aus der Dunkelheit nach der Kamera griff. Das geschah natürlich nicht, aber an einer Seite war eine schwarze Stelle, ein Loch. Vielleicht eine Höhle? Da konnte sich der Dino eventuell versteckt haben … Ich weiß nicht, was wir erwartet hatten, am Kraterboden zu sehen, aber für diese Höhle hätten wir einiges gegeben, um sie betreten zu können. Vielleicht war sie ja mit den anderen Kratern verbunden?

Wir arbeiteten uns die Kraterkette entlang, und das letzte Loch, an das wir uns wagten, war wie ein Trichter geformt: oben die Wände leicht geneigt, und im unteren Drittel knickten sie senkrecht nach unten ab. Die Kamera drehte wie wild an ihrem Seil, es fiel mir schwer, sie zu stabilisieren. Aber das, was wir auf den verwackelten Bildern erkennen konnten, sah tatsächlich wie der Eingang zu einer Höhle aus, ganz am unteren Ende des Trichters.

Wäre die senkrechte Wand nicht gewesen, hätte man versuchen können, dort hinunterzugelangen. Die Schräge des Trichters bot sich regelrecht zum Herabklettern an, nur war das Gestein überall lose und brüchig. Die Gefahr war also groß, dass die Wand unter dem Kletterer nachgab und mit ihm in die Tiefe rutschte, er haltlos über die Kante stürzte.

Es wurmte uns, dass wir nicht näher an die Höhle herankamen, doch dann hatten wir eine Idee. Aber wir wussten, was passieren würde, wenn wir Shey und Andrzej von unserem Plan erzählten. Sie würden uns vorwerfen, wir würden uns für unbezwingbar halten, wir brächen die Regeln der Simulation, kein Astronaut würde so unverantwortlich handeln. Also vereinbarten wir über unseren zweiten Ausflug zum Trichter absolutes Stillschweigen.

Carmel wickelte mich in eins der längeren Seile, sodass ich mit meinem Anzug in einem improvisierten Klettergurt steckte. Anschließend knotete sie ein weiteres Seil an meinem Gurt fest und drückte dessen anderes Ende Cyprien und Tristan in die Hand. Ich wartete noch, bis sie die gegenüberliegende Seite des Trichters erreicht hatte. Dort hatte sie sowohl die beiden Männer als auch mich im Blick. Cyprien und Tristan würden mich nicht mehr sehen können, sobald ich unterhalb des Trichterrands verschwunden war. Dann stieg ich hinab.

Es war nicht sehr steil, aber die Wände waren, wie befürchtet, unglaublich bröckelig. Mehrmals löste ich mit meinen Füßen eine kleine Lawine aus. Doch trotz diverser kullernder Steine gelangte ich unbeschadet bis zur Kante, von wo es senkrecht hinabging. Von hier konnte ich tatsächlich die Eingänge zu zwei Hohlräumen ausmachen. Viel hätte ich darum gegeben, in sie hineingehen zu können. Aber weiter runter wäre ich nur gekommen, wenn ich das Seil über die Kante gelegt hätte. Doch das Gestein war viel zu rau für ein gespanntes Seil, im Nu wäre es durchgescheuert.

Also ließ ich das Gestell mit der GoPro herab, um noch ein paar Aufnahmen zu machen, und kraxelte danach wieder nach oben. Cyprien und Tristan zogen kräftig am Seil, um mir beim Aufstieg zu helfen. Doch das hatte zur

Folge, dass meine Beine wegrutschten und ich nun flach auf dem Bauch lag, und unter dem Zug konnte ich mich nicht wieder aufrichten. Das straff gespannte Seil rieb zudem über einige lose Steinchen, die nun auf mich herabkullerten. Ich signalisierte Carmel, um Himmels willen mit dem Ziehen aufzuhören. Sie gab das Signal weiter. Als Cyprien und Tristan endlich locker ließen, richtete ich mich auf und kletterte weiter nach oben. An einer Stelle gab der Boden unter mir nach, und ich rutschte ein Stück nach unten. Aber es reichte, dass ich mich flach an die Wand drückte, um wieder zum Stehen zu kommen. Dann erreichte ich den Kraterrand. Und am liebsten wäre ich gleich in einen der anderen Krater geklettert, aber ein Blick auf dessen Wände bestätigte leider meine frühere Einschätzung. Hier würden die Steine nicht auf mich herabkullern, sondern ungebremst auf mich draufstürzen. Keine Chance.

Würden Astronauten auf dem Mars Lavawände herabklettern? Würden sie das Risiko eines Sturzes eingehen? Die Antwort auf diese Frage lautet: ja, jedenfalls meiner Meinung nach. Wer das Wagnis auf sich nimmt, zum Mars zu fliegen, lässt sich doch von ein paar Metern Gestein nicht abschrecken. Insbesondere dann nicht, wenn man bedenkt, dass viele der heutigen Astronauten ohnehin begeisterte Kletterer sind. Wie bei uns wird die Neugier früher oder später dazu führen, dass auch verborgene Ecken aufgesucht werden.

Von den Außeneinsätzen einmal abgesehen, wie realistisch ist denn eigentlich die Simulation eines Aufenthalts auf dem Mars? Schließlich lebten wir bei HI-SEAS in einer vergleichbar sicheren Umgebung, atmeten den Sauerstoff, der in rauen Mengen in der Erdatmosphäre vorhanden ist.

Und wenn unser Habitat oder Anzug kaputt war, schwebten wir deswegen nicht in Lebensgefahr. Überhaupt fehlte einer Simulation wie HI-SEAS die ständige Lebensgefahr als Begleiter. Doch wie Astronauten auf der Raumstation schon hundertfach gezeigt haben, lässt sich mit der ständigen Bedrohung durchaus leben. Man gewöhnt sich daran, behält sich seinen Respekt vor den Gefahren, verfällt aber nicht in lähmende Angst – dann kommt man damit auch klar.

Jede Simulation kann immer nur Teilaspekte einer kompletten Mission nachbilden. Wollte man einen Marsflug exakt nachbilden, müsste man zum Mars fliegen. Also wählt man die Teilaspekte aus, die gerade von besonderem Interesse sind. Nicht immer sind deren Rahmenbedingungen miteinander vereinbar. Dann muss man abwägen, welche Wünsche wichtiger sind – und Kompromisse eingehen. So hätte die geringere Marsanziehungskraft unsere körperliche Bewegung beeinflusst, insbesondere bei Außeneinsätzen. Das zu simulieren, hätte einen riesigen technischen Aufwand erfordert. Es wäre möglich gewesen, beispielsweise auf einer sich drehenden Raumstation, aber dann wären die Möglichkeiten für Außeneinsätze extrem eingeschränkt, wenn nicht gar unmöglich gewesen.

Der wohl wichtigste Grund für Kompromisse aber ist – wie so oft – das Geld. Klar wäre es realistischer gewesen, eine Wasserrecyclinganlage im Habitat zu haben, statt gebrauchtes Wasser zum Verdunsten nach draußen zu leiten. Man hätte auch das Habitat hermetisch abriegeln und eine Luftaufbereitungsanlage einbauen können. Und ebenso wäre es realistischer, eine Notstromversorgung zu haben, die nicht auf Verbrennung beruht. Doch all diese Dinge kosten Geld, und je nachdem, wie marsnah man sie nachbauen möchte, sehr viel Geld. Jedenfalls mehr Geld, als es für eine Studie angemessen erscheint, die sich für die Menschen im Habitat interessiert und weniger für die Technik.

Denn die Menschen, die zum Mars fliegen, gehören nach wie vor zu den größten Sicherheitsfaktoren. Die Crew muss so gut zusammenpassen, dass sie sich auch in Zeiten größter Isolation, größten Stresses nicht an die Kehle geht und sich nach Streits schnell wieder zusammenfindet. Andererseits darf die Crew aber nicht so gut harmonieren, dass sie mit der Bodenstation auf der Erde nichts mehr zu tun haben will. Meuterei hat es in der Raumfahrt schon gegeben, verbunden mit Arbeitsverweigerung. Der Streik dauerte zwar nur einen Tag, aber die Flugdauer der betreffenden Crew war auch nicht vergleichbar mit einer Reise zum Mars. Man stelle sich vor, eine Crew würde zum Mars geschickt, und nach drei Monaten würde sie ihre Arbeit abbrechen, weil die Bodenstation nervt.

Auf dem Mars muss eine Crew autonom agieren können, sich ihren Tag, ihre Arbeit selbst einteilen dürfen. Denn »die auf der Erde« haben dann tatsächlich nicht genug Ahnung, wie es auf dem Mars ist, um exakte Vorschriften machen zu können. Auf der Internationalen Raumstation werden die Zeitpläne für die Astronauten nahezu auf die Minute vorgegeben. Doch die Astronauten dort können im Zweifelsfall und bei Problemen die Bodenstation anrufen. Auf dem Mars ist das nicht möglich, und deshalb braucht die Crew Entscheidungsgewalt. Eine der Fragen, die mit HI-SEAS beantwortet werden soll, ist, wie viel Autonomie der Crew guttut.

Mit der Autonomie kommt nämlich auch Verantwortung, und damit die Herausforderung, niemanden in der

Crew zu benachteiligen. Eine Mars-Crew wird aus Astronauten mit unterschiedlichem Hintergrund bestehen, es werden Wissenschaftler dabei sein und Ingenieure, Piloten und vielleicht Mediziner. Diese Berufsgruppen haben Arbeitsweisen, die sich grundsätzlich voneinander unterscheiden. Während Piloten eher befehlsgewohnt sind – Astronautenpiloten stammen in der Regel aus dem Militär –, bestehen Wissenschaftler darauf, ihre eigenen Entscheidungen treffen zu dürfen. Da liegt es auf der Hand, dass ständig Kompromisse ausgehandelt werden müssen. Zugleich ist es unmöglich, alle dadurch zufriedenzustellen. Deshalb müssen Crewmitglieder bereit sein, auch Nachteile hinzunehmen, wenn es dem Wohl aller dient. Für den einen gestaltet sich der Nachteil zum Beispiel so, dass er etwas mehr arbeitet als die anderen, für den anderen womöglich, dass er häufiger über seinen Schatten springen und Fehler zugeben muss. Ohne diese Zugeständnisse wird das Zusammenleben sehr schwierig.

Vor allem deshalb gibt es HI-SEAS. Um festzustellen, wie man Menschen findet, die zu genau diesen Zugeständnissen fähig sind und sich nach Konflikten wieder zusammenraufen. Die selbst unter größtem Stress zuerst an die Crew und die Mission denken und dann erst an sich. Auf dem Mars kann man nicht die Tür zuschlagen, rausgehen, tief durchatmen – um anschließend wieder zurückzukehren. Schon gar nicht kann man sich neue Kameraden suchen.

Unsere Crew war nicht optimal ausgewählt worden, keine Frage. Aber hätte man es besser machen können? Hätte man mehr Psychologen während des Auswahlprozesses in persönlichen Gesprächen einbinden sollen? Wäre eine größere Auswahl an Finalisten besser, sodass nicht Menschen aufgenommen werden, bloß weil die Alternativen noch schlimmer erscheinen? Sicher, all das hätte man machen können – und wird man in Zukunft vielleicht auch machen.

Aber die tiefer liegende Frage ist doch, ob man Menschen wirklich so auswählen kann, dass sie sowohl mit den Bedingungen auf dem Mars als auch mit der Crew klarkommen. Die Eigenschaften, die man braucht, um ein guter Marsbewohner zu sein, lassen sich recht nüchtern zusammenfassen: anpassungsfähig und -willig, sparsam mit Ressourcen umgehend, arbeitsam, stressresistent. Und die notwendigen Eigenschaften für ein gutes Crewmitglied lassen sich so zusammenfassen: kompromissbereit, nachsichtig, teamorientiert, dickfellig. Dazu die starke innere Motivation, die Zeit auf dem Mars gemeinsam durchzustehen.

Alle diese Eigenschaften treffen nur auf zwei meiner Crewkollegen zu, und das scheinen mir auch die zwei zu sein, die das Leben auf dem simulierten Mars am meisten genossen haben. Den anderen drei fehlte es vor allem am Arbeitswillen und der Orientierung am Team.

Was wäre geschehen, wenn wir noch länger zusammengeblieben wären? So lange wie eine echte Mars-Crew? Manche von uns waren an ihre Grenzen gestoßen, was, wenn Mitglieder einer Mars-Crew sie überschritten? Konnte man Menschen so auswählen, dass psychische Probleme bei ihnen ausgeschlossen werden konnten? Bestimmt. Aber konnte man Menschen so auswählen, dass psychische Probleme nicht während einer Mission auftraten? Ich bezweifle es.

Provokant gefragt: Können diese Probleme so groß werden, dass sich die anderen nicht anders zu helfen wissen, als das problematische Crewmitglied aus dem Habitat zu werfen? Ein Stoß in die Luftschleuse, ein »falscher« Schalter umgelegt, und keiner kann sich erklären, wie dieser furchtbare Unfall passieren konnte.

Dass es so weit kommt, ist unwahrscheinlich, aber möglich. Deshalb hatten wir auch diverse Programme und Hilfestellungen, die ausloten sollten, inwieweit man einer Crew von außen noch helfen kann. Bei uns wäre ein Stoß in die Luftschleuse ohne physische Folgen geblieben, auf dem Mars hätte er zum sicheren Tod geführt. Wer immer Menschen zu diesem Planeten schickt, trägt auch eine gewisse Verantwortung dafür, solch drastischen Ereignissen vorzubeugen.

Die psychische Belastung ist enorm, und sie ist etwas, das leicht übersehen wird und unerkannt bleibt. Wer hat noch nicht über Aufnahmen aus der Raumstation gestaunt, in denen Astronauten scheinbar schwerelos und unbeschwert durch die Luft schweben, fröhlich in die Kamera winken, während sie in der anderen Hand eine Tüte Weltraumnahrung halten? Oder in denen Astronauten in weißen Anzügen »völlig losgelöst von der Erde« an ihrem Raumschiff arbeiten?

Auf diesen Fotos, in diesen Filmen für die Öffentlichkeit sind nicht die Schattenseiten des Astronautendaseins erkennbar. Andrzej sagte einmal richtig: »Astronautendasein, das heißt auch opfern und verzichten. Verzichten auf die Familie, verzichten auf Freunde, verzichten auf einen großen Teil der Privatsphäre.« Scott Kelly seufzte darüber, dass er ständig auf Arbeit sei, nie komplett abschalten könne. Abgesehen davon, dass Astronauten von der Raumstation anders als wir vom simulierten Mars nach Hause telefonieren können, sind sie von ihrer normalen Umgebung ebenso isoliert wie wir. Natur und Sonnenschein gehören zu den am häufigsten genannten Antworten auf die Frage, was vermisst worden war, sowohl in unserer Marsstation als auch in der Raumstation.

Die fremde Umgebung führt auch dazu, dass sich Beziehungen bilden, die unter normalen Umständen keinen Bestand hätten. Damit meine ich nicht nur sexuelle Kontakte, sondern ebenso enge Freundschaften. Ist man wieder zurück auf der Erde, gehen sie auseinander, weil plötzlich andere Eigenschaften wichtig sind. Das muss natürlich nicht so sein, es können sich im Gegenteil auch Freundschaften fürs Leben entwickeln.

Bestehende Beziehungen (und diesmal meine ich Liebesbeziehungen) mit jemandem auf der Erde werden auf eine starke Belastungsprobe gestellt. Wenn man sich – nicht unbedingt körperlich, aber emotional – einem anderen Crewmitglied im All, im Habitat, auf dem Mars annähert, ist dann wirklich noch der Ehepartner der oder die engste Vertraute? Wie nah oder fremd fühlt es sich an, zu jemandem nach einem Jahr – oder sogar mehreren Jahren – zurückzukehren, wenn man eine so einschneidende Erfahrung zusammen mit einer anderen Person gemacht hat?

Nichts davon sieht man auf den Fotos mit den fröhlich winkenden Astronauten. Und wird man vermutlich auch dann nicht sehen, wenn Aufnahmen einmal vom Mars geschickt werden.

Zurück zur Ausgangsfrage, wie realistisch unsere Simulation einer Marsmission denn war: Sehr realistisch. Jenseits von technischen Details, war die Isolation so, als wären wir auf dem echten Mars gewesen. Wir sind keiner Menschenseele begegnet, und die langen Laufzeiten für unsere Kommunikation sorgten dafür, dass wir uns weit weg vom Rest der Menschheit fühlten. Wir waren allein. Punkt. Ein Jahr lang hatten wir nur uns selbst – in guten Zeiten, wenn wir uns gegenseitig halfen, wie in schlechten, wenn wir uns gegenseitig das Leben schwer machten.

Wir lebten an einem einsamen, kahlen Berghang. Wenn wir danach suchten, konnten wir zwar Anzeichen von Zivilisation bemerken, etwa Straßen in der Ferne und die Observatorien auf dem Mauna Kea. Doch die waren außerhalb unserer Reichweite. Unser täglicher Blick aus dem Fenster fiel auf eine Landschaft, die für waldverwöhnte Mitteleuropäer fremdartiger nicht hätte sein können.

Trotz aller Schwierigkeiten kam Aufgeben nie infrage. Wäre einer gegangen, hätten alle verloren. Unsere Mission war, hier zu leben, zu arbeiten – und zu sechst, vollständig und wohlbehalten auf die Erde »zurückzukehren«. Und genau das hatten wir vor zu tun, in nunmehr weniger als zwei Monaten. Sechs, sieben Wochen, das war selbst für mich eine überschaubare Zeitspanne. Es fühlte sich fast schon surreal an, das Ziel, das Missionsende, aus dem Zeitnebel auftauchen zu sehen.

Ganz langsam realisierte ich, dass die Mission bald vorbei war. Wir setzten zum Endspurt an und versuchten noch einmal, unsere Konflikte zu überwinden. Shey erklärte den elften Monat zu ihrem persönlichen Projekt und backte Dutzende verschiedene kleine Küchlein. Die ordnete sie dann wie einen Kalender an: Auf einem großen Bogen Papier malte sie einunddreißig Kästchen für die verbliebenen Tage des Monats Juli plus die achtundzwanzig Tage des August bis zum Ende unserer Mission. Jedes Kästchen erhielt ein Stück Kuchen. Anschließend wurden der Kalender und die Crew fotografisch festgehalten, ein kleiner Erfolg, nachdem unsere letzten Crewfotos ausgefallen waren.

In den vergangenen Monaten hatte ich hier und da meine Fühler ausgestreckt, um herauszufinden, wie es für mich nach der Mission weitergehen könnte. So bewarb ich mich für das Projekt »Die Astronautin«, und es gab verschiedene Stellen, bei denen ich eigene Forschungsanträge einreichen wollte. »Die Astronautin« war eine Initiative, bei der die erste deutsche Frau für das Weltall gesucht wurde. Doch ich hörte erst von ihr nach Ablauf der Bewerbungsfrist, zu lückenhaft war der Informationsfluss auf dem simulierten Mars. Ich wollte die Sache schon als verpasste Gelegenheit ad acta legen, als ich noch einmal bei der Initiatorin anfragte. Kurze Zeit später teilte man mir mit, dass meine Bewerbung trotz Verspätung noch berücksichtigt werden könne.

Sogleich eilte ich in Carmels Zimmer, wo sie gerade mit Tristan frühstückte, und überfiel sie: »Du musst alles stehen und liegen lassen, was immer du dir an diesem Tag vorgenommen hast. Ich brauche ein Empfehlungsschreiben von dir als Kommandantin.« Carmel war wenig begeistert, sie hatte eine Menge vor.

»Warum denn so dringend?«, fragte sie.

»Weil die Bewerbungsfrist schon abgelaufen ist.«

Vier Augenbrauen schossen in die Höhe.

»Um was für einen Job geht es denn?«

»Den der ersten deutschen Astronautin.«

Tristan verschluckte sich an seinen aufgeweichten Chex, und Carmel lachte: »Halleluja, na gut, ich mach's.«

Meinen Doktorvater, André Thess, überfiel ich in ähnlicher Weise, und obwohl ich nicht damit rechnete, denn er ist ein viel beschäftigter Mann, hatte ich bald ein Empfehlungsschreiben von ihm im E-Mail-Postfach, verfasst spätabends nach deutscher Zeit. Am Ende des Tages hatte ich tatsächlich eine Bewerbung zusammengezimmert, die in meinen Augen ganz passabel war, und schickte sie ab.

Zu meiner Freude kam ich ohne Schwierigkeiten in die nächste Auswahlrunde. Aber es wurden auch traurige Erinnerungen wach: Das Arktisprojekt, das so oft verschoben und letztlich zerhackstückelt worden war, sollte einst durch Sponsoren finanziert werden – ebenso das Astronautin-Projekt. Was, wenn ich ausgewählt wurde, das Training durchlief und dann, nach zwei Jahren, doch nicht fliegen konnte, weil das nötige Geld nicht zusammengekommen war? Mir fielen Andrzej und seine Worte »Why risk it?« ein, die er immer dann anbrachte, wenn es um Sicherheitsbedenken seinerseits ging. Ich grinste und entschied, es wenigstens zu versuchen. Wer nicht wagt, der nicht gewinnt.

Meine Sorgen sollten sich Monate später – leider – als unnötig herausstellen. Nachdem ich noch einige Runden weitergerückt war, fiel ich beim Aufmerksamkeitstest durch, nachdem ich am Vortag fast vier Stunden auf verschneiten Gleisen festgesteckt hatte und mir danach mitten in der Nacht ein neues Hotelzimmer suchen musste, weil bei der Anmeldung etwas schiefgelaufen war. Vielleicht war das Leben ja wirklich einfacher, wenn man in Simulation war … Nun, mir bleibt noch die Hoffnung, dass die Europäische Raumfahrtagentur (ESA) demnächst eine neue Auswahlrunde eröffnete. Und sollte ich es dort bis zu den Aufmerksamkeitstests schaffen, werde ich mindestens zwei Tage im Voraus anreisen.

Außerdem hatte ich noch meine Forschungsvorhaben. Ich wollte weiter das Leben und Arbeiten auf Himmelskörpern simulieren, aber mit einem verstärkten Fokus auf die Arbeit und die Technik. Sowohl Cyprien als auch ich waren frustriert gewesen über das nur rudimentär ausgestattete Labor. Es enthielt einzelne Instrumente, die nützlich waren, aber nie das ganze Spektrum unserer Arbeit abdeckten. Es war wie eine Fahrradwerkstatt, in der mal jemand ein paar Schraubenschlüssel und Ölfläschchen deponiert hatte, in der man aber nicht mal einen Reifen wechseln konnte, weil die Luftpumpe fehlte. Das sollte sich bei zukünftigen Simulationen deutlich verbessern.

Und ich wollte versuchen, selbst ein funktionsfähiges Habitat zu bauen, und zwar dort, wo es meiner Meinung nach hingehört: unter der Erdoberfläche. HI-SEAS und alle anderen mir bekannten Habitate stehen exponiert an der Oberfläche, wo sie zwar hübsch aussehen, aber praktisch ungeschützt vor der Weltraumstrahlung wären.

Die Entscheidungen über die Forschungsvorhaben stehen noch aus – doch man darf gewiss sein, dass es nach den HI-SEAS-Höhlen für mich mit der Weltraumforschung in Höhlen und auf anderen spannenden Flecken der Erde weitergehen wird.

14
AUGUST.
ENDSPURT

Zwei unvorhergesehene Herausforderungen mussten wir noch überstehen, bevor es ans Packen gehen konnte. Die eine war recht irdischer Natur, denn wie fast elf Monate zuvor war für unseren Berg eine Unwetterwarnung ausgesprochen worden. Darby war ein tropischer Wirbelsturm und befand sich noch knapp eintausend Kilometer vor Hawaii. Das Mission-Support-Team schickte uns immer wieder Updates über Darbys Lage, der mit etwa zwanzig Kilometern pro Stunde genau auf uns zukam. An einem Samstagmorgen sollte er Hawaii erreichen. Uns blieb noch genug Zeit, unseren alten Notfallplan auszugraben und eine eventuelle Evakuierung vorzubereiten. So kurz vor dem Ende bekam uns ohnehin keiner vom Berg runter, deshalb war der einzige Ort, an den wir uns flüchten konnten, unser Lagercontainer.

Shey und Andrzej fühlten sich voll in ihrem Element, gewissenhaft bereiteten sie eine detaillierte Liste vor mit jedem Schritt, der bis zum Eintreffen des Sturms noch erledigt werden musste. Das Gefährliche an Darby war, dass er voraussichtlich an der Südseite der Insel vorbeiziehen würde. Das war bislang nur selten vorgekommen, denn die meisten Stürme ziehen nördlich am Mauna Loa vorbei. Ein tropischer Sturm lässt sich zwar von fast nichts beeindrucken, aber zum Glück für uns stellt der voluminöseste Vulkan der Erde so ein Fast-Nichts dar. Er zwingt die meisten Stürme nicht nur auf eine nördliche Bahn, sondern bietet dem Habitat in seinem Windschatten auch Schutz. Aber Darby war eine Ausnahme, er würde auf unserer Seite des Mauna Loa vorbeiziehen, und damit würden wir Wind und Regen schutzlos ausgeliefert sein.

Ganz unrealistisch war eine Sturmvorbereitung für eine Marssimulation übrigens nicht. Natürlich wird es bei einem Staubsturm auf dem Mars nicht regnen, aber während eines solchen würde man auch dort nichts draußen herumliegen lassen wollen.

Den Freitagvormittag verbrachten wir damit, während eines Außeneinsatzes die unmittelbare Umgebung des Habitats nach Gegenständen abzusuchen, die herumfliegen könnten. Wir bauten zur Stabilisierung kleine Rampen um die Urindestillen und kontrollierten die Verankerungen meiner Pyramiden. Das Tarnnetz zogen wir vom Habitat, damit es sich nicht losreißen und im Wind flattern konnte, wodurch es über kurz oder lang die Habitatwand beschädigt hätte. Ich warf noch einen Blick auf unsere Antenne, um sicherzugehen, dass alle Verankerungen hielten. Schließlich war sie unsere einzige Verbindung zur Erde.

Am Nachmittag hatte ich die Nase von Darby gründlich voll. Dabei hatte er Hawaii da noch gar nicht erreicht. Aber Shey und Andrzej rannten herum wie aufgescheuchte Hühner, dachten sich ständig neue Sachen aus, die vorbereitet werden mussten. Am liebsten hätten sie sofort unser Notlager im Container errichtet und unsere Matratzen und Wassertanks dorthin geschafft, obwohl von dem Sturm immer noch nicht viel zu spüren war.

Ich verzog mich in mein Zimmer und schloss die Tür, aber auch dort war ich vor dem Trubel nicht sicher. Unzählige E-Mails wurden ausgetauscht, am Ende zehnmal mehr als zu Ignacio vor einem Jahr. Man hätte meinen können, dass ein Hurrikan der Kategorie fünf, der höchsten Stufe, auf uns zusteuerte! Dabei handelte es sich »nur« um einen tropischen Wirbelsturm, groß genug, um einen Namen zu bekommen, aber zu klein, um zu seinen großen Brüdern, den Hurrikans, gerechnet zu werden. Die vorausgesagten Spitzengeschwindigkeiten lagen weit unterhalb dessen, wofür unser Habitat ausgelegt war!

Der Sturm begann sich am Freitagabend bemerkbar zu machen. Draußen war es bewölkt, und wir hörten den Wind an unserer Habitatwand rütteln. Mehr entnervt als beunruhigt ging ich ins Bett – und wachte mitten in der Nacht auf. Draußen rauschte dichter Regen aufs Habitat herab, und die Planen zogen und zerrten im Wind an ihren Verankerungen. Fasziniert lauschte ich den, wie ich meinte, Anfängen des Sturms und überlegte, wie es wohl sein würde, wenn uns das Auge erreichte. Ich war aufgeregt, meinen ersten tropischen Wirbelsturm zu erleben, der sich nicht hinter dem Mauna Loa versteckte. Dementsprechend dauerte es, bis ich wieder einschlafen konnte.

Als ich am späten Samstagmorgen erwachte, war es überraschend ruhig. War gerade das Auge über uns? Dann musste es gleich stärker als in der Nacht weiterstürmen. Doch das erneute Einsetzen des Windes blieb aus. Draußen nieselte es nur ein bisschen, und ein paar Stunden später zeigte sich am Himmel auch schon das erste Fleckchen Blau. Sollte es das etwa schon gewesen sein? Ja, das war es. Der Sturm war längst vorübergezogen und kam nicht noch einmal zurück. All diese Aufregung für ein enttäuschendes Stürmchen. Immerhin, eine Person freute sich: Kim. Sie kommentierte: »Stinklangweilig war genau das Wort, das ich in dem Bericht über den Sturm lesen wollte.«

Die zweite Herausforderung kündigte sich damit an, dass unsere Waschmaschine herumzickte. Auch mit viel gutem

Zureden und wildem Knöpfe-Drücken war sie nicht zu überreden, meine Wäsche freiwillig herzugeben, geschweige denn, zu Ende zu waschen. Sie reagierte auf nichts mehr, und am Ende blieb mir nichts anderes übrig, als die Trommeltür manuell zu öffnen. Wegen eines Geniestreichs im Design mussten wir die komplette vordere Verkleidung abbauen, um an die Notentriegelung für die Tür kommen zu können. Carmel half, die Schrauben und Plastikhäkchen der Verkleidung ohne größere Zerstörung zu lösen und nebenher die anderen Crewmitglieder zu verscheuchen, die wir in dem ohnehin schon viel zu engen Raum nicht gebrauchen konnten.

Doch das Problem steckte gar nicht in der Waschmaschine. Die muckte nur auf als Folge eines anderen, größeren Problems. Unsere Wasserpumpe tat nämlich ihren Dienst nur noch extrem langsam, zu langsam für die Waschmaschine. Überhaupt hatte der Wasserdruck überall im Habitat erheblich nachgelassen, dabei lief die Pumpe stundenlang ohne Unterbrechung.

Wir baten unser Mission-Support-Team um Hilfe, aber noch während wir am nächsten Abend das weitere Vorgehen besprachen, schaute ich, einer plötzlichen Eingebung folgend, in dem Verschlag nach, in dem die Wasserpumpe stand. Zuerst fiel mir nichts weiter auf, und ich wollte schon wieder gehen, als ich stutzig wurde. Irgendetwas war nicht so, wie es sein sollte, ich konnte es nur nicht erkennen. Ich holte eine stärkere Taschenlampe und leuchtete in den Verschlag: Da war es, eine kleine Wasserlache, die sich dunkel auf dem restlichen Boden abzeichnete und die da ganz sicher nicht hingehörte.

Das Leck war dann schnell gefunden: Aus einer Dichtung spritzte ein feiner Wasserstrahl so weg, dass man ihn von vorn nicht sehen konnte. Nur, warum leckte die Pumpe überhaupt? Die Lache war frisch, das Holz darunter noch nicht aufgequollen, das Leck konnte also nicht die Ursache für das Versagen der Pumpe sein.

In mühevoller Kleinarbeit arbeiteten wir uns zusammen mit dem Mission-Support-Team durch alle möglichen Lösungsvorschläge. Andrzej bestand wie üblich darauf, dass wir unser Wassersystem nicht anfassen sollten. Carmel beruhigte ihn, drehte das Wasser ab und machte sich daran, die Pumpe auseinanderzunehmen. Nachdem die Leitung einmal offen war, wurde Andrzej etwas hilfsbereiter und reichte Carmel gemeinsam mit Tristan das geforderte Werkzeug.

In der Zwischenzeit sorgte der Rest dafür, dass wir weiterhin Trinkwasser zur Verfügung hatten. Denn anders als bei dem Vorfall vor einem Monat hatten wir noch reichlich Wasser, es kam nur nicht aus der Leitung. Stattdessen trugen wir es in Eimern ins Habitat, wo es allerdings noch gefiltert werden musste. Tristan und ich fanden ein paar frische Wechselfilter für die Pumpe und gossen das Tankwasser durch sie hindurch.

Die Reparatur der Pumpe zog sich wegen der wiederholten Fehlschläge und der langen E-Mail-Laufzeiten: »Probiert mal die und die Schritte aus.« – »Machen wir. Den Schalter, der in Schritt A beschrieben ist, finden wir nicht.« – »Sucht mal da und da.« – »Okay, gefunden. Schritt B funktioniert nicht. Habt ihr noch andere Tipps?«

Die Einzigen, die ein Problem damit hatten, waren Shay und Andrzej. Ohne Dusche würden wir ja bei unserem Auszug stinken. Ob die Studienleitung wirklich wolle, dass alle Welt weiß, wie wir vernachlässigt würden? Vor meinem geistigen Auge sah ich zwei Crewmitglieder mit fettigen Haaren aus dem Habitat steigen, dicht gefolgt von vier sauberen, frisch gewaschenen … Doch leider kam es nicht so weit, denn nach zwei Wochen war das Problem gefunden: ein banaler, verstopfter Filter. An den hatten wir nicht gleich gedacht, weil dieser erst kurz zuvor ausgewechselt worden war. Aber als wir das Wasser per Hand filterten und nach anfangs achtzig Litern in einer Stunde eine Woche später nur noch zehn Liter schafften, machte es klick, und wir sahen uns den Filter vor der Pumpe genauer an. Der Wechsel war dann schnell erledigt, die Pumpe bald zusammengebaut, und es gab wieder fließendes Wasser.

Nachdem Carmel die Pumpe in Gang bekommen hatte, konzentrierten wir uns auf unser letztes großes Projekt. Schon seit Monaten hatten wir beharrlich daran gearbeitet, Schritt für Schritt hatten wir uns seinem Ziel genähert, und doch hatten wir immer wieder aufgeben müssen. Es ging darum, den Rundweg endlich vollständig abzulaufen.

Das Laufen allein wäre vielleicht langweilig gewesen, aber es waren auch noch zwei oder drei Skylights offen, die wir aus Zeitmangel zuvor nur kurz gestreift hatten. Ihnen wollten wir uns auf der südlichen Route nähern, vielleicht hineinklettern und schließlich über die nördliche Route zum Habitat zurückkehren. Bisher hatten wir den umgekehrten Weg eingeschlagen, wenn wir versucht hatten, den vollen Rundweg zurückzulegen. Der Vorteil dieser Richtung war jedoch, dass wir den schwierigsten Teil gleich am Anfang hinter uns brachten, danach konnten wir ab den Skylights relativ gemütlich bergab zur Straße und von dort zum Habitat schlendern. Und waren die Skylights öde und boten keinen Zugang zu Lavaröhren, konnten wir noch einen Abstecher zu Tristans Höhle machen.

Ebenfalls entgegen unserer Gewohnheit: Wir wollten erst am frühen Nachmittag aufbrechen, da ich zum Abschied noch ein Foto vom Habitat im Sonnenuntergang aufnehmen wollte. Das bedeutete aber auch, dass wir, wenn der Tag am wärmsten war, aufbrechen würden. Auf dem Rückweg am Abend würde es trotz schwächer werdender Akkus angenehm kühl sein.

Es war ein großartiger Plan. Guter Dinge passierten wir die Ablenkungs-Skylights, ohne ihnen auch nur einen Blick zu schenken, und machten uns an die Überquerung der ʻAʻā-Lava. Selbst nach fast einem Jahr hatten wir immer noch Schwierigkeiten auf der ʻAʻā. Wir verfluchten den Anstieg, wir verfluchten die Hitze, und dann liefen wir noch einen riesigen Umweg in der Hoffnung, einen Ausläufer des ʻAʻā-Feldes zu umgehen. Der Weg streckte sich ewig, mehr als eine Stunde brauchten wir. Trotzdem erreichten wir die Skylights vergleichsweise entspannt.

Das erste Skylight, das möglicherweise ein bisschen außerhalb unseres Zwei-Kilometer-Kreises lag, war ein Reinfall, eigentlich nur eine kleine Mulde in der ansonsten intakten Pāhoehoe. Das zweite Skylight bot Zugang zu einer ziemlich langen Höhle. Diese war vielleicht dreihundert Meter lang und damit eine der längsten in dieser Gegend, aber ansonsten bot sie nichts Interessantes.

Das dritte Skylight dagegen wirkte anfangs ziemlich demotivierend. Carmel wollte gleich weiter zu Tristans Höhle marschieren, ich bestand jedoch darauf, mir das Skylight näher anzusehen. Der Höhleneingang auf der rechten Seite entpuppte sich als Sackgasse. Auf der linken Seite fand ich jedoch eine Lücke in den Skylight-Trümmern, die bis an die Höhlendecke reichten. Die führte fast senkrecht nach unten, war tief, sehr steil, und lose Steine konnten beim Herabklettern Probleme machen.

Carmel fand noch eine zweite Lücke, ohne jedoch begeistert davon zu sein, viel zu eng. Obwohl ich selbst Zweifel hatte, hindurchzukommen, beschloss ich, es wenigstens zu probieren. Sie sah etwas schwieriger aus als die erste, aber auch deutlich stabiler. Ich bemerkte einen klobigen Felsblock, der mir beim Herabklettern entweder behilflich sein oder auf den Kopf fallen konnte. Ich trat kräftig dagegen. Einmal, zweimal. Eine Ecke bröckelte ab, mehr aber nicht. Ich trat noch einmal dagegen, viermal, fünfmal. Der Block ruckte nicht mehr.

Ich schaffte es durch den engen Schacht. Ich musste mich mehrmals drehen und wenden und mir am Schluss mit meinen Füßen einen Steig etwa einen Meter nach unten suchen, während ich auf dem Rücken lag und mich an dem Felsblock festhielt. Unten angekommen, versuchte ich, Carmel zu überreden, mir zu folgen, aber sie traute sich nicht. Dabei war der weitere Weg sehr leicht. Ein wenig aufrecht laufen, ein wenig gebückt laufen, an einer kurzen Stelle auch mal robben – und schon hatte ich einen weiteren Deckeneinbruch erreicht.

Ich funkte Carmel an, da meine Akkus gerade schlappmachten, sie sollte hier herüberkommen. Normalerweise ist es recht leicht, an der Oberfläche das nächste Skylight einer Lavaröhre zu finden, wenn man die ungefähre Richtung der Höhle kennt. Doch ich stand am Boden meines Skylights – und Carmel kam nicht. Ungläubig fragte sie mich bestimmt fünfmal, ob ich tatsächlich nicht mehr als höchstens fünfzig Meter gegangen sei.

Nach ein paar Minuten erfolglosen Suchens kehrte sie zum Eingang zurück und ließ sich noch einmal genau beschreiben, in welche Richtung ich gegangen war. Sie versuchte noch einmal ihr Glück, und diesmal mit mehr Erfolg. Hoch über mir tauchte sie am Rand auf. Ich stellte mich, so gut ich konnte, auf festen Boden, um das Gleichgewicht auch dann halten zu können, wenn ich mich nach der Tüte recken musste. Aber das war unnötig gewesen, denn Carmel warf zu kurz, genau in die Mitte eines riesigen, vertrockneten Buschs. Doch wir hatten Glück im Unglück. Es war zwar mühsam, die Tüte mit den Akkus dort herauszufischen, aber wenigstens war sie nicht in den klaffenden Lücken des großen Gesteinshaufens ringsum verschwunden.

Mit den frischen Akkus stieß ich weiter in die Höhle vor. Wo immer ich konnte, gab ich Carmel per Funk kund, wo ich mich befand. Ich funkte auch noch, als sie mich längst nicht mehr hören konnte und es bis auf meine Stirnlampe stockdunkel um mich herum war. Mein Herz klopfte. Die Höhle schien stabil, ich brauchte mir eigentlich keine Sorgen zu machen, aber mulmig war mir dennoch zumute. So weit hatten Carmel und ich uns bei Höhlenabenteuern noch nie voneinander getrennt.

Wenig später, an einer Engstelle, durch die ich nicht passte, kehrte ich um. Weitere fünfzehn Minuten später stand ich wieder neben Carmel. Sie war der Meinung, dass wir uns jetzt auf den Rückweg machen sollten, wir müssten uns sogar beeilen, wenn wir den Sonnenuntergang noch sehen wollten. So schnell wir konnten, liefen wir in Richtung Straße, wo wir uns kurz sammelten, bevor wir unseren rekordverdächtigen Sprint fortsetzten. Erst als wir zweihundert Meter vor dem Habitat um eine Kurve kamen, sahen wir sie, die Sonne. Sie berührte fast den Horizont. Ich flitzte am Habitat vorbei den Raupen-Hügel hoch und suchte mir einen Platz für meine Kamera. Keine Minute zu früh. Als mein Atem sich noch beruhigte, war die Sonne schon verschwunden.

Wir waren erleichtert, den Sonnenuntergang geschafft

zu haben, und hochzufrieden, dass wir nach so vielen gescheiterten Versuchen den Rundweg doch noch geschafft hatten. Ziel erreicht! Nun konnte das Ende der Mission kommen.

Jeder fieberte diesem auf seine Art entgegen. Die einen versuchten, alle bisherigen Konflikte beiseitezuschieben und die letzten Projekte unbeirrt abzuschließen, während die anderen sich gehen ließen und noch weniger Wert auf Harmonie legten als sonst. Carmel wirkte wieder zunehmend gestresster: So viel musste noch erledigt werden, und so wenig halfen die anderen mit. Immer häufiger fuhr sie Crewkameraden ungehalten an, wenn etwas nicht nach Plan lief. Dazu äußerte sie immer häufiger ihre Befriedigung darüber, als Kommandantin das letzte Wort haben zu können. Ich war ein wenig traurig darüber, denn bisher war sie nie der Typ gewesen, der seine Machtposition ausnutzte. Sie war mittlerweile wie besessen von Shey und sah Fehler, wo vermutlich keine waren.

Ähnlich traurig war ich, was Andrzej betraf. War er am Anfang der etwas tapsige Junge mit dem Aussehen eines Bären gewesen, hatte er inzwischen mehr Ähnlichkeit mit einem selbstverliebten, verbitterten Wolf. Ich dachte an seine Frau – hoffentlich konnte sie sein verändertes Verhalten wieder normalisieren.

Tristan war voller Vorfreude. Er hatte sich bei den Gruppendiskussionen zurückgehalten, und so war er nie einem offenen Konflikt ausgesetzt gewesen. Dass er hinter ihren Rücken lästerte, wussten Shey und Andrzej ja nicht. Es war interessant, zu beobachten, wie Tristan, der vermeintlich unbeschwerte Jokster, manchmal ein geradezu gehässiger Spielverderber werden konnte. Seine Witze riss er immer noch und sorgte damit für so manche Auflocke-

279

rung, wenn die Spannung am größten war. Aber mit seinem Lästern trug er eben auch dazu bei, dass Carmel Shey und Andrzej vielleicht weniger unvoreingenommen behandelte, als für die Crew gut gewesen wäre.

Cyprien hatte sich so gut wie gar nicht verändert. Er war der Prototyp des zerstreuten Professors gewesen, und am Ende der Mission war er seiner Arbeit weiterhin mit Leib und Seele verschrieben, wobei er alles andere um sich herum vergessen konnte. Seine rationale Denkweise ermöglichte es ihm sicher, die Mission durchzustehen und fast alles von sich fernzuhalten. Manchmal fragte ich mich, an was er sich hinterher wohl erinnern würde, so konzentriert, wie er seine Arbeit erledigt hatte. Gleichzeitig war er das Crewmitglied, das vor lauter Konzentration die mit Abstand meisten umgestoßenen Wassergläser auf dem Gewissen hatte, umso erstaunlicher, da er im Labor praktisch nie etwas verschüttete.

Und ich? Mich konnte nichts mehr umwerfen. Wir hatten als Gruppe zusammengearbeitet, als wir uns auf den Tod nicht ausstehen konnten, und ein Lavabrocken hatte versucht, mein Bein unter sich zu begraben. Ich hatte bald das wohl anstrengendste und gleichzeitig wundervollste Jahr hinter mir. Eigentlich schade, dass es demnächst vorbei war.

Die letzten Tage vergingen wie im Flug. Wir räumten, wir säuberten, wir packten, wir sortierten. Die Körperproben mussten für ihren Abtransport vorbereitet werden. Die Ausrüstung für die Experimente der HI-SEAS-Wissenschaftler musste den richtigen Projekten zugeordnet, Computerfestplatten noch einmal daraufhin untersucht werden, dass keiner persönliche Daten darauf vergessen hatte. Unser Habitatnetz lief warm, als wir von unserem Server

Daten und Fotos auf unsere persönlichen Festplatten kopierten.

Ich sammelte ein letztes Mal die Dateien ein, in denen meine Crewkameraden ihr Schlafverhalten des letzten Jahres festgehalten hatten. Die und meine anderen Projekte würden mir etliche Monate wissenschaftlicher Auswertungen bescheren, auf die ich mich schon freute. Meine Pyramiden baute ich ab und nahm sie auseinander. Während der Mission hatte ich sie mehrmals reparieren müssen, und zwei hielten am Ende nur noch mit gutem Willen. Man sah ihnen jeden einzelnen Tag des Jahres an, an dem sie Wind, Sonne und Regen ausgesetzt gewesen waren. Mir machte das Auseinanderschrauben Spaß, es war eine willkommene Abwechslung zur Computerarbeit. Aber es stellte sich dabei auch Wehmut darüber ein, dass diese Pyramiden, mit denen ich so viele Stunden verbracht hatte, nun im Müllsack landeten.

Die Urindestillen leerten wir aus, rissen die Plastikfolien heraus, ließen sie auslüften und verstauten sie dann im Gemeinschaftsraum. Meinen völlig verschlissenen, zerkratzten, zerlöcherten Anzug gab ich ebenfalls für den Müll frei – jedoch nur mit großem Widerwillen, denn an ihm hingen unzählige Erinnerungen.

Wir erstellten Inventarlisten. Cyprien zählte alles nach, was sich im Labor befand, Carmel und ich das, was wir noch im Lagercontainer hatten. Unsere im Laufe des Jahres angesammelten geologischen Schätze gaben wir beide größtenteils der Vulkangöttin Pele zurück, ein paar überließen wir dem Habitat, und bei zwei oder drei Steinen, von denen ich mich partout nicht trennen konnte, bettelte ich Pele an, sie mir zu überlassen, ohne sich zu rächen. Ich erklärte ihr noch einmal, dass meine Schuhsohlen ohnehin kleine Steinchen nahezu unbemerkt wegschleppen würden, da konnte sie bei den etwas größeren doch bestimmt ein Auge zudrücken … Außerdem: In meiner Vitrine würden sie auch viel besser zur Geltung kommen, hier bekäme sie nur selten, wenn überhaupt jemand zu Gesicht.

Ich räumte mein Zimmer aus und packte meine Habseligkeiten in Kisten, die nach Deutschland geschickt werden sollten. Ich hatte ein paar Plakate mit Naturaufnahmen an den Wänden gehabt, die ich nun abnahm. Ein paar Quadrate aus Kork, die ich zur Verzierung angebracht hatte, ließ ich dort. Die Möbel schob ich zurück in ihre ursprüngliche Position. Es fühlte sich seltsam an, mein Zimmer so zu sehen: kühl und pragmatisch statt kuschelig und bis oben hin mit meinen Habseligkeiten gefüllt.

Voller Nostalgie dachte ich an das vergangene Jahr zurück. Sicher, es war nicht immer einfach gewesen, aber die guten Zeiten würde ich sehr vermissen. Die unmittelbare Nähe zu Menschen, die ich mittlerweile zu meinen engsten Freunden zählte. Den Blick aus dem Fenster über die unglaubliche Weite des Tals, Dutzende Kilometer bis zum Horizont. Überhaupt den Ort, an dem ich zwölf Monate meines Lebens verbracht hatte. Das Ende nahte, und jetzt hieß es, Abschied zu nehmen wie von einem guten Freund.

In nur wenigen Tagen würden wir andere Menschen sehen, fremde Stimmen hören. Doch anders als die Leute, die wir in den vergangenen Monaten auf der Leinwand an unseren Filmabenden gesehen hatten, würden diese ihre eigenen Gerüche mitbringen. Man konnte sie anfassen. Und vor allem würden sie sich umherbewegen, statt auf der Leinwand zu bleiben. Sie würden in der Mitte unseres Gemeinschaftsraums stehen, vielleicht nach oben zu den Zimmern blicken. Mit welchen Augen würden sie wohl unser geliebtes Zuhause sehen?

Es war wie Ausziehen – und doch ganz anders. Wir hatten in dem einen Jahr mehr Zeit in dem Habitat verbracht als ein Mensch im gleichen Zeitraum in seiner Wohnung. Wir waren hier verwurzelt. Wir gehörten hierher.

Dann wieder gab es diese Momente, in denen wir uns auf das Leben draußen freuten, mit all seinen angenehmen Seiten. Endlich wieder frisches Obst! Endlich wieder schwimmen! Endlich lange duschen! Einfach nur in der Sonne sitzen und sich um Luxusprobleme wie möglichen Sonnenbrand Gedanken machen! Freunde und Familie nach so vielen Monaten – live – wiedersehen. Ich hatte eine lange Liste an Dingen, die ich alle tun wollte, wenn ich »wieder« auf der Erde war.

Carmel hatte nach und nach ihre Salatzucht geplündert, sodass sie ihre aquaponischen Systeme nach Hause schicken konnte. Jetzt, wo es aufs Ende zuging, hatten wir so viel frisches Gemüse wie nie zuvor, mindestens zweimal in der Woche. Es war immer dasselbe, es verlor bald seinen Reiz, aber es war auch eine Einstimmung auf den Überfluss, der uns auf der anderen Seite der Habitatwand bald erwarten würde.

Und gleich zwei Geburtstage gab es noch zu feiern, bevor wir rauskonnten. Cypriens Geburtstag feierten wir mit einem von Carmels Schätzen: eingeschweißter Lachs, geschickt von ihrer Mutter. Andrzejs Geburtstag fiel auf einen Tag kurz vor unserem Auszug. Shey bereitete ihm sein Lieblingsessen zu, sauer eingelegtes Schweinefleisch aus der Dose. Und das war's. Sehr pragmatisch.

Zwei Tage vor dem Missionsende führten Carmel und ich unseren allerletzten Außeneinsatz durch. Zum krönenden Abschluss hätten wir noch gern eine Erkundungstour unternommen, aber dafür fehlte uns die Zeit. Stattdessen wollten wir einige Sensoren noch einem Nutzen zuführen, statt sie, verpackt in Kisten, im Habitat einstauben zu lassen.

Durch das Zerlegen meiner Pyramiden waren Temperatur- und Feuchtigkeitssensoren frei geworden. Wir brachten sie in einer schmalen Spalte im Lavaboden an, wo sie in den kommenden Monaten die unterirdischen Temperatur- und Feuchtigkeitsschwankungen aufzeichnen sollten. Falls unsere Nachfolgercrew keine Verwendung für die Sensoren hatte, konnten sie an dieser Stelle bleiben und so die langfristigen Bedingungen im Lavagestein nachvollziehen: Wie gut schützt die Luft in den Poren des Gesteins die darunterliegenden Schichten vor Schwankungen?

Nachdem wir die Sensoren positioniert hatten, genossen wir noch ein wenig die Sonne – zum letzten Mal im Anzug. Und als wir genug Licht und Wärme getankt hatten, vollzogen wir die allerletzte, leider nicht sehr ehrenvolle Handlung im Anzug, und trugen eine ausgelüftete Urindestille ins Innere.

Am Tag vor dem Ende der Mission am 28. August, einem Samstag, durften wir nicht mehr nach draußen. Aus gutem Grund: Wir waren nicht mehr allein. Wir hörten Menschen, uns war gesagt worden, dass sie den Platz zwischen Habitat und Solarpaneelen für den kommenden Tag vorbereiten würden. Tische und Stühle für die Pressekonferenz würden aufgestellt, das Partyzelt – eigentlich nur ein Dach – für das Buffet errichtet. Unser Buffet.

Wir alle hatten uns etwas dafür gewünscht. Tristan wollte ja eine Pizza (die Alternative für seine Kaninchen), Shey Erdbeeren, Andrzej Ananas. Ich wollte gern frische Himbeeren – richtete mich aber darauf ein, dass es möglicherweise »nur« Erdbeeren werden würden, da Himbeeren auf Hawaii schwierig zu bekommen sind. »Wir geben unser Bestes«, hatte Kim versprochen.

Während der ganzen Zeit hörten wir niemanden sprechen. Nur Menschenschritte, und ein Knirschen. Wir waren aufgeregt, denn die Geräusche waren so spannend, die Schritte klangen anders als die, wenn ein Team bei einem Außeneinsatz am Habitat vorbeiging. Da draußen waren wirklich andere Menschen! Dieses Knirschen, mehr als alles andere, mehr als all die E-Mails zusammen, die wir in den letzten Wochen mit dem Mission-Support-Team ausgetauscht hatten und die uns alles Gute für den Auszug wünschten, bekräftigte: Ja, morgen werden wir dieses Habitat wirklich verlassen. Die Tür würde sich öffnen, und wir würden auf der anderen Seite empfangen.

Während ich ein paar Tränen wegblinzelte, hörten wir noch ein paar Autotüren klappen, Automotoren, die ansprangen, Reifen, die über lose Steine davonfuhren. Dann war es wieder ruhig. Spannung lag dennoch in der Luft. Beim Abendessen – ich glaube, es gab Reste – schienen alle abgelenkt, jeder hatte noch irgendwelche Dinge auf die letzte Minute zu erledigen.

Gegen zehn schloss ich meinen Koffer, zog den Reißverschluss an meinem Rucksack zu und ging unter die Dusche. Anschließend wünschte ich allen eine gute Nacht und verzog mich in mein Zimmer. Es dauerte lange, bis ich eingeschlafen war.

Als am nächsten Morgen der Wecker klingelte, stellte ich fest, dass ich durchgeschlafen haben musste. Ich hatte befürchtet, vor innerer Unruhe immer wieder aufzuwachen. Die anderen erzählten, wie sie bis in den frühen Morgen wach gelegen hatten, Andrzej war sogar noch gegen drei über seine Gitarre gestolpert, als er im Dunkeln aus Sheys Zimmer kam.

Ohne wirkliches Ziel lief ich mehrmals durch das Habitat, und plötzlich war es kurz vor neun. Nervös versammelten wir uns an unserer Hintertür, im Teleporter-Raum. Wieder hörten wir das Knirschen von Schritten, nur waren es diesmal viel mehr als gestern. Sogar Stimmen drangen zu uns durch, leise wurde miteinander gemurmelt. Als ob wir nicht schon längst mitbekommen hätten, dass es da draußen vor Menschen wimmelte.

Es war so surreal, plötzlich nicht mehr allein zu sein.

Mitten in meine Gedanken hinein rief eine Stimme, die wir vor langer Zeit das letzte Mal gehört hatten: »Seid ihr bereit?«

Nein, wir waren es nicht. Eine Kamera musste noch angestellt werden. Die Anwesenden vor dem Habitat lachten.

Beim zweiten Mal waren wir bereit, zumindest sagten wir das. Draußen begann der Countdown, ein Chor von Stimmen: Zehn … Neun … Acht … Ach herrje, jetzt bloß nicht in Tränen ausbrechen … Fünf … Vier … Wieder gefangen, ganz ruhig … Eins … Null. Und wie aus weiter Ferne hörte ich das Ratschen des Reißverschlusses, den Kim von außen aufzog.

15
RÜCKKEHR AUF DIE ERDE

Andrzej stürmte als Erster durch die Öffnung, dicht gefolgt von Shey. Ich trat als eine der Letzten hinaus und blinzelte ob der ungewohnten Helligkeit. Dabei waren dichte Wolken über uns, nur fehlte jetzt der Schatten spendende Helm. Das Licht schien von überall herzukommen, tausendfach gebrochen an den feinen Wassertröpfchen in der Luft, und beleuchtete eine Szenerie aus Dutzenden von Menschen, deren Blicke alle auf uns gerichtet waren. Ich umarmte Kim, dann versteckte ich mich hinter ihr. Da waren so viele unbekannte Gesichter! Die Menschen hielten zwar respektvoll Abstand, trotzdem fühlte ich mich wie eine kleine Labormaus, die sich unversehens auf einem kalten Metalltisch wiederfindet, wo sie genauestens unter die Lupe genommen wird. Wo waren denn die anderen hin? Etwas unsicher stand ich herum und beobachtete neidisch, wie Shey und Tristan von ihren Familien empfangen und von den Journalisten abgeschirmt wurden. Vielleicht hätte ich doch jemanden aus meiner Familie bitten sollen, den weiten Weg auf sich zu nehmen?

Doch schon kamen Bryan und Pete, unser »Mädchen für alles«, auf mich zu und erlösten mich von meinem Unglück, gefolgt von weiteren Wissenschaftlern. Ein großes Hallo, etliche Umarmungen. Ich lernte noch Tristans Familie kennen, und schließlich wurden wir zum allerletzten Gruppenfoto vor dem grauen Wolkenhintergrund gescheucht. Als das vorbei war, durften wir endlich ins Partyzelt, in dem mehrere Tische und ein Frühstücksbuffet aufgebaut waren. Jippie! Frische Gurken, Tomaten, Ananas, Bananen, Äpfel und – drei Schalen voller Himbeeren.

Plötzlich waren mir die ganzen Menschen egal, sollten sie doch zuschauen, aber all dieses Obst, das war nur für uns da und lachte uns verführerisch an. Ich schnappte mir eine der Himbeerschalen und konnte den Inhalt gar nicht schnell genug in mich hineinstopfen. Mein Mund kam nicht so recht hinterher, war völlig irritiert. Frisches Obst – das war so unerwartet, und dann auch noch dieser intensive Geschmack! Ich schmatzte wie auf Wolke sieben.

In einer unbeobachteten Minute schaffte ich es, mich von den anderen zu entfernen und den Hügel hinter dem Habitat, unserer Raupe, hinaufzusteigen. Unzählige Male war ich im vergangenen Jahr hier hochgeklettert, mal, um nach meinen Experimenten zu sehen, mal, um die Aussicht am Osthimmel zu genießen, oder auch nur, um zu den Skylights des Rundwegs zu gelangen. Ich kannte den Aufstieg wie meine Westentasche, kannte jeden Stein, jeden Schatten, gelegentlich hatte ich ihn sogar bei Nacht und unverhofftem Nebel gemeistert.

Jetzt wollte ich nur die Aussicht von dort oben genießen und ein wenig Abstand von dem lauten Gemurmel der vielen Menschen gewinnen. Meist war es in dieser Höhe etwas zugig, und richtig: Auch an diesem scheinbar windstillen Tag wehte ein leichtes Lüftchen und strich mir – ganz ungewohnt – sanft über die Haut. Über das Gesicht, den Nacken, vor allem aber über die Hände. Die hatten im vergangenen Jahr immer in Handschuhen gesteckt, wenn wir draußen waren, immer waren sie verschwitzt gewesen. Doch nun waren sie befreit, und hätten sie Lungen gehabt, hätte ich gesagt, dass sie aufatmeten.

So gut es tat, vom Wind wieder willkommen geheißen

zu werden, war es nichts im Vergleich zu der unerwarteten und völlig überwältigenden Erkenntnis: Ich konnte meine Schritte hören! Vieles hatte ich erwartet, mich riesig auf die unmittelbare Wiederbegegnung mit Wind und Sonne gefreut. Doch das einfache Geräusch von Steinen, die unter meinen schweren Bergstiefeln knirschten, traf mich völlig unvorbereitet.

Ohne durch den Anzug abgeschirmt zu sein und ohne den lauten Ventilator in meinem Ohr, konnte ich plötzlich unendlich viel mehr aus meiner Umgebung aufnehmen als bei all unseren Außeneinsätzen zusammen. Die leiser gewordenen Gespräche der Menschen unter mir, das Rascheln meiner eigenen Kleidung, das sanfte Fauchen des Windes, das Knistern meiner Haare – und das ungefilterte Knirschen der Steine. Unmengen feinster und kleinster Geräusche, viel besser als die schönste Musik. Ich war glücklich. Aber es fühlte sich auch fremd an: Ich war wirklich draußen. Nicht draußen in einem Anzug, sondern draußen. Ohne Einschränkung.

Irgendwann trommelte Bryan uns zur Pressekonferenz zusammen. Ich beantwortete die Fragen, die mir gestellt wurden, ließ mich wahlweise vor den Lavafeldern, dem Habitat oder dem grau-weißen Himmel fotografieren, der mittlerweile auch mal blau durchschimmerte. Und ich lächelte. Vielleicht grinste ich auch. Obwohl, ganz sicher grinste ich, ich konnte gar nicht aufhören mit dem Grinsen. An diesem Tag hätte die Welt untergehen können, ich hätte es vor lauter Euphorie nicht gemerkt.

Um die Mittagszeit wurden wir in den Minibus der University of Hawaii verfrachtet, in dem wir vor einem Jahr zum Habitat gefahren worden waren. Ich sicherte mir den Beifahrersitz, und meine Nase klebte praktisch ohne

Unterbrechung an der Fensterscheibe. Anfangs überwogen rote und braune Lavafelder, mehr und mehr grüne Tupfer kamen hinzu, und nach einer halben Stunde tauchten die ersten Büsche und Bäume auf. Bäume! Genau genommen waren es verkrüppelte Baumstängel mit einer Handvoll Blätter, die mühsam um ihr Überleben kämpften. Immerhin waren sie deutlich größer und kräftiger als unsere eigenen, mühsam am Leben gehaltenen Pflanzen.

Die Autofahrt war viel zu schnell vorbei. An der Küste, in einer kleinen Siedlung, empfing uns Kim in ihrer Privatwohnung zusammen mit Bryan und ein paar Wissenschaftlern. Letztere sagten uns, was wir in den kommenden Tagen noch an Aufgaben zu erledigen hatten, und dann durften wir das tun, worauf wir uns schon seit Monaten freuten: baden. Zwar noch nicht im Pazifik, erst einmal nur im Swimmingpool, aber das war besser als nichts.

Als ich am Beckenrand stand, kostete es mich einiges an Überwindung, bis ich den ersten Fuß ins Wasser streckte. Schließlich war ich verschwitzt und staubig, und das Poolwasser sah so sauber aus. Die ganze Szenerie kam mir so surreal vor, ein wenig wie in einem Science-Fiction-Film. Ich überlegte, ob dieser Pool mehr Wasser enthielt, als wir in dem vergangenen Jahr verbraucht hatten. Dann war ich endlich drin, und ich genoss das Gefühl zu schwimmen, mich treiben zu lassen, zu fühlen, wie meine Haut umflossen wurde. Himmlisch.

Abends gab es auf der Ranch, auf der wir untergebracht waren, ein großes Fest. Wein und Bier wurden uns in Mengen offeriert, aber die meisten von uns ließen es nach dem alkoholfreien Jahr langsam angehen. Das gegrillte Fleisch, das Gemüse, der Kartoffelsalat und der Quarkkuchen waren ein Festschmaus an sich. Als ich ins Bett fiel, war ich völlig erschöpft. Noch in der Sekunde, in der mein Kopf das Kissen berührte, schlief ich ein.

Am nächsten Morgen wurde ich vom Pfeifen eines Vogels geweckt. Ansonsten war es still, kein Summen und Brummen wie im Habitat. Dazu war es warm und feucht. Ich fühlte mich wie in einer fremden Welt, und in gewisser Weise war sie das ja auch. Wir waren im tropischen Teil Hawaiis, der weder etwas mit meiner vor vierundzwanzig Stunden verlassenen neuen Heimat, dem Mauna Loa, noch mit »der Erde« gemein hatte. Die Erde war für mich Mittel- und Nordeuropa. Das hier war ein Urlaubsort, so wie einer jener Orte, die wir in der virtuellen Realität besucht hatten. Und wie jeder Urlaub würde dieser Aufenthalt hier bald vorbei sein. Vielleicht werden sich Menschen vom Mars genauso fühlen, die in ferner Zukunft zum ersten Mal ihren Fuß auf die Erde setzen.

Etwas verschlafen, aber voller Enthusiasmus stand ich auf. Und ganz richtig, Pete hatte wieder Frühstück für uns gemacht. Rührei aus frischen Eiern mit Paprika und Tomaten. Mmh, an das Essen auf der Erde konnte man sich glatt gewöhnen.

Am Vormittag führte ich die ersten Gespräche mit Wissenschaftlern, am Nachmittag fuhren wir ein letztes Mal hoch zum Habitat. Vier von uns hatten zugestimmt, noch für diverse Fotos zur Verfügung zu stehen. Im MX-C-Anzug wurde ich auf die Ladefläche eines Pick-ups gesetzt, dann ging es zu einer kleinen Lavaröhre, von der wir wussten, dass sie direkt an der Straße lag. Dort machten wir ein paar schöne Aufnahmen – am Eingang, denn die Fotografin konnte mir mit ihrer Ausrüstung nicht über die unförmigen Gesteinsbrocken folgen.

291

Danach stöberte ich noch ein wenig im Habitat herum, es wirkte so anders mit all den vielen Leuten darin. Mehrmals lief ich durch die Luftschleuse, ohne einen Anzug überziehen oder fünf Minuten warten zu müssen. Es fühlte sich seltsam an, fast falsch. Noch einmal rein, herumlaufen, wieder raus, schauen, wie weit Cyprien war, der am längsten in Beschlag genommen wurde. Tränen standen mir in den Augen. Vor Glück darüber, draußen zu sein und durchgehalten zu haben.

Cyprien wurde immer noch befragt, also überredete ich Bryan, dass er mir erlaubte, mit einer Journalistin zu meiner Geburtstagshöhle zu gehen. »Die Sonne steht schon ziemlich tief«, gab Bryan zu bedenken. Ich bettelte: »Klar, wir müssen uns etwas beeilen, aber ich kenne doch den Weg.« Tristan hatte einmal gemeint, meinem Dackelblick könne man einfach nichts abschlagen. Womöglich hatte er recht.

Die Journalistin erwies sich als überraschend gut zu Fuß, und so erreichten wir die Höhle nach ungefähr zwanzig Minuten. Flink kletterten wir hinein. Ich ging voran, leuchtete meiner Begleiterin an schwierigen Stellen. Was soll ich sagen? Die Höhle wirkte so anders! Natürlich hatte ich sie eine Weile nicht gesehen, aber vor allem hatte ich sie noch nie so … vollständig gesehen. Ohne eingeschränktes Gesichtsfeld konnte ich zum ersten Mal die Höhle als großen Raum wahrnehmen, nicht als Aneinanderreihung kleiner Ausschnitte. Außerdem roch sie! Etwas feucht und erdig, und … sauber. Es fehlte der Plastikgeruch sowie mein eigener, die alle noch so starken Gerüche, die von außen in den Anzug dringen konnten, überlagert hatten.

Der Journalistin zeigte ich all das Schöne in der Höhle, aber die Führung war auch nicht ganz uneigennützig. Ich konnte die Zapfen anfassen, spüren, wie glatt die Schokoladenlava war und wie rau die Tomatensoßenlava. Ich konnte die feinen Salzablagerungen an den Wänden fühlen und die scharfkantigen Risse, die sich durch die flachen Lavaoberflächen zogen.

Nur die beiden Engstellen waren etwas schwierig. Die erste war der Deckeneinbruch direkt nach der ersten Kammer, diese meisterten wir mit ein paar Flecken an den Hosen. Die zweite Stelle war der Engpass kurz vor dem Swimmingpool und um einiges schwieriger. Ich wusste, dass der Boden, über den wir immer gerobbt waren, sehr rau war und womöglich unsere Hände und Hosen aufreißen würde. Also beschloss ich, den Weg über den erstarrten Schokoladenbrunnen zu versuchen. Meine Begleiterin baute mir eine Räuberleiter, und ich, als ich sicher oben angekommen war, zog sie am Hosenbund hoch. Sehr unelegant, der Aufstieg, aber das störte uns nicht.

Der Rest war ein Klacks, und als wir zurück zum Habitat kamen, erwarteten uns mehrere ungeduldige, aber auch neidische Männer. Die behaupteten doch tatsächlich, wir wären knapp zwei Stunden fort gewesen, was völlig ausgeschlossen war, da wir ja höchstens fünf Minuten in der Höhle zugebracht hatten. Vielleicht zehn.

Tags darauf hatte ich das gefürchtete Gespräch mit Wendy, einer hübschen Vierzigerin mit dunklen Haaren und sonnigem Gemüt, sowie Pete. Gefürchtet war es deshalb, weil die beiden im Ruf standen, so manchen unserer Vorgänger zum Weinen gebracht zu haben. Vorsichtig sagte Wendy, die meine Antworten nicht beeinflussen wollte, unsere Gruppe sei offensichtlich gespalten, wir hätten bei dem Festessen am Sonntag kaum miteinander interagiert. Ich grinste zur Bestätigung. Da verriet sie wirklich kein Geheimnis.

Shey sollte diese Aufspaltung auf ihre typische Art sogar öffentlich machen: Barack Obama, auf Hawaii geboren, gratulierte uns auf Twitter zum Ende des Experiments und forderte uns auf, zur Belohnung Shave Ice, von einem Block geschabtes Wassereis, zu essen. Selbstverständlich wollten wir dieser Aufforderung nachkommen, doch bevor Kim das Eis aus dem nächsten Ort besorgen konnte, waren Shey und Andrzej schon losgefahren, hatten es sich gekauft und schickten Obama über Twitter ein Foto – einzig von sich selbst. Dem Rest der Crew blieb nur, ein zweites Foto hinterherzuschicken.

Wendy und Pete hatten bis zu diesem Vormittag nur mit Shey und Andrzej gesprochen, ich war also die Erste, die die Dinge aus der Sicht der »Unbezwingbaren« schilderte. Die beiden interessierten sich vor allem dafür, wie sich unser Umgang miteinander im Verlauf der Mission gewandelt hatte. Statt der geplanten zwei Stunden dauerte das Gespräch mehr als fünf, und Wendy, die sich am Anfang noch um einen neutralen Gesichtsausdruck bemühte, schwankte bald zwischen Erstaunen, Entsetzen und Erleichterung – darüber, dass wir es trotz allem bis zum Ende ausgehalten haben.

Die Nachbesprechungen dauerten noch ein paar Tage, dann waren wir endlich entlassen. Carmel und Tristan flogen nach O'ahu, eine der Nachbarinseln, während Shey, Andrzej, Cyprien und ich uns die Observatorien auf dem Mauna Kea anschauen wollten. Dort verabschiedeten wir uns voneinander, Shey und Andrzej hatten vor, tags darauf zum Kontinent zurückzufliegen. Herzlich war etwas anderes, Shey verschwand wortlos in einem Touristenshop, Andrzej sagte so etwas wie »Habe die Ehre, mit Ihnen gedient zu haben, Sir«. Cyprien, etwas ratlos, erwiderte: »Tschüss.«

Vor meiner Abreise wollte ich unbedingt noch die aktiven Lavaströme von Kalapana sehen, die vom Habitat aus auf der anderen Seite des Mauna Loa aus dem kleinen, aber sehr aktiven Vulkan Kīlauea unter riesigen Dampfschwaden in den Pazifik flossen. Wir konnten mit einem Leihfahrrad bis auf etwa einen Kilometer heranfahren und dann mit anderen Touristen von einer benachbarten Klippe den rot glühenden Strom beobachten.

Nach einer Weile umgingen wir eine halbherzige Absperrung, um näher an die Strömung heranzukommen. Die Lava um uns war stabil, und wir wussten ja jetzt, wie wir uns vorwärtszubewegen hatten. Schließlich erreichten wir eine Stelle, an der sich eine Wand aus Rauch und Qualm aus Gesteinsspalten erhob. Der Boden war so warm, dass ich es selbst durch meine Schuhsohlen hindurch spürte.

Aufmerksam hielten wir die Augen auf den Boden gerichtet. Und tatsächlich, das Gestein enthielt Risse, durch die man es in der nun einsetzenden Dämmerung rot glühen sah. Das Terrain fühlte sich vertraut an, wie Heimat. Gleichzeitig war es eigenartig, live mitzuerleben, wie sich neues Lavagestein bildete. Erst als die Parkwächter uns und andere Schaulustige in Richtung Ausgang scheuchten, machten wir uns auf den Rückweg.

Am nächsten Tag flogen wir nach O'ahu, wo wir auf Carmel und Tristan trafen. Zu viert saßen wir dann am Waikīkī Beach in Honolulu, betrachteten − so gut das am Strand einer Großstadt möglich ist − die Sterne und die anbrandenden Wellen. Wir versuchten, den Aufbruch noch ein wenig hinauszuzögern, indem wir über Belangloses redeten. Irgendwann war es aber Zeit, Lebewohl zu sagen. Erst von Carmel, Tristan sollte noch ein wenig bei uns bleiben.

Carmel und ich umarmten uns, sie wirbelte mich einmal durch die Luft, und dann marschierte sie, ohne sich noch einmal umzudrehen, davon.

Cyprien und mir blieben nur noch wenige Tage bis zu unserem Rückflug. Wir nutzten sie, um die Insel zu erkunden, und fingen mit der für amerikanische Verhältnisse historischen Innenstadt von Honolulu an. Da gab es für europäische Verhältnisse aber nicht viel zu sehen, und auf die Warteschlangen für eine Pearl-Harbor-Tour wollten wir uns nicht einlassen. Die Hügel im Inneren des Landes waren ohnehin viel interessanter.

O'ahu war ebenfalls vulkanischen Ursprungs, aber einige Millionen Jahre älter. Die Flanken der früheren Kegel waren vom Regen scharf eingeschnitten, überhaupt wimmelte es auf der Insel von engen Schluchten und schmalen Bergkämmen. Dazu war sie von üppigem Grün überwuchert. Mit dem Marsgestein des Mauna Loa hatte diese Seite von Hawaii nicht mehr viel zu tun. Wir folgten steilen Pfaden mit so wohlklingenden Namen wie Kuoliouou oder Diamond Head Trail und schwammen in den vom Ozean geschaffenen Makapu'u-Pools. Kim lud uns zum Kanufahren ein, und anschließend schnorchelten wir noch ein wenig. Wir waren keinesfalls schon zurück auf der Erde.

Der nächste Abschied stand an, der von Tristan. Er sagte: »Alles halb so wild, ich komm nächstes Jahr nach Europa.« Dann fuhren Cyprien und ich zum Flughafen. Die ersten zwei Flüge sollten wir gemeinsam absolvieren, erst der letzte würde uns in unser jeweiliges Heimatland bringen. Cyprien, der nur mit Mühe unter die Freigepäckgrenze gekommen war, stopfte mir noch eine Jeans und einen Pullover von sich in den Rucksack. Die Sachen könne ich doch mitbringen, wenn ich ihn mal besuche. Dann grinste er schief und stieg in seinen Flieger.

Zwei Stunden später war ich in Berlin, und nach nochmals zwei Stunden saß ich bei meinen Eltern am Küchentisch. Sie freuten sich, dass ich ein paar Wochen bei ihnen wohnen wollte, und ich freute mich über heimisches Essen. Ich freute mich auch über Fahrradtouren und das Fenster in meinem Zimmer, das nachts offen stand. Vertraute Gerüche umfingen meine Nase, und so langsam gewöhnte ich mich an die viele Vegetation um mich herum.

Anfangs hatte ich oft Heimweh nach dem Mauna Loa. So paradox es klingt, aber in dem Städtchen, in dem meine Eltern leben, fühlte ich mich stark eingeschränkt. Auf dem Mauna Loa konnte ich die endlos weiten Hänge des simulierten Mars entlangschauen. Manches Terrain war schwieriger als anderes, aber im Prinzip konnte ich in jede beliebige Himmelsrichtung gehen. Hier auf der Erde gab es Häuser, die im Weg standen, Zäune überall und Autos, auf die man aufpassen musste.

Auf der Erde konnte ich auch wieder telefonieren und mit anderen Menschen reden, ohne eine knappe Dreiviertelstunde auf eine Antwort zu warten. Es überraschte mich, wenn ich auf eine E-Mail innerhalb weniger Minuten eine Antwort erhielt, und ich fragte mich dann, ob irgendetwas mit dem Server vielleicht nicht in Ordnung war. Gespräche von Angesicht zu Angesicht waren ungewohnt, umso mehr, wenn ich auf Veranstaltungen von einer großen Anzahl Menschen umgeben war.

Eine Zeit lang lebte ich in einer Art Zwischenwelt, frei von den Einschränkungen des simulierten Mars, aber noch längst nicht an die Gepflogenheiten auf der Erde angepasst. Heute habe ich wieder so etwas wie einen Alltag und bin nicht mehr verwundert, wenn meine Mutter fragt, ob ich heute noch duschen will, wenn ich doch gestern erst geduscht habe. Ich staune auch nicht mehr über jedes kleinste Detail, das ich zum ersten Mal seit meinem Aufenthalt im Habitat wiedersehe. Ich habe mich sogar daran gewöhnt, dass Menschen nervös werden, wenn die Bahn zehn Minuten verspätet ist.

Und ich habe durchaus Methoden gefunden, das Heimweh nach dem simulierten Mars wenigstens ein wenig abzumildern: mit der Erkundung von Höhlen in Europa. Ganz ohne simulierten Raumanzug.

DANK

Die Personen, denen mein größter Dank gebührt, lassen sich an einer Hand abzählen. Es sind dieselben fünf Personen, denen in diesem Buch die Hauptrollen zugefallen sind und die genauso verrückt, bescheuert und völlig durchgeknallt sind wie ich. Fünf Menschen, die ein Jahr ihres Lebens geopfert haben, um mit mir zusammen das womöglich größte Abenteuer unseres Lebens zu bestehen.

Das Leben auf dem Mars wäre aber überhaupt nicht möglich gewesen ohne Kim, die HI-SEAS mit viel Beharrlichkeit auf die Beine gestellt und mich in die Crew aufgenommen hat. Und es wäre nicht möglich gewesen ohne Bryan, der immer zur Stelle war, wenn es brenzlig wurde, und dann einen bewundernswert kühlen Kopf bewahrte.

Die vielen Unterstützer des Projektes kann ich leider nicht alle namentlich nennen, dabei hätte es jeder Einzelne von ihnen verdient. Unzählige Stunden haben sie als Teil des Mission-Support-Teams geopfert, um uns unsere elektronischen Wünsche zu erfüllen, uns mit technischem, medizinischem, psychologischem Rat beiseitezustehen und uns selbst bei Wind und Regen unseren Nachschub zu bringen.

Als Versuchskaninchen möchte ich auch den beteiligten Wissenschaftlern danken, allen voran Pete und Bryan, die HI-SEAS überhaupt erst einen Sinn gegeben haben.

So wichtig das Team um HI-SEAS für das Leben auf dem »Mars« war, so wichtig war mein ganz persönliches Team daheim auf der Erde: meine Eltern, die mich zwar für verrückt erklärt, dann aber doch unterstützt haben, für mich den Kampf mit der deutschen Bürokratie aufgenommen haben, die keinen Platz für den Mars auf ihren Formularen hat, und mir in der Endphase dieses Buchs trotz Höhen und mancher Tiefen immer den Rücken freigehalten haben. Dank auch an Silvana, die zugehört hat, als ich sie brauchte, und für die ich alle Matheaufgaben dieser Welt lösen würde.

Zum Schluss möchte ich noch den beiden Frauen danken, die als Lektorinnen an diesem Buch ganz wesentlich mitschuldig sind: Stefanie Hess und Regina Carstensen, die eine, weil sie an mich geglaubt hat, und die andere, weil sie diesen Glauben im Endspurt unter dem Weihnachtsbaum ausgebadet hat.

Danke!

BILDNACHWEIS

Seite 1 oben: Sheyna Gifford
Seite 1 unten: HI-SEAS
Seite 2 oben: Christiane Heinicke
Seite 2 unten: Carmel Johnston
Seite 3 oben: Tristan Bassingthwaighte
Seite 3 unten: Christiane Heinicke
Seite 4 oben: Cyprien Verseux
Seite 4 unten: Christiane Heinicke
Seite 5: Christiane Heinicke
Seite 6: Christiane Heinicke
Seite 7: Christiane Heinicke
Seite 8: Christiane Heinicke
Seite 9 oben: Carmel Johnston
Seite 9 unten: Christiane Heinicke
Seite 10: Carmel Johnston
Seite 11: Christiane Heinicke
Seite 12: Christiane Heinicke
Seite 13 oben: Christiane Heinicke
Seite 13 unten: Carmel Johnston
Seite 14 oben: Christiane Heinicke
Seite 14 unten links: Cyprien Verseux
Seite 14 unten rechts: Christiane Heinicke
Seite 15: Christiane Heinicke
Seite 16 oben: Cyprien Verseux
Seite 16 unten: Christiane Heinicke